U0337234

大賤年
一九四三年

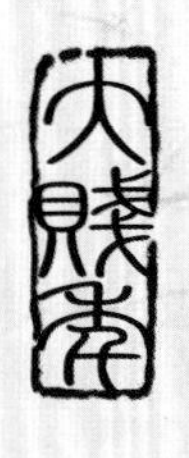

本调查 2006—2010 年由香港启志教育基金赞助
2011—2014 年由香港惠明慈善基金赞助

大贱年

1943年卫河流域战争灾难口述史

王　选◎主编

中国文史出版社

图书在版编目（CIP）数据

大贱年：1943年卫河流域战争灾难口述史．综合卷 / 王选主编．—北京：中国文史出版社，2015.12
ISBN 978-7-5034-7207-7

Ⅰ．①大… Ⅱ．①王… Ⅲ．①灾害－史料－山东省－1943 ②灾害－史料－河北省－1943 Ⅳ．①X4-092

中国版本图书馆CIP数据核字（2015）第297974号

丛书策划编辑：王文运
本卷责任编辑：王文运
装 帧 设 计：王　琳　瀚海传媒

出版发行：中国文史出版社
社　　址：北京市西城区太平桥大街23号　　邮编：100811
电　　话：010－66173572　66168268　66192736（发行部）
传　　真：010－66192703
印　　装：北京中科印刷有限公司
经　　销：全国新华书店
开　　本：787mm×1092mm　1/16
印　　张：24.25　　　插页：4
字　　数：346千字
版　　次：2017年9月北京第1版
印　　次：2017年9月第1次印刷
定　　价：860.00元（全12册）

《大贱年——1943年卫河流域战争灾难口述史》
编　委　会

调查区域示意图

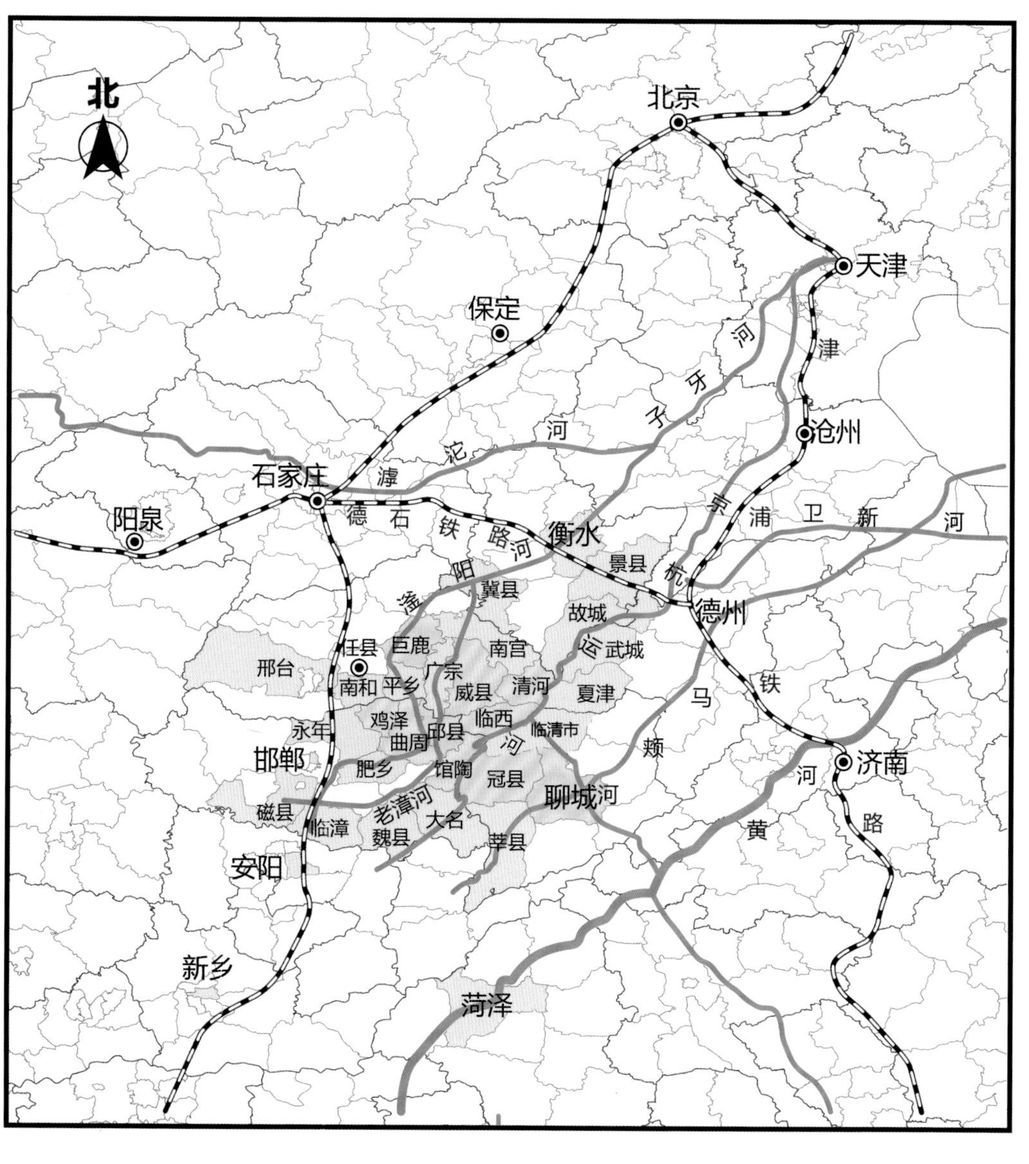
北
北京
天津
保定
津
沧州
子牙河
滹沱河
石家庄
阳泉
德石铁路
衡水
滏阳河
景县
冀县
京杭运河
卫新河
浦
德州
故城
武城
任县
巨鹿
南宫
邢台
南和
平乡
广宗
威县
清河
夏津
永年
鸡泽
曲周
邱县
临西
临清市
马颊河
铁
济南
邯郸
肥乡
馆陶
冠县
聊城
磁县
临漳
老漳河
大名
魏县
莘县
黄河
路
安阳
新乡
菏泽

查档摸底调查市县
城市驻地
河流
市界
口述历史调查市县
铁路
县界

“北支那方面军”占据地域内治安概况

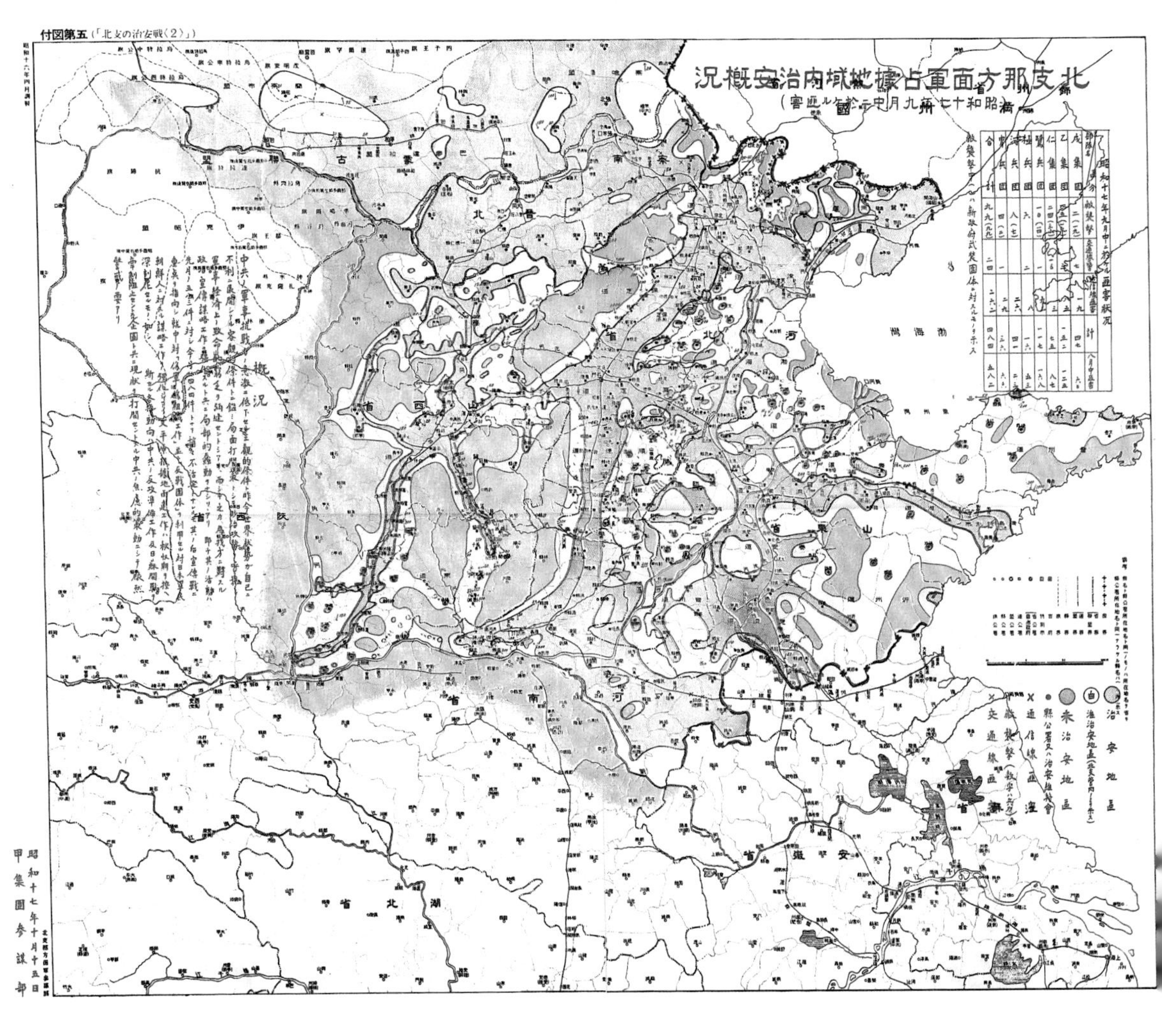

出处：[日]《战史丛书　北支の治安战（2）》附图第五，日本防卫厅防卫研修所战史室著，朝云新闻社，1971年。

日本华北方面军“肃正建设三年计划”目标

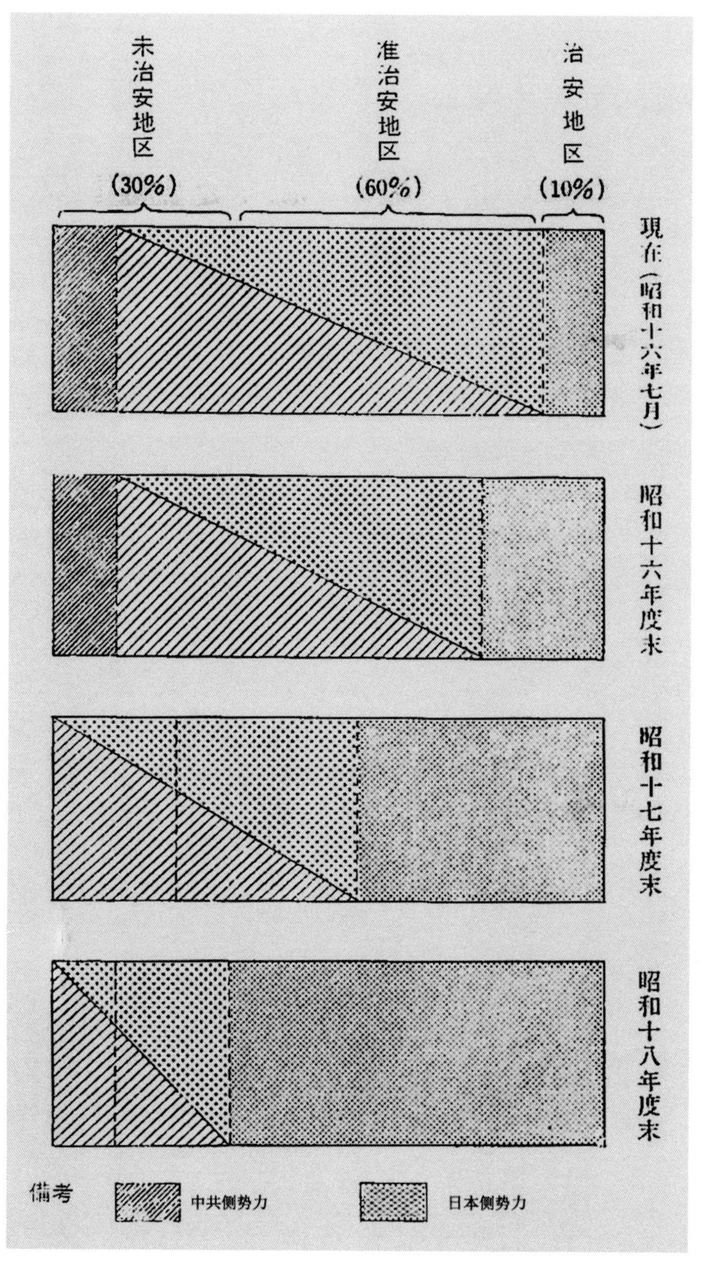

出处：[日]《战史丛书　北支の治安战（1）》，日本防卫厅防卫研修所战史室著，朝云新闻社，1971年。

目 录

一、总 论

二、日本方面资料

三、地方文献资料摘选

四、相关调查报告

五、日军在华北的细菌战

六、其 他

一、总　论

1943年卫河流域战争灾难调查

王　选

1943年卫河流域战争灾难调查是一个以寻访战争亲历者，记录其口述历史为主要手段的区域性社会调查。主要有关1943年夏的霍乱流行，包括与当时霍乱发生相关的大雨、洪水的灾情，并对以上三项，根据亲历者口述记录的内容做初步的整理归纳，以图表呈现。亲历者的口述内容中涉及的当时战争状态下发生的灾难，除以上霍乱、大雨、洪水以外，还有旱灾、饥馑、蝗灾等灾难。

本调查于2006年起，由香港启志教育基金资助，山东大学以及聊城大学等院校的学生志愿者，在本人、启志教育基金总干事李诚辉、山东大学历史学者徐畅的共同计划和指导下开始实行。

2006年7月调查后，参加调查的山东大学的一些大学生志愿者，自愿成立学生社团——山东大学鲁西细菌战历史真相调查会（以下称“协会”）以稳定调查人员队伍，有组织、有计划地在卫河两岸寻访1943年战争灾难亲历者，记录他们的口述历史。从2006年起至2011年初，协会利用学年的所有假期，对卫河东、西沿岸10个县区106个乡镇（除东昌府外其余9县为全部乡镇）2957名农村老人进行采访，做了文字、录音、摄影的记录；对周边的山东、河北、河南省30余个县区进行了相关摸底调查，同时采访了113名亲历者和知情者。本调查共记录了3070人次的口述历史。

调查结束后的资料整理，2011年起至2014年，由香港惠明慈善基金资助。2013年起，根据中国文史出版社的要求，将以上调查记录再次全面整理，编辑成丛书《大贱年——1943年卫河流域战争灾难口述史》（全12卷），收入了全部3070名老人的口述历史文字记录。

协会后期的调查与资料整理，以及2011—2015年调查资料整理由我指导，与原协会会员共同完成。

一、调查的区域

卫河历史悠久，流经河南、山东、河北，自天津入海，1943年卫河流域战争灾难口述调查的卫河流域地区是沿北卫河，即京杭大运河一段，主要集中于西岸地区的各县市，参见前插页图1调查区域图。调查采访中，当地也有老人称卫河为“御河”，这是来自宋的称呼。

据前插页图2日军北支那方面军参谋部1942年10月15日《北支那方面军占据地域内治安概况：昭和十七年九月期间匪害》（《战史丛书（50）· 北支治安战（2）》附图第五，日本防卫厅防卫研修所战史室著，朝云新闻社，1971年），以上卫河流域战争灾难调查的地区主要位于地图中标示白色的部分即准治安区，包围着一块蓝色部分即治安区，及小块红色部分即未治安区。

据《北支治安战（2）》：治安区为县城至乡村，设立华北伪政权行政机构，由中国方面的警备力量负责确保治安。日军逐步退出，向准治安区推进；准治安区为日军主力固定配置地区，在日军的指导支持下，培养强化县警备队、保乡团，不断扫荡，消灭中国共产党领导的抗日武装力量，推进为治安区；未治安区即为抗日根据地，有计划地反复进行扫荡，破坏并撤走设施与物质，使抗日根据地难以重建，此后日军进驻，发展为准治安区。参见前插页图3。

本调查记录的3000多名当地农村老人的口述内容，即真实反映了在上述区域内他们所经历的战争及灾难状况。虽然过去60多年了，调查中老人们大都还能记起民国32年——1943年，这个兵荒马乱、天灾人祸交加的年份，他们称其为“大贱年”。

二、调查的由来

1994年，在日本留学告一段落，我回上海探亲，去了浙江义乌崇山村老家，受一位叔叔嘱托，设法联络到村子来调查战争期间鼠疫灾难的日本反战人士，取得他们的支持，到日本打官司，向日本政府提出战争索赔。崇山村为凤林王氏宗族村落，那时候村里人宗亲连带感还很强，互相按辈分、亲戚关系称呼，按太公门户确定远近关系。据家谱记载，我们是宋大名府王彦超后人，在金华一带约有6万人。

1995年8月，我在日本家里订的The Japan Times上看到一则共同社的报道：哈尔滨召开的首届七三一部队细菌战国际研讨会，日本民间和平反战人士森正孝、松井英介在会议上报告了对崇山村进行的日军七三一部队细菌战引起的鼠疫灾难，并提到崇山村民代表向日本政府提交了《联合诉讼》，要求就鼠疫造成的生命和财产的损失进行赔偿。他们就是我叔叔让我找的日本人。根据报道中的信息，我马上与森正孝、松井英介取得了联系，自愿加入他们组织的日本民间细菌战调查团，调查团里就有那位撰写The Japan Times报道的共同社记者中岛启明，我们成为最好的朋友。1995年12月，在日本民间调查团来到前，我再次回到崇山，和村民一起组织了“崇山村民细菌战调查委员会”，从此和大家一起开始了中日民间的日军在华细菌战历史调查。

当时关于日军在中国实施细菌战的书籍极少，一起调查的日本人手头一本主要的参考书籍是中央档案馆、中国第二历史档案馆、吉林省社会科学院合编的《日本帝国主义侵华档案资料选编》第5卷《细菌战与毒气战》（中华书局，1989）一书细菌战部分的日文翻译版，共三册（同文馆，1991、1992）。一次我出差到北京，在当时尚在王府井大街上的中华书局门市部找到《细菌战与毒气战》一书，17.7元一册，买了一箱，几乎把当时门市部的库存全买下来了，还剩了几册，托书店邮寄到上海。这些书我自己留了两三册，其他的陆续分发给了参与调查的各受害地民间调查者，还有几位专注诉讼和调查报道的记者。这书很快绝版了，也不再版，后悔当时没全买下来。

《细菌战与毒气战》第一部分日军细菌战及其罪行第三章日军在华细菌战第四节题目为：山东“霍乱作战”，主要是14名抚顺战犯管理所关押的日军战俘有关在鲁西“撒播霍乱菌”作为细菌武器攻击的供述，有些战俘的供述内容具体详细（参见本卷第二部分：日本方面资料）；还有2名山东临清农民的控诉书，一份八路军将领滕代远致罗荣桓等的电文。

日军战俘供述中分别提到：卫河沿岸被攻击地区，感染霍乱死亡者以万计。这个数字，远远大于当时我们正在费力挖掘的浙江、湖南两省受害地已知的鼠疫等疫病死亡人数。这些叙述直接来自日军的供述，我很想了解是否有相应的调查。我问周围一起做调查的日本研究者是否调查过山东“霍乱作战”，一位从事日本细菌战和化学战调查多年的原中国人民解放军四野“日本兵”山边悠喜子说和山东社科院的学者去过一次，没有问到什么。

此后，中日民间的细菌战受害调查区域范围不断扩大到义乌全县范围，浙江省宁波、衢州、江山、金华、东阳、兰溪，湖南省常德，还有江西上饶、广丰、玉山等，基本在南方地区。我心想，有机会要上山东调查发掘“霍乱作战”的真相，那么大规模的流行感染。那时我作为细菌战诉讼中国原告团团长，忙于调查取证、诉讼事务，一时还难以成行。

1997年上半年，浙江、湖南两省日军细菌战部分受害地的调查告一段落。8月，两省的受害者及其家属108名联合在东京地方法院提起诉讼。此后，国内受害地民间相继组织起来开展调查，不断发现细菌战的加害与受害事实。（作者注：1999年12月，来自浙江、湖南两省第一次起诉受害地的72名原告再次向东京地方法院提起诉讼，此后两次起诉合并成一起诉讼，共有原告人数180名。）

1998年冬，我参加了在加拿大举办的世界抗日战争史实维护会双年会，第一次遇到了上海师范大学苏智良教授，他带着武汉来的日军“慰安妇”性奴隶制度受害者袁竹林女士。袁女士很勇敢，站出来作证，在那个时候是很不容易的。我第一次听受害者叙述日军的性暴力行为，非常震动，觉得她真是太受苦了，也不知道怎么向她表述。

在那个会上，还结识了另外两位历史学者——杭州师范学院的袁成毅教授和中国社科院近代史研究所闻黎明研究员。闻黎明当时在日本东京的庆应义塾大学做访问学者。我回到日本后，细菌战诉讼开庭，他还来参加过一次。他说有机会介绍我认识近代史所研究抗日战争史的专家学者。

1999 年夏，闻黎明已经从日本回来，我就到北京去社科院近代史研究所去找他，他介绍我认识了近代史研究所《抗日战争研究》编辑部荣维木等抗日战争史研究的专家学者，他们对我都很热情，还送了我有关日本暴行研究的丛书。我和他们谈了要抢救性地开展日军在华细菌战作战造成的疫病流行的调查的想法。当时参与在浙江各地、湖南等地的日军细菌武器攻击历史调查的社会各界人士都有这种紧迫感，在实际调查中，我们不断意识到，目前掌握的有关受害情况只是冰山一角。所谓日军细菌武器攻击的受害调查就是攻击使用细菌引起的攻击目标地疾病流行的调查，纷繁复杂，牵涉很多专业性知识，困难很多：一是有关地方流行病的记载原本不多，地方史志中有，也很简略，也有战争年代的原因；二是战争期间，各种疾病肆虐；三是疫病与日军细菌攻击的因果关系，需要通过实证研究来确定。

荣维木说着就带我去拜访中国抗日战争史学会会长白介夫。我特地带了一本刚出版的书《受害索赔——崇山人的正当权利》（浙江教育出版社，1999 年）去见白老，作为对细菌战诉讼和我个人的介绍，毕竟要见的是一位领导。书的作者张世欣是义乌人，当时任浙江师范学院党委副书记，这部书是村子里的一个叔叔王培根托他写的。王培根是 50 年代土改以来的义乌农村基层干部，很有农村工作的能力，他担任细菌战诉讼原告团秘书长，把义乌的 80 多名原告及其家属等都组织了起来。

白会长立即嘱咐当时在场的秘书要秋霞以抗日战争纪念馆的名义召集

一个全国性的细菌战调查工作会议，推动全面调查。这次会议于11月召开，一是由我介绍日军在华细菌战的概况；二是由相继在细菌战诉讼调查相关的浙江各地、湖南常德成立起来的细菌战调查委员会代表报告当地调查情况；三是其他细菌战受害地调查研究者介绍当地情况，推动全面的调查。会务费3万元人民币是我向义乌市市长申请来的。当时《战争与恶疫：七三一部队罪行考》中文版第一版（解学诗、松村高夫等著，人民出版社，1998年）已经出版，这部书是中日两国学者的共同研究成果，在当时，是唯一一部有关日军在华实施细菌战的史学专著，以中日两国语言出版发行（书之友社，1997年）。这部书是细菌战诉讼原告方向法庭提交的证据材料之一，也是从事细菌战调查的民间群体人手一册的参考书，我向荣维木竭力推荐该书，抗战馆购入了一批，提供参会者。2003年，《战争与恶疫》中文第一版就基本售罄，直到2014年10月出第二版，十多年里，我们原告团在义乌复印了数百册，分别发送给全国各地从事细菌战调查的人士，包括山东大学鲁西细菌战调查会。数年前，网上有了中文第一版的扫描版，就方便多了。

参加会议的大多数是北京的抗战史学者，为了推动山东、江西、云南的调查，荣维木特别邀请了三省的历史学者，结果只有山东社会科学院历史学者赵延庆得以赴会，我非常高兴认识他，当年和山边悠喜子一起去实地考察的就是赵延庆，和他热火朝天地商量了一阵山东“霍乱作战”的调查。

抗战馆特地把云南保山的滇西调查者也邀请来了，他们是日本历史学者山田正行介绍我们认识的，山田曾经赴滇西调查日军细菌战（《自我认同感与战争：战争中中国云南省滇西地区的心理历史研究》，昆仑出版社，2004年）。来自湖南常德、浙江义乌崇山村、衢州、丽水、云南的细菌战调查者分别报告了调查的情况。衢州防疫站邱明轩医师（故）将专著《罪证：侵华日军衢州细菌战史实》（中国三峡出版社，1999年。该书的出版，得到纽约南京大屠杀遇难同胞纪念会陈宪中等赞助）及时送到会场，提供全体参会人员。

报告义乌细菌战调查的是崇山村来的三个叔叔：王焕斌，提出《联合诉状》的三名村民代表之一，就是他让我去日本联络日本和平运动活动家，准备诉讼；王培根，原告团秘书长；王达，原志愿军军医，曾主持义乌防疫站工作，90年代初开始调查村里的细菌战鼠疫。我们都是第一次到北京卢沟桥的抗日战争纪念馆，也是第一次参加一个全国性的报告会，都很激动、兴奋，有那样一个机会，浙江、湖南的地方电视台也赶过来。结果我过于紧张，报告时语速太快，连闻黎明都说没听明白。

2000年，抗日战争史学会召开国际学术会议，荣维木让我去参加，一进会场，就激动地说："王选，我给你找到一个做鲁西调查的合作伙伴了，你看看，怎么样，棒不棒！"他把临沂地方抗战史专家崔维志介绍给我，一个山东大汉，还长得黑不溜秋的。崔维志性格热情粗犷，那么大个子，见到我还激动得满脸通红。会议上，他将《细菌战与毒气战》山东"霍乱作战"章节中日军人员供述内容予以整理发表。我和他谈了要根据日军供述，进行相关的调查，包括社会调查、寻找亲历者。《金华日报》记者送我一叠该报副刊，上面刊登着吉林省抗战史研究者赵聆实的关于长春100细菌部队的专题特稿，我带到会场分发，崔维志看到报纸上的文章有些惊讶，说："我把金华的报纸带回去给我们那里的相关部门看看，为什么金华的报纸可以登这些文章，我们那里的报纸应该也可以。"回山东后，他的"鲁西霍乱作战"的长篇文章就刊登到当地报纸上，引起了关注。

2002年8月，细菌战诉讼东京地方法院一审判决，认定了中国原告方提出的所有细菌战受害事实，这是日本官方机构历史上首次认定日军军队在中国战场实施了细菌战，日本国家对此负有责任。因为赔偿和道歉的请求被驳回，原告方提出上诉。当时二审尚未开庭，我就开始打算山东"霍乱作战"的实地调查。

12月初，细菌战诉讼相关受害地之一——常德的师范学院（现湖南文理学院）召开"首届细菌战罪行国际学术研讨会"，我带着南京师范大学南京大屠杀研究中心的两名历史专业硕士研究生许书宏、张启祥帮助主办方筹备会议，邀请了崔维志参会。许书宏、张启祥是南京师范大学南京大屠杀研究中心主任张连红教授派来跟着我做调查的。会议上，我呼吁对日军细菌战进行抢救性的实地调查，也指出了调查的困难，必须超越民族，以科学的态度和日本学者、研究者合作，端正方向，为了“历史的真实和人的尊严”进行历史调查。

那天，与会人员正在餐厅里用餐时，央视播放“感动中国年度人物评选”的新闻，发现里头有我的镜头，原来我也是候选人，实在很意外。参会的各位高兴欢呼，细菌战诉讼原告团副秘书长、湖南省常德市外事办副主任陈玉芳动员大家给我投票。估计常德方面投了我不少票。

那时候，崔维志已经把《细菌战与毒气战》《天皇的军队》以及其他一些文献资料编辑成《鲁西细菌战大揭秘》（人民日报出版社2002年版）一书带到会场，提供给参会者。他做事就像打冲锋，很猛，连书中我的“序”都给代写了。我和他谈，不能停留在日军供述内容的整理上，要下去进行实地调查，采集亲历者的口述历史。在常德会议上，也有很多这方面的交流，细菌战诉讼有关的中日研究者、调查者基本都参会了，崔维志的书引起了大家对山东“霍乱作战”的关注。

会议期间，我和他一起商量了具体的调查计划，崔维志是当地的抗日战争史专家，对于地方情况非常熟悉。会议结束崔维志一回到山东，即开始做各方准备，包括联系地方文史部门、确定调查路线、采访人员等。

三、2002年首次实地调查

2002年12月19日，我就和张启祥、中央新闻纪录电影制片厂编导郭岭梅、新华社浙江分社记者谭进一起到济南，会合崔维志夫妇、山东电视台编导张培宇等三人、《齐鲁晚报》记者高祥，一起坐上山东电视台一辆没有空调的破旧面包车，出发去鲁西。到了聊城，我们找到聊城大学历史系，毛遂自荐的集体给大学生做了一场演讲，期待当地的大学生能够参与调查，会场的气氛非常热烈。我们走出会场时，天上飘飘扬扬地飞起那年的初雪。

清晨一大早，《南方周末》摄影记者王景春突然赶来了，在大学校园的雪地里给我们拍照。后来才知道，那时报社内部已经确定评选我为

2002年年度人物，王景春是来为年度人物的专题报道来做拍摄的。郭岭梅自2001年担任英国BBC纪录片《七三一部队》中国部分导演以来，一直跟着我在国内、国外，拍摄调查、诉讼相关的活动。谭进是在浙江跟踪报道我们的活动。这次大家一起过来，全部自费，组成了一个中国的民间细菌战调查团。各地政协文史部门给我们提供了不少支持。华北那一带，经济发达程度比浙江差很多，临西县政协主席看上去就像一老农，记得好像是南大历史专业出来的，非常热情，请我们吃了一"大餐"，感觉他们是拿出了最好的菜来招待我们，比南方还是简单。临清市宣传部的井扬是山大历史系毕业的，他非常热心协助我们调查，还知道我们的细菌战诉讼，让我很是高兴。

这次到临清、临西、馆陶的调查，当地老农向我们证实了《细菌战与毒气战》、《天皇的军队："衣"师团侵华罪行录》（[日]本多胜一、长沼节夫著，刘明华翻译，警官教育出版社1996年版）中，日军关于卫河决堤，霍乱流行的供述（参见本卷第二部分：日本方面资料）。关于这次调查的具体情况，可参考本卷第四部分：相关调查报告，崔维志、高祥文章。

因为要去东京接待英国记者有关七三一部队的采访，然后带她们到浙江采访，我先回上海。郭岭梅和山东电视台一行跟着崔维志继续调查。其间，2003年年初三，我和郭岭梅、谭进三人又赶到云南滇西，跟着1999年到抗战馆来报告过的地方政协文史专家陈祖梁、沙必璐翻山越岭，调查了一次。大家也都是自费，靠地方政协提供方便。

那时候马不停蹄地跑，就是觉得亲历者的历史正在消失，要赶在时间前面，把他们的记忆记录下来。常常想起1999年11月，在抗战馆开会时赵延庆告诉我的：他和山边找到黄河边上，老乡们说不记得了。怎么就不记得了呢？我还是不信。

鲁西这里，崔维志夫妇在继续调查，山东电视台跟着拍摄。在崔维志夫妇和地方媒体的推动下，关于"霍乱作战"，山东开始有了一些社会舆论。

4月份，山东大学请我去演讲，记得整整齐齐坐在第一排的看上去都是一定级别的干部，我提出：把普通农民的历史存在记录下来，是为了他们的生命的尊严。山大给了我3000元演讲费，这是我第一次拿到大学的演讲费，也是最多的一次，一般都是没有的。用这笔钱，我和郭岭梅拔腿就跑到大连，带新近媒体发现的山东济宁的宋成立老人去调查。宋成立12岁随父亲和叔叔被抓到大连港做奴工，父亲和叔叔干活时突然被日军抓走，关进黑车，后来在宿舍隔壁医院找到时，已经病得无力说话，很快就死了，尸体头上裹着白绷带，像是动了外科手术。（详见本卷第四部分《齐鲁晚报》高祥报道）

我们到了大连，发现为七三一部队生产血清的该部队大连支队遗址已经被拆除，开发成商品房。大连支队前身为南满铁道株式会社卫生研究所，是当时亚洲最大的卫生研究所，战争中转为军事编制。那时，战时雇佣中国劳工的日本企业——比如宋成立老人所属的福昌华工株式会社，研究极少，关于伪"满洲国"内地劳工亲历的文字记录更是少。宋大爷和他父亲、叔叔住的劳工宿舍群——"红房子"边上的山坡上布满了全国各地抓来的劳工的坟墓，大多数是山东籍的，我还看到有一座墓碑上写着原籍浙江绍兴的。红房子里还住着几个当年劳工的幸存者，宋大爷还找到了他的小伙伴，他们都说有一批从上海来的劳工，不会干活，吃不惯杂粮，又怕冷，就给他们喂稀饭，结果大多得病死了，怀疑是稀饭有什么问题。

2003年5月，山东电视台《今日报道》播放了郭岭梅协助拍摄的电视节目《寻证鲁西细菌战》。（参见本卷第四部分：相关调查报告）

2003年7—8月，我和日本研究者近藤昭二一起去美国国家档案馆查档。美国国家档案馆所藏日军在华细菌战档案主要是与国民政府有关联的地区，我找到有关滇西战场日军鼠疫防疫活动的文献，八路军根据地的有关档案几乎没有，也没有找到山东"霍乱作战"的文献记录。

那时候，崔维志夫妇已经出版了《鲁西细菌战大屠杀揭秘》修订版（人民日报出版社2003年版），增加了2002年12月、2003年上半年实地调查的内容，并收入了当时国内的相关文献。这部书成为我们调查的参考用书。细菌战诉讼原告团秘书长王培根又给崔维志汇了一笔在义乌当地募集的捐款买了一批书，库存在义乌市细菌战历史展览馆。这是2005年左右，王培根带领义乌市细菌战受害者及家属建立的民间展览馆。除了民间募集的捐款外，政府也拨了一部分经费。2000年前，他们先建了刻有义乌市细菌战鼠疫受害者姓名的纪念碑，碑前还建了一个纪念亭。此前我们的调查用书，都是崔维志提供的。后来用的修订版，包括山东大学鲁西细菌战历史真相调查会用的书，均为义乌细菌战历史展览馆提供。

从美国回来后，2003年9月，我和郭岭梅结束北京大学历史系和世界抗日战争史实维护会（以下简称“史维会”）的学术合作会议后，带着史维会的新闻发言人、旅美华侨丁元先生到济南参加山东省政协文史委召集的座谈会。丁元是山东日照人，祖父丁惟芬是民国元老，他也很关注我们在山东的调查。

座谈会上山东省各级政协文史部门、历史学界都有人到场，还有相关的历史学者，包括赵延庆、聊城大学历史系主任张礼恒也来了，2002年和我们一起去调查的记者高祥，还有受害者及家属，其中有定陶县县委副书记董超，他在当地做了调查。济南的一些律师也来了，其中有山东鹏飞律师事务所主任傅强律师等，那次把强掳日本劳工幸存者及家属也请来了。

那次会议的主题之一是“受害维权”。我在发言中讲道：在国内，主要是做好受害调查。我介绍了山东霍乱调查的情况，提出：1. 实地调查；2. 学术研究；3. 法律取证。

此后，郭岭梅就跟我一起去日本，采访作山东“霍乱作战”供述的日本老兵。山边悠喜子帮助我们联系到三位尚在世的，住在东京一带的是菊池义邦、金子安次，两位都非常乐意地接受了采访，确认了《天皇的军队》《细菌战与毒气战》中他们的有关供述内容，郭岭梅全部摄像了。另一位是林茂美，住在广岛一带，关于“霍乱作战”，他的供述在所有日军战俘中，最为直接、详细、具体，他是个非常关键的证人。林茂美的地址是山边告诉我们的，事先她也打电话和林茂美联系妥了，我刚好有事去不了，郭岭梅一个人过去了。郭岭梅不会日语，我托一个认识的留学生照应，那个留学生找了一个地方政府外事部门会说中文的公务员，给她当的翻译，结果很不顺利，林茂美家人拒绝郭岭梅进屋采访，甚至不准许她在户外拍

摄镜头，林茂美始终没有露面。（参见本卷第二部分：日本方面资料）

那时候还没有手机，郭岭梅没有及时告知那里的情况，就回来了。那时候，她和我都是自费，跑一趟广岛要不少花费。要是现在，我就带着她再去找林茂美，那次我应该跟她一起去。

四、2006年香港启志教育基金资助调查项目启动

2004年夏，义乌市政协出面召集浙江省各高校的历史学者，在义乌召开了一个细菌战受害地现场调查工作会议，浙江大学历史系原副主任范展老师把浙江省内的历史学者给叫来了（几乎都是他的学生）。我又邀请了一起在江西九江、上饶地区做细菌战调查的江西师范大学历史系教授吴永明，还有研究江西农村社会的梁洪生教授。山东大学历史学者徐畅也来了，那时他妻子在宁波大学任教，他刚好在宁波。徐畅说他在山东注意到了媒体对调查的报道，也从张礼恒那里听说了。

历史学者们考察了崇山村及义乌细菌战受害者为主体的民间做的细菌战历史调查和纪念设施。此后，我冒昧给徐畅写邮件，和他探讨关于鲁西细菌战霍乱的调查，双方的想法很投合。如果能寻找到经费支持，就打算一起做调查。

2004年，东京高等法院正在对细菌战诉讼进行二审的审理，忙着组织原告去东京参加每一次开庭、准备原告出庭陈述、证人出庭作证等，一直到2005年8月，东京高等法院判决，那时国内浙江、湖南一共去了80人左右，其中包括媒体，判决结果与东京地方法院一审的基本相同，认定细菌战事实，驳回赔偿的请求。

细菌战诉讼又告一段落。9月初，我拉上细菌战诉讼日本律师团事务局长一濑敬一郎律师到山东、河北现地考察鲁西“霍乱作战”，崔维志配合做前期准备，他带一濑律师、徐畅、郭岭梅和我一起去了鲁西霍乱流行村庄。山东电视台对一濑作了人物专访。

9月中旬，香港启志教育基金从媒体报道得知中国人权发展基金会成

立“历史·和平·人权基金”，我也参与，于是通过人权发展基金会与我取得联系，那时候我正在北京，基金会总干事李诚辉先生从香港到北京与我会面，表示愿意资助我的细菌战调查研究。我与张启祥商量后，决定把这笔款项用于鲁西细菌战霍乱的社会调查。我把这个意向告诉启志李诚辉，并开始与他就鲁西“霍乱攻击”的区域性调查的有关事项进行沟通。启志基本确定资助山东霍乱调查后，我告诉了徐畅，三方开始频繁沟通，商量有关具体的事项。

启志对于资助项目的运作很规范、慎重。2006 年 2 月，李诚辉先生与他哥哥李勤辉特地到山东现场考察，为启动资助项目做前期准备。徐畅、郭岭梅和我，还有荣维木女儿，同他们一起到临清卫河边采访知情老人，沿途得到临清市委宣传部井扬、聊城大学历史系张礼恒的盛情接待。

2 月 15、16 日，李诚辉与徐畅、我举行了两次项目工作会议，郭岭梅也参加了。徐畅整理了三方所有来往电子邮件的主要内容和问题要点，供会议讨论用，包括“调查计划草案”。我们讨论的内容包括合作方式、调查目的、范畴、方法、流程，包括阶段及任务、调查问卷的内容和项目，以及经费，等等。启志基金会很认真，不是简单把钱一给了之，而是整个参与项目，并对资助项目的实行予以必要的监督。农村经济史是徐畅的研究专项，他当时已经明确指出：洪水和霍乱死亡人数估计无法查清。根据徐畅作的两次会议记录：

我提出：不同地区不可能同时大规模爆发同一传染性疾病，日军有可能通过卫河决堤、空中撒播手段来散布细菌（参见本卷第二部分：日本方面资料）。应重点调查霍乱流行的范围和程度，感染人数次之。虽然日军人员有 1943 年夏秋投放霍乱菌的供述，但是中国方面缺乏霍乱流行的详细记载和调查，我们要到各地调查，实地采访，了解霍乱爆发的时间。

李诚辉：同时调查洪水与霍乱，以确定两者的关联性。

徐畅：通过网上等多种途径，募集大学生志愿者，并已经着手进行。计划集中自己的任课课时，节省出时间带学生下去调查。

有意思的是，李诚辉还出于个人兴趣，提出了日本政要靖国神社参拜的问题和我们讨论，他说，民间对日战争索赔的根本目的不是在于索赔本身，而是让日本侵略者给战争受害者或其后人一个交代。

此后，李诚辉代表基金与徐畅、我继续保持邮件和电话的联系，修订、调整调查计划、问卷内容，以及一切相关事务。徐畅除了在山大的网站上募集调查志愿者，还通过聊城大学张礼恒教授募集大学生志愿者参与调查。

3月份，我和郭岭梅就带2003年与我一起赴美国国家档案馆查档的日本731部队·细菌战领域的知名研究者近藤昭二和他妻子到山东临清调查。近藤采访了临清县城附近的亲历者，确认了《天皇的军队》中日军人员描述的当年决堤卫河的方位、附近日军炮楼的位置等。近藤和我一起在聊城大学、山东大学给大学生作了演讲，他讲了他为细菌战诉讼原告方作证的内容：战时、战后日本政府对细菌战的掩盖。山东电视台也对近藤作了人物专访。

近藤先生是细菌战诉讼中国原告方出庭证人，一濑律师是中国原告日本律师团事务局长，我周围这些日本方面长期从事七三一部队·细菌战问题的，都关注到山东"霍乱作战"。

4月清明节假期，徐畅带了研究生下到馆陶县城附近村庄调查。他提交了调查记录，并郑重向基金提出要求明确：这样的调查是否达到要求。徐畅说：在馆陶，"只要走进村庄，没有不得霍乱的"；并再三强调参加调查的学生志愿者，必须经过培训。

5月中旬，由徐畅计划安排，李诚辉与我赴山大，在山大作演讲，作为志愿者调查培训的一个项目，并三方继续商讨、调整调查计划及协议书内容（注：2006年10月三方合作调查的协议书文本内容确定）。

7月初大学暑假开始，启志资助的第一次山大大学生志愿者团队由徐畅带领下去调查，我赴山大和徐畅一起为学生做培训。那次调查，聊城大学有20多名志愿者参加。一周的调查，李诚辉和我一直与"战斗在第一线"的徐畅保持密切联系，等待他和学生下乡"发现"的消息。

10月国庆假期，又组织了一次下乡调查，大学生志愿者物理专业姚一村（聊城东昌府人）已经开始积极参与，并组织人员。那次，我和李诚辉也到山大和徐畅一起为学生做调查培训。

为了稳定志愿者调查队伍，我向李诚辉、徐畅提议参考2004年宁波大学大学生调查志愿者成立的社团——宁波大学细菌战调查会的经验，在山东大学成立一个大学生社团，稳定调查志愿者队伍，以利于提高调查的专业性，能有组织进行持续的调查。山大的大学生志愿者领头人、物理专业同学姚一村是一个有主见的人，他也有成立社团、更好地组织调查队伍的想法，于是他和周围的同学组成的核心骨干，在徐畅的支持下，通过学校的社团管理程序，于2006年11月正式成立了学生社团——鲁西细菌战历史真相调查会。

此后，会长姚一村和他周围的协会骨干们开始了由大学生自己组织和开展的调查，在我和徐畅、李诚辉的指导下开展调查。平时主要由我和学生进行联系、具体指导，特别是调查后期的工作。具体情况，请参考本卷中《山东大学鲁西细菌战历史真相调查会及其活动简介》《卷卷初心》两篇文章。

我参加了协会所有的重要会议，以及每次调查计划的制定、调查培训等工作，除个别情况以外。在调查培训中，徐畅、李诚辉和我主要向学生强调的是：

1. 对历史的责任，对社会的责任；

2. 调查的客观性、科学性；

3. 口述历史记录的客观性、可靠性。

这些，成为协会以后调查、资料整理操作程序遵守的原则。

从教育的角度，我们都认为调查对于这些大学生来说，是一个走向农村、走近农民，通过自己的努力，在和老人的对话中，发现历史、学习历史的机会。

应该说，从口述历史调查的角度来说，徐畅作为历史学者，更注重于每一位口述者采访的详尽，以及战争状态下农村、农民的经济状况；我作为一名细菌战调查者，更注重于区域性的流行病社会调查，着眼于一定范围内一定量数据积累后呈现的规律性模式。

李诚辉则要学生们懂得，启志为什么要资助这个调查，为什么要资助他们做这个调查。

我们三方的共同点是：大家必须对经我们的手记录下来的口述历史负责，我们是帮助老人们用文字、录音把他们亲历的战争灾难记录下来，他们是述说历史的主体。老人们也许只有这一次机会，留下的是，也许是唯一一份他们亲述的苦难经历的记录，我们甚至没有纠正我们记录错误的机会。

为协会做过培训的还有中央新闻纪录电影制片厂郭岭梅编导，山东省临沂市抗战史研究者、《鲁西细菌战大揭秘》作者崔维志，山东省济南市鹏飞律师事务所主任傅强律师。上述2003年9月济南的会议后，傅强律师每年在鹏飞律师事务所召集山东省战争受害者维权会议，我和徐畅、郭岭梅都参加，2003年济南会议与会的山东省政协、济南市政协的文史部门人员也参加。

2006年11月，傅强律师以济南市人大代表名义提出保护日军一八五五细菌部队一八七五支队在济南的旧址。

2006年12月，河北省馆陶县监察局局长牛兰学出差到上海，准备了一份“日军卫运河（馆陶）细菌战调查方案”，找我商量。启志的意见是：他们资助的是山东大学大学生社团的调查，地方组织的调查与大学生社团的调查不同，再说我和徐畅也顾不上具体参与，难以列入同一项目。

五、鲁西细菌战历史真相调查会的调查

鲁西细菌战历史真相调查会（以下简称“协会”）的调查，如前文所介绍，1. 亲历者口述历史调查，覆盖卫河沿岸10县区106乡镇，其中除东昌府外，其他9县为全部乡镇；2. 与周边三省的30余个县区的摸底调查，具体如下：

（一）口述历史调查

1. 调查内容

关于口述调查的内容，请参考本文附录：

附录1　日军细菌战染病幸存者问卷；

附录2　日军细菌战知情者问卷。

两个问卷是调查计划所规范的口述历史调查涵盖的范畴，作为采访内容的指导，在实际现场，对老人的采访是通过生活对话的形式展开的，老人的个人经历、身体健康、记忆状况的不同，影响到采访的具体内容和详尽程度。

采访老人时，由口述历史调查组进行，一个调查组由三名成员组成，一名负责采访，一名负责现场记录，一名负责照相和录音。调查结束后，请老人在现场采访笔录上签名，再拍照片。

2. 调查范围和对象

对以下10个县区总面积约6000平方公里，除东昌府外，其余9县每个乡镇选取若干村庄，每个村庄采访2—3名老人，作口述历史记录。10个县区全部106个乡镇的1371个村庄共2957名亲历者接受了采访，每位老人的口述记录包括文字、录音、照片，以乡镇、县为系统归类。

此外，摸底调查采访亲历者与知情者113人，本调查共采访3070人。以下表格中是以上10县区各县被采访老人的数目，采访时的平均年龄和1943年当时平均年龄：

<table>
<tr><th>地　区</th><th>县　区</th><th>乡镇数</th><th>村庄数</th><th>采访人数</th><th>采访时
平均年龄</th><th>1943年时
平均年龄</th></tr>
<tr><td rowspan="2">卫河东岸</td><td>冠县</td><td>17</td><td>157</td><td>302</td><td>81</td><td>17</td></tr>
<tr><td>东昌府</td><td>16</td><td>215</td><td>411</td><td>81</td><td>16</td></tr>
<tr><td rowspan="8">卫河西岸</td><td>临西</td><td>9</td><td>144</td><td>267</td><td>80</td><td>15</td></tr>
<tr><td>馆陶</td><td>8</td><td>102</td><td>210</td><td>80</td><td>15</td></tr>
<tr><td>曲周</td><td>10</td><td>123</td><td>327</td><td>80</td><td>16</td></tr>
<tr><td>鸡泽</td><td>7</td><td>81</td><td>218</td><td>80</td><td>16</td></tr>
<tr><td>邱县</td><td>7</td><td>125</td><td>308</td><td>79</td><td>15</td></tr>
<tr><td>清河</td><td>6</td><td>95</td><td>266</td><td>79</td><td>14</td></tr>
<tr><td>威县</td><td>16</td><td>191</td><td>389</td><td>80</td><td>15</td></tr>
<tr><td>巨鹿</td><td>10</td><td>138</td><td>259</td><td>81</td><td>15</td></tr>
<tr><td colspan="2">合　计</td><td>106</td><td>1371</td><td>2957</td><td>80.1</td><td>15.4</td></tr>
</table>

采访时，老人的年龄根据本人的口述，有的说虚岁，有的说足岁，有的记忆不清。为多一个参考，我们同时也问了属相。因无法完全核实口述者所讲为虚岁还是足岁，本调查整理成书时，尽可能保留了原始记录。

个别采访对象，同一天内有不同小组分别做过采访，为保留史料，两次口述酌情予以收录（人数仍按1人统计）。

3. 调查流程

在掌握的资料和线索的基础上，选择卫河沿岸1943年霍乱严重的地区进行调查。协会理事会根据当时调查的整体进展，以及前次调查的进度，提出计划调查具体地点，与我商量后确定。

调查前对所有参加成员进行培训，主要内容有：

背景知识讲解、调查问卷熟悉、取证注意事项、老会员经验介绍、器材使用培训、安全等其他注意事项。指导老师出席培训。

4. 村落调查

为了有利于了解1943年霍乱爆发时，在以村为单位的社区所发生的情况，我们对霍乱严重的三个村庄：聊城市冠县桑阿镇南油坊村、邢台市清河县赵店村、黄金庄做了以村为单位的集中调查：

（1）采访了村里每一位可以接受我们采访的1943年霍乱等灾害的亲历者、知情者，一些老人由于记忆缺失、口齿不清、耳聋等的原因，没能接受采访。三个村庄的采访人数分别为：清河县黄金庄47人；赵店村19人；冠县南油坊村15人。

（2）根据调查掌握情况，绘制了村庄地图。

（3）撰写了全村调查总结。

这三个村落的调查分别收入了本丛书《冠县卷》《清河卷》。

（二）摸底调查

摸底调查是指对霍乱严重地区的周边地区的调查，具体如下：

查阅与收集当地历史资料、包括当时的水利资料，查阅当年档案，走访当地文史部门，根据文史部门提供的线索，对当地的知情老人进行采访。

拍照、复印或手抄记录资料内容，包括出版信息、档案信息等。调查结束后上交协会资料部，由负责管会员汇总、保管。

1．摸底调查地区

在3省30余个县区开展了摸底调查，搜集资料，寻访知情人。涉及的主要县区有：

山东省：德州市（夏津县、武城县）；

菏泽市（鄄城县）；

聊城市（东阿县、临清市、茌平县、莘县、阳谷县）

河北省：邯郸市（成安县、磁县、大名县、肥乡县、广平县、临漳县、魏县、永年县）；

衡水市（武邑县、冀州市、故城县、景县）；

邢台市（广宗县、隆尧县、南和县、南宫市、平乡县）

河南省：新乡市

2．摸底调查对象

对1943年灾荒有记忆、头脑清楚的老人，一般都在70岁以上。还有些老人对1943年当年知情，例如听父母讲起；有的人当时逃荒在外，回来后了解到村里的情况，这些采访对象中有少数年龄低于70岁。

对摸底调查对象的采访也做了口述记录，一共113位（参见以下列表），一并收入本丛书《周边地区卷》。

摸底调查统计

序号	省	市	区县	采访人数	有无提到当地霍乱
1	河北省	邯郸市	市区	2	有
2			成安县	4	有
3			磁县	3	无
4			大名县	4	有
5			肥乡县	2	有
6			广平县	6	有
7			临漳县	7	有
8			魏县	7	有
9			永年县	2	有

续表

序号	省	市	区县	采访人数	有无提到当地霍乱
10	河北省	衡水市	武邑县	1	有
11			冀州市	4	有
12			故城县	9	有
13		邢台市	广宗县	4	有
14			隆尧县	1	有
15			南和县	2	有
16			南宫市	2	有
17			平乡县	5	有
18	河南省	新乡市	市区	6	有
19	山东省	德州市	夏津县	11	有
20			武城县	4	有
21		菏泽市	市区	4	有
22			鄄城县	1	有
23		聊城市	东阿县	1	有
24			临清市	3	有
25			茌平县	8	有
26			莘县	9	有
27			阳谷县	1	有
合计	3	7	27	113	

（三）调查资料整理

1. 协会调查资料整理程序基本如下：

——收集各组调查记录（纸质笔录、表格；电子版笔录、表格；照片、磁带）

——存档纸质笔录、磁带；汇总全县的笔录总稿、表格

——笔录（排序、格式修订、错别字修改，核对录音，方言解读、表格整理

——更新表格（村庄重点情况统计表）、绘制地图

——根据以上整理情况，更新整体调查统计表格

——将被采访者照片插入到口述笔录中；文字整理；方言、人名、地名的统一修订

2. 关于录音整理

2008年，我们将所有磁带转换成了MP3格式的文件。2009年在济南，集中将这些文件进行了拆分，形成了每人一段录音的形式。

按照调查统一要求，采访每位老人时都要录音，但由于技术操作等原因，个别老人的口述没有有效的录音记录。

3. 关于口述采访笔记与录音核对

调查结束后，要求每个调查小组将笔录内容与录音进行核对。一是保证笔录内容与采访对象表述的一致；二是查缺补漏，补全在现场笔录的不完整之处。

平时的资料整理中，如笔录内容有不明之处，也通过录音核对。

2009年7月，协会在济南组织会员集中进行了一次全部口述文本与录音的核对。发现一些问题：有些文字和录音不能够完全对应，一些方言听不懂；录音环境有的很嘈杂，声音辨别困难；也有录音机操作不当，造成录音中语调、语速的变化，内容整理困难。

4. 关于错别字修订

每次资料整理过程中，口述笔录中都有可能发现错别字，需要反复进行修订。

5. 关于照片整理

按照要求，照片应该有采访老人个人照1张、老人与调查组成员合影1张、在老人家门口照片1张。在实际操作中，我们没能做到，一些老人没有照片。

6. 关于统计图表

本调查县区范围内的雨、洪水、霍乱的统计图表是以村为单位，根据一个村中采访老人口述的相关内容予以归纳：

（1）一般按照多数老人的说法，包括记忆更为清晰的老人的说法；

（2）关于“洪水”，因为各家住处的位置有不同，只要村中有老人记忆有，就归为“有”；

（3）关于“霍乱”，因为各家包括左邻右舍情况不同，只要村中有老人记忆有，就归为“有”。

7. 关于地图绘制

2007年五一假期，我们绘制了第一版以县区为单位的地图，地图上标注发现大雨、洪水、霍乱发生的村庄。

2008年开始，每次调查结束后，都绘制一份该县区的地图。2009年，我们将地图中的标识进行了统一修订，形成了目前版本地图的草图，标注了各乡镇发生的大雨、洪水、霍乱。此后对地图还进行了各种修订。

8. 关于方言、人名、地名的处理

在培训中，向参加调查的会员介绍老人谈话中会经常出现的方言。在采访时，要求按照原话记录，可以用文字的用文字表达，不能对应文字的，使用谐音字或拼音。

对于人名、地名，在口述笔录中全部按照老人的说法表述，不能对应文字的，使用谐音字或拼音。

9. 关于协会调查资料全面整理方案的说明

2009年，曾经由我拟定一份三方达成共识的调查资料全面整理方案，简略如下：

（1）精选口述历史，负责人徐畅；

（2）裁选口述历史，负责人徐畅；

（3）图表统计说明（包括分析、讨论、总结），负责人王选。

2010年，社会调查基本结束前，协会已经完成了口述历史的精选和裁选，并提交徐畅和我，徐畅认为文字还需要下功夫修订。

关于图表统计说明，我和学生们一直在持续进行。2011年初协会自动解散后，资料整理是原协会会员，他们大多已经毕业，在各院校攻读硕士、博士，利用假期时间到上海我家来做。2011年至2013年的资料整理，主要由2008届资料部部长张琪负责，他去澳大利亚留学时，还是从我家去的机场；2013年起，2007届资料部部长常晓龙同学到上海担任我的专职助手，我们才有条件对调查资料进行全面系统的再整理；2009届会长薛伟、副会长刘欢相继到上海攻读博士、硕士，也利用假期和常晓龙一起整理资料；其他老会员也有个别参加。以上情况，参见本卷《山东大学鲁西细菌战历史真相调查会及其活动简介》附录4《历次资料整理记录》。

2013年下半年，我与中国文史出版社第一编辑室王文运主任商讨了口述历史调查报告的出版，他让我们提供了一个县口述历史文本及相关图表的样本，提出可以考虑全部出版10县的口述历史，但是文本语言需要修订。我征得李诚辉、徐畅两方同意，由我担任主编；李诚辉代表基金方面、徐畅代表山大方面担任副主编；常晓龙、张琪代表协会担任执行副主编，编委由多次到上海参加资料整理的原协会会员组成，编辑全部调查口述历史记录，予以出版。口述记录出版后，由徐畅主编相关的历史研究论文集。

2014年，丛书《大贱年——1943年卫河流域战争灾难口述史》的文稿整理是按照中国文史出版社编辑要求，对以上所介绍2006年以来口述历史调查文字记录、摸底调查资料，再次进行的全面修订。

常晓龙对全部的人名、地名再次进行了检索和统一称呼，一些无法查找的，依然保留了谐音字，例如：村里某人、逃荒地某村等。

薛伟、刘欢根据出版社的编辑要求，从照片库中选取了每一个老人的单人照片，插入了他们的口述文本。

另外，请四位复旦大学的硕士研究生，按照标准格式，对尚未完成文字整理的8县口述笔录文本的错别字、标点符号、格式和部分文字顺序进行了第一道修订；然后，由我和常晓龙分别对他们第一道修订的8县口述文本再次进行修订：删除笔录中重复的内容；相同内容的叙述归并一处；对表述混乱、前后矛盾的叙述进行梳理，通顺文字表达；根据需要，核对录音，确定原文内容。对常晓龙分工的第一道修订所做的第二道文字修订，我再审阅一遍，加以修订。

根据出版社的编辑计划，本丛书内容分成12卷：第1卷综合卷，收入主编、副主编的文章，调查、协会的介绍，相关的日本和中国国内的资料；第2—11卷为10县区口述历史分卷，附带根据口述内容整理的各县区霍乱流行示意图、对应该图的各县区单位乡镇雨、洪水、霍乱调查图表，各乡镇单位雨、洪水、霍乱调查图表；第12卷周边地区卷，收入摸底调查的记录。

六、总结

根据亲历者的口述，1943年卫河沿岸10县区一带发生多重自然灾害——1941年起三年连续旱灾；第三年，即1943年，饥荒严重，大多数农民出外逃荒，入夏大雨连天，部分地区发生洪水。此间，霍乱在以上10县区大面积流行，其中卫河西岸8县，以及东岸1县全部乡镇发现霍乱，东岸东昌府区调查乡镇中75%发现有霍乱。1944年，还曾发生严重蝗灾。

（一）战争期间社会秩序的混乱削弱了农民的抗灾能力，加剧了农村的灾情

1. 战争负担

风调雨顺年份，当地粮食最高亩产仅达100斤，农民一年到头省吃俭用，够吃饱肚子。灾荒年，庄稼收不起来，再加日本军队、皇协军（伪军），各种地方武装势力：残余部队、土匪等，仗着手中的枪杆子，强夺农民口粮，造成严重饥馑，农民无路可走，大多数变卖家产、甚者卖妻卖儿女，乞讨、逃荒。

2. 救助局限

该地区是“准治安区”，八路军在一些地区，避开日军的监视，组织了农民运粮并分发粮种，扶助灾后耕作。八路军与老百姓的“鱼水”关系，与日军、伪军鱼肉百姓的行为形成鲜明的对照。

3. 日军扫荡

日军在该地区的常态性暴行，是通过扫荡“缴共”，怀疑是八路，就严刑拷打，甚至当场刺杀。皇协军乘扫荡进村，抢劫村民，还时常绑架百姓，勒索钱财。

《综合卷》收入原日军驻河北六十三师团人员斎藤邦雄战后根据当时战场亲历绘制的漫画（斎藤邦雄，光人社，2009年），其中有关于日军扫荡山村的描述。有一幅漫画“好男不当兵”，根据作者本人的说明，画中的人物原型是斎藤所属日军治安警备队驻屯地的中国保安队，被八路军称为“伪军”，原来是地方土匪部队，被斎藤的中队“降伏后，收编”。斎藤说：这些人的伙食非常差，吃不饱，一顿饭只有一晚稀薄如水的小米汤。因为是中国人，也不太愿意打仗。老人口述中常有提到：当伪军的，有些就是当地人，混口饭吃。

4．强征劳力，为其修筑工事

《综合卷》收编的日本随军记者喜多原星郎拍摄的“北支治安作战”照片（喜多郎，企画·战史刊行会，1975年）中，有日军向周围村庄摊派劳力，包括老人、儿童，为其治安战修筑军事工事的镜头。根据老人们的口述：日军根据户头，强派劳力，不去不行，去干活还得自带口粮。仅有一二例口述提到给午饭。

5．强掳青壮男劳力，送往日本、“满洲”做劳工

许多老人在口述中提到，很多人逃荒到“满洲”各地做工，其中有大批死亡的事例。不少村里有被送往日本做劳工，日本投降后，有的回到村里，有的没有回来。

（二）大饥荒中的霍乱流行

1943年旱灾、雨灾、水灾（部分地区）接踵而至，饥荒中的农民连地里的野草、枕头芯子，只要能填肚子的，都吃下去。下雨下得屋倒房塌，无干柴烧火，喝生水。有些地区，因为日军掘开卫河堤岸，还有积水、水淹，霍乱在这种情况下开始流行，绝大部分感染者除了用农村土方“扎针放血”外，无任何其他医疗手段，农民也没有关于霍乱病的知识，不懂隔离，再加上饥荒中营养不良，免疫力低下，造成流行肆虐，大量死亡。

当时，灾区农民大多离乡逃荒，人口急剧减少，留在当地的饥肠辘辘的人群，遭遇霍乱，不堪一击。有的村霍乱流行时，接二连三地死人，来不及葬。许多亲历者在口述中称：是饿得，肚里没东西，所以得霍乱。他

们描绘的霍乱症状很明显，“上吐下泻”“抽搐”，发病后很快死亡，有的一天以内。

霍乱是烈性传染病，流行后，发生大量死亡的情况，与日本战俘的供述中关于当时日军调查了解的内容是一致的（参见本卷第二部分）。根据亲历者的口述，当时的情况下，霍乱应为造成大量霍乱感染者死亡的一个直接的原因。

（三）卫河流域10县区——1943年霍乱地理上的集中发生

据该地区亲历者口述：1943年夏，卫河流域10县区中9县全部乡镇发现同时期间霍乱流行，其中有些流行是爆发性的，东岸聊城市东昌府区全部21乡镇中调查了16个，其中12个乡镇发现同时期霍乱流行。此地需要说明一下：我们的乡镇调查未覆盖所有村庄，东昌府区村庄总数902个，我们仅调查了215个。所以说，16个调查乡镇中未发现霍乱的4个乡镇，严格地说，只是在我们调查过的4个乡镇的部分村庄中未发现霍乱，不能由此确定其他未调查村庄没有霍乱的发生。

参见以下表格：

序号	区县	乡镇数	调查乡镇	霍乱发生乡镇	霍乱发生乡镇比例
1	临西	9	9	9	100.00%
2	馆陶	8	8	8	100.00%
3	曲周	10	10	10	100.00%
4	邱县	7	7	7	100.00%
5	鸡泽	7	7	7	100.00%
6	清河	6	6	6	100.00%
7	威县	16	16	16	100.00%
8	巨鹿	10	10	10	100.00%
9	东昌府区	21	16	12	75.00%
10	冠县	17	17	17	100.00%
11	总计	111	106	102	

以上表格中显示的霍乱发生，是目前所知抗日战争期间，一种烈性传染病最大规模的流行事例之一。本调查通过采集亲历者的口述及其记录整理，归纳出这场霍乱到乡一级流行的分布，比以往的记载进了一步，也更为具体，希望能成为今后该领域研究的参考。

霍乱是急性肠道性传染病，一般的说法是“病从口入”。按常理说，日军数处决堤造成的卫河沿岸地区的洪水泛滥（参见本卷第二部分《日军第五十九师团战俘的供述》），是霍乱在该地区蔓延的一个有力的“推手”。

以下表中是10县区霍乱发生时，当地雨、洪水的发生统计，其中仅冠县中部店子乡一乡镇未发现有雨。冠县村庄总数755个，我们调查了157个，店子乡调查了6个村。

10县区调查乡镇雨、洪水、霍乱发生统计

序号	区县	乡镇数	调查乡镇	雨发生乡镇	洪水发生乡镇	霍乱发生乡镇
1	临西	9	9	9	9	9
2	馆陶	8	8	8	8	8
3	曲周	10	10	10	9	10
4	邱县	7	7	7	5	7
5	鸡泽	7	7	7	7	7
6	清河	6	6	6	6	6
7	威县	16	16	16	6	16
8	巨鹿	10	10	10	1	10
9	东昌府区	21	16	16	8	12
10	冠县	17	17	16	7	17
11	总计	111	106	105	66	102

本丛书各县分卷收入的各县采访口述记录，附有根据口述内容整理的县单位乡镇雨、洪水、霍乱调查表、图表，及县1943年霍乱流行示意地图，标注有各乡镇雨、洪水、霍乱的分布；及乡镇单位村庄1943年雨、洪水、霍乱调查结果表、图表。

附录1　日军细菌战染病幸存者问卷

（每问完一组问题，稍事休息）

第一组问题

1．请问您叫什么名字？今年多大了？您的属相是什么？

2．请问您所在的村庄叫什么？属于哪个县？哪个乡？从前也属于这个县这个乡吗？如果不是，属于哪个县、哪个乡？当时的住址（____县____乡____村），现在的住址（____县____乡____村）。

3．请问您的文化程度如何？（文盲　私塾　高小）

4．请问您知道自己的血型吗？（A、B、O、AB）

第二组问题

1．请问您染病时有多大？还记得是什么时候得的病吗？[____年__月（阴历）__日]

2．请问您生病时最初症状是什么样的？最主要的症状是什么？（让其尽量描述并记录）。

3．当时你们村里有医生吗？是中医还是西医？您当时看医生了吗？医生当时怎样对您说的？医生是如何实施救治的（比如让您吃药了？吃什么药？吃药后反应如何？效果如何？扎针了吗？扎哪里？具体情况如何？等等）。

4．您家中还有其他人得病吗？有几个人？与您是什么关系？其症状如何？与您相同吗？医治了吗？结果如何？

5．您家中是谁先得病？然后又是谁依次得病？前后相隔多长时间？先后得病者之间有无具体接触（比如护理）？如何接触的？

6．你现在的病况怎样（1. 已经痊愈；2. 病况轻了；3. 与以前差不多；4. 恶化了）？如果痊愈了，多长时间好的？

7．你知道自己得的是什么病吗？你们当时叫这种病是什么？您知道这病是传染的吗？（如果知道）是怎么知道的？

8．你是什么时候知道“霍乱”这个病的名字的？又是什么时候知道自己得的病就是“霍乱”的？是通过什么途径得知的？

9．霍乱大规模流行时（或者说大的灾难来临时），老百姓是如何应对的（是否有精神诉求，如求神拜佛、巫术迷信等等）。

10．这一场大灾难对于您的心理的种种影响。

第三组问题

1．请问你们本村以及附近村庄同时发生过类似的疾病吗？（如发生，是您亲眼看见的，还是听说的。如果是看到的，情况如何，请描述；如果是听说的，是什么时候听说的？听说了什么？）

2．您知道你们村哪家先得病吗？（如果知道）他家在村里的什么位置？他家与其他村民家有什么不同吗？（可提示：靠水？与其他村庄来往较多等）有什么不同？

3．你们村其他村民的病，症状是不是和你家患者一样？或者这些患者所生的病都是一样的？这些生病的村民医治了吗？如何医治的？结果如何？

4．据你所知，你们村患病的村民发病后是逃走了？还是留在本村？健康者是逃走了，还是留在本村？逃走者又逃往哪里？患病者所逃往的村庄发生了什么吗？如发生，是什么？

5．这场病在你们村大约持续了多长时间？到什么时候才停下来？

6．当时你们村大约有多少户人家？有多少人？

7．你们村是不是因为患一样的病而死亡了很多人？如果是，请详细描述当时村庄患病和死亡整体情形（如死亡人数等等）。

8．你们村有无尸体集中掩埋地点？如果有，在哪里？能带我们去看看吗？

第四组问题

1．请问您家染病者得病之前是干什么的？（纯务农、务农兼游走其他村庄做工或者做小贩，发病患者是否做过类似的工作？患者所去的村庄发生过类似的病吗？）

2．请问您家中患病者是在什么地方发的病？（在自己家中发病？还是外出归来后发病？还是去看望其他病人回来后得病？）

3．你们本村以及附近的村庄从前发生过类似的疾病吗？如果发生过，是什么时间发生的？你知道发病的原因吗？情况如何（症状、医治、死亡情况等等）？

4．你知道你家患者或者同村患者生病的原因吗？（如果知道）是什么原因？为什么你这样认为？

5．你家患者生病前吃了什么特别的东西没有？在外面喝过生水吗？患者在发病以前到别处串门了吗？所去人家有类似病人吗？

第五组问题

1．离你们村多远驻有日军军队？他们经常到你们村里来吗？你知道他们的番号吗？你在日军入侵你们村庄时，您是留在本村还是离开了？

2．请被调查人详细描述日军在本村及周围村庄的活动状况。比如有无看到日军（步兵、骑兵和空军）的具体活动。您家人或者村民发病前后日军活动有变化吗？如果有，是什么变化？看到他们都干了什么吗？有无看到日军飞机？如果看到，是什么时候看到的（发病之前？之中？之后？）。飞机活动在发病前后有无变化？是否看到飞机投放什么东西？如果看到，请详细描述。

3．日军有无给村民发放食品或者其他吃的东西？如果发放了，你、你家患者或者村民吃过没有？吃了感觉又是如何？

4．日军撤离村庄有无遗留什么东西？如果有，是什么？村民又拿它干了什么吗？

5．在您家患者或者村民患病之前，有无日军到你们村庄？您看见他们穿的是什么服装吗？是否看见穿着防护服的日军？是什么样的？

6．日军到你们村庄来，有其他人（如汉奸）陪同吗？他们做过什么？（详尽）

7．您家人或者村民患病后，有无日军军队来检查村民的身体？如果有，是如何检查的？他们都干了些什么？检查时，他们自己与你从前所见到的日军有无不同？如果有，是什么不同？日军发现有患病的人，是如何处理他们的？

第六组问题

1．当时你们使用的是什么样的水源（是井水还是河水？患病前你们所吃的水，水质是否一直很好，从前有无因为吃水问题发生大面积的疾病）？发病前村民有无感觉吃水的水源有变化？如果有，是什么变化？

2．你们经常吃的是什么食物（比如以前是否经常吃某种蔬菜或者野果，吃过后有无发生大面积生病？发病前是否也生吃过某种蔬菜或者野果）？

3．当时你是否注意到一些不常见的昆虫出现或者是大量地出现？如果有，是什么？情况如何？

4．当时（几时？）是否下大雨？发大水？本村发生水灾了吗？如果发生，水灾情况如何？持续了多久？像什么样？

5．你知道日军决溃卫河河堤的事吗？如果知道，是你听说的？还是亲眼看见的？请你详细描述日军决溃卫河河堤的事好吗？卫河决堤后，水灾状况像什么样？请详细描述。

6. 发病是在水灾之前、还是之间、还是之后？

7. 除了患病、死亡以外，当地的动物（牲畜、家禽、家猫、家狗、老鼠、野兽等等）是否有异常或大量死亡的情况？如有，情况又是如何？

8. 你们村这次大范围发病或者水灾后，家乡情况如何？请尽量详细描述。

第七组问题

1. 日军给你留下的印象是什么？

2. 日军在发病前和发病后在你们村有无大屠杀行为？如果有，是因为什么？与从前有什么区别？屠杀情况如何？请尽量描述。

3. 日军有无抓苦力？抓走多少人？姓名叫什么？你知道被抓到哪里去了吗？后来他们回来了吗？

4. 你所在的村庄附近有国民党军队和八路军吗？他们平常活动如何？大规模发病后，他们有无救治活动？如果有，是如何救治的？有效果吗，效果如何？

5. 你们村附近有土匪吗？你知道头目叫什么名字吗？他们到你们村来过吗？如果来过，他们干了些什么？你知道土匪与国民党、共产党、日军有什么样的关系吗？如果知道，请你说一说具体情况如何？

6. 这次大规模发病外，以后还有无大规模发病？如果有，是什么时间发生的？症状是否与这次一样？是否也造成大量死亡？政府又有什么救治措施？效果如何？

附录2　日军细菌战知情者问卷

（每问完一组问题，稍事休息）

第一组问题

1．请问您叫什么名字？今年多大了？您的属相是什么？

2．您所在村庄叫什么？属于哪个县？哪个乡？从前也属于这个县这个乡么？如果不是，属于哪个县、哪个乡？当时的地址是（____县____乡____村），现在的住址是（____县____乡____村）。

3．您的文化程度如何？（文盲　私塾　高小）

4．请问您知道自己的血型吗？（知道　不知道），（如知道：A、B、O、AB）

第二组问题

1．你们村1943年（民国32年）秋天有无出现大量村民患同一种疾病？如果有，你还记得具体时间吗？[____年__月（阴历）___日]

2．您家中有人得病吗？如果有，有几个人得病？与您什么关系？

3．据你所见，您家中患病者症状如何？据你看见或者听说你们村患病村民症状如何？

4．您家中是谁先得病？然后依次谁得病？前后相隔多长时间？先后得病者之间有无具体接触（比如护理、公用了餐具等）？如何接触？

5．当时你们村里有医生吗？是中医还是西医？您家患者看医生了吗？医生怎么说的？医生又是如何实施救治的（比如让其吃了药了吗？吃什么药？吃药后反应如何？效果如何？扎针了吗？扎哪里？具体情况如何？等等）。

6. 您家中患病者病况如何（痊愈，死亡）？如果痊愈了，多长时间好的？如果死亡，从患病到死亡多长时间？

7. 您知道您家人或者村民得的是什么病吗？你们当时叫这种病是什么？您知道这病是传染的吗？（如果知道）是怎么知道的？

8. 你是什么时候知道“霍乱”这个病的名字的？又是什么时候知道家人或者村民得的病就叫“霍乱”的？是通过什么途径得知的？

第三组问题

1. 你们附近村庄同时发生过类似的疾病吗？（如发生，是您亲眼看见的，还是听说的？如果是看见的，情况如何？如果是听说的，是什么时候听说的？听说了什么？）

2. 您知道你们村哪家先得病吗？（如果知道）他家在村里的什么位置？他家与其他村民家有什么不同吗？（可提示：靠水？与其他村庄来往较多等）有什么不同？

3. 你们村其他村民的病，症状是不是和你家患者一样？或者这些患者所生的病都是一样的？这些生病的村民医治了吗？如何医治的？结果如何？

4. 据你所知，你们村患病的村民发病后是逃走了？还是留在本村？健康者是逃走了，还是留在本村？逃走者又逃往哪里？患病者所逃往的村庄发生了什么吗？如发生，是什么？

5. 这场病在你们村大约持续了多长时间？到什么时候才停下来？

6. 当时你们村大约有多少户人家？有多少人？

7. 你们村是不是因为患一样的病而死亡了很多人？如果是，请详细描述当时村庄患病和死亡整体情形（如死亡人数等等）。

8. 你们村有无尸体集中掩埋地点？如果有，在哪里？能带我们去看看吗？

第四组问题

1．请问您家染病者得病之前是干什么的？（纯务农、务农兼游走其他村庄做工或者做小贩，发病患者是否做过类似的工作？患者所去的村庄发生过类似的病吗？）

2．请问您家中患病者是在什么地方发的病？（在自己家中发病？还是外出归来后发病？还是去看望其他病人回来后得病？）

3．你们本村以及附近的村庄从前发生过类似的疾病吗？如果发生过，是什么时间发生的？你知道发病的原因吗？情况如何（症状、医治、死亡情况等等）？

4．你知道你家患者或者同村患者生病的原因吗？（如果知道）是什么原因？为什么你这样认为？

5．你家患者生病前吃了什么特别的东西没有？在外面喝过生水吗？患者在发病以前到别处串门了吗？所去人家有类似病人吗？

第五组问题

1．离你们村多远驻有日军军队？他们经常到你们村里来吗？你知道他们的番号吗？你在日军入侵你们村庄时，您是留在本村还是离开了？

2．请被调查人详细描述日军在本村及周围村庄的活动状况。比如有无看到日军（步兵、骑兵和空军）的具体活动。您家人或者村民发病前后日军活动有变化吗？如果有，是什么变化？看到他们都干了什么吗？有无看到日军飞机？如果看到，是什么时候看到的（发病之前？之中？之后？）。飞机活动在发病前后有无变化？是否看到飞机投放什么东西？如果看到，请详细描述。

3．日军有无给村民发放食品或者其他吃的东西？如果发放了，你、你家患者或者村民吃过没有？吃了感觉又是如何？

4．日军撤离村庄有无遗留什么东西？如果有，是什么？村民又拿它干了什么吗？

5．在您家患者或者村民患病之前，有无日军到你们村庄？您看见他们穿的是什么服装吗？是否看见穿着防护服的日军？是什么样的？

6．日军到你们村庄来，有其他人（如汉奸）陪同吗？他们做过什么？（详尽）

7．您家人或者村民患病后，有无日军军队来检查村民的身体？如果有，是如何检查的？他们都干了些什么？检查时，他们自己与你从前所见到的日军有无不同？如果有，是什么不同？日军发现有患病的人，是如何处理他们的？

第六组问题

1．当时你们使用的是什么样的水源（是井水还是河水？患病前你们所吃的水，水质是否一直很好，从前有无因为吃水问题发生大面积的疾病）？发病前村民有无感觉吃水的水源有变化？如果有，是什么变化？

2．你们经常吃的是什么食物（比如以前是否经常吃某种蔬菜或者野果，吃过后有无发生大面积生病？发病前是否也生吃过某种蔬菜或者野果）？

3．当时你是否注意到一些不常见的昆虫出现或者是大量地出现？如果有，是什么？情况如何？

4．当时（几时？）是否下大雨？发大水？本村发生水灾了吗？如果发生，水灾情况如何？持续了多久？像什么样？

5．你知道日军决溃卫河河堤的事吗？如果知道，是你听说的？还是亲眼看见的？请你详细描述日军决溃卫河河堤的事好吗？卫河决堤后，水灾状况像什么样？请详细描述。

6．发病是在水灾之前、还是之间、还是之后？

7．除了患病、死亡以外，当地的动物（牲畜、家禽、家猫、家狗、老鼠、野兽等等）是否有异常或大量死亡的情况？如有，情况又是如何？

8．你们村这次大范围发病或者水灾后，家乡情况如何？请尽量详细描述。

第七组问题

1．日军给你留下的印象是什么？

2．日军在发病前和发病后在你们村有无大屠杀行为？如果有，是因为什么？与从前有什么区别？屠杀情况如何？请尽量描述。

3．日军有无抓苦力？抓走多少人？姓名叫什么？你知道被抓到哪里去了吗？后来他们回来了吗？

4．你所在的村庄附近有国民党军队和八路军吗？他们平常活动如何？大规模发病后，他们有无救治活动？如果有，是如何救治的？有效果吗，效果如何？

5．你们村附近有土匪吗？你知道头目叫什么名字吗？他们到你们村来过吗？如果来过，他们干了些什么？你知道土匪与国民党、共产党、日军有什么样的关系吗？如果知道，请你说一说具体情况如何？

6．这次大规模发病外，以后还有无大规模发病？如果有，是什么时间发生的？症状是否与这次一样？是否也造成大量死亡？政府又有什么救治措施？效果如何？

为保存真实的历史而努力

李诚辉 *

1943 年鲁西卫河沿岸霍乱等灾害的田野调查，是几个成年人带领着一帮山东大学的学生做小事，中途也有在济南的其他大学的学生闻讯加入，在历史的角落里小心翼翼地拂拭，希望找出那些陈年旧事，虽然似乎跟他们不大相干。

社会都充满着愿做大事的人，像参与这个调查的大学生那样肯献出汗水、假期、酷暑严寒中的辛苦，一点一滴地完成数百万字的报告，心想他们真有点傻劲，小小年纪的，当时就想明白了那份付出吗，知道调查的意义吗？这令我想起 2005 年初次碰到王选老师，随后徐畅老师，他们俩是调查的发起人，想必是因为这两位老师有着相当的推动力，才使学生们能克服巨大的艰辛，一步一步向着目标迈进。

先谈王选老师，她当时被中央电视台选为 2002 年度全国十大感动中国人物，因她是中国细菌战受害者对日索偿的领头人，能操流利日语和英语，给我的印象是说不倒、累不倒，造学问的严谨程度达到令人难以承受的地步。她可以为旁人认为是枝节的事情，争执一个上午，用我的话来比喻，似乎是在为筑好支撑整个调查的每一根柱子，搞不定第一根柱子，绝

---

* 李诚辉，香港启志教育基金会总干事。

不开始下一根的工作。这个调查前后花了她10年多的功夫，换了别人早就放弃或者搞个压缩版本了！只能说如果没有她这份执着，恐怕这个调查至多不过成为大学生夏令营式的流水般轻快作响的报告。她的脾性确实需要通过时间来欣赏的。王选与学生的界限有点模糊，时严师，时朋友；在农村一起串户做访问，在家一起颠倒日夜做研究；争辩时齿锋锐利，对着学生却细心聆听，只凭学识服众，从不以长辈身份欺压。王选是整个调查的大脑及精神领袖。

徐畅老师是十足的谦谦君子，虽是安徽深山里的人，毕竟在山东大学久了，熏染得儒雅成风。在调查进行着的半当中，又荣升教授，让我们在一边的，为他放下了一颗紧张的心。他说话谨慎，思路清晰，与学生相处随和，不输出半点压迫感；他对传统的中国农村有一种向往，一种归属感，在紧张的假期中，带领学生走访乡间村落，在交通、食宿条件都非常恶劣的情况下，都能保持那种安泰自若。我认为没有徐老师的从容，没有他对农村和农民的熟悉和情感，学生会觉得遇到的困难是没法解决的。

走访农村做调查是相当艰苦的，我记得当初每人每日的膳食费才10元，后来增加到15元，随着物价的增长，夏天一人才够买一瓶矿泉水，住宿条件都是最基本而简陋的，基本标准是平均每人每天10元，不过每次出访学生都兴高采烈，年轻人自有他们觉得欢快的、有意思的事情。但是，因为过程实在艰苦难熬，也不免有病倒，可幸都没发生过什么大事故。回想启志教育基金会原本的想法是让学生入乡随俗，到农村就过农村的生活，可是让师生们接受这样的待遇，想起来也是愧疚。内心不仅仅想向学生们说声“谢谢你们”！也想向他们的父母说声“感谢你们让孩子参加了鲁西卫河两岸的调查，抱歉让你们揪心了”！我经常想师、生、资助方三方里，我们资助方出经费，是整个调查中最轻松的工作！

香港启志教育基金在1994年成立，此后10年间资助兴建了9座希望小学，分布在广西、陕北、湖南及广东省。这10年以来，经过政府的宣传和一些有心人的努力，当地老百姓对教育的重视有很大提高，地区政府部门的工作计划中，已经牢牢树立起“教育是未来，是发展、脱贫的希望”这条硬道理的重要位置。

中国经济的发展，也使得启志基金会越来越觉得教学楼的建设已不像以前那样逼迫，很多团体也在做，政府也在做。其间，我于2005年9月，在北京有幸听王选介绍侵华日军战俘有关在鲁西投放霍乱菌的供述，当时那地区霍乱肆虐，死亡人数以十万计。究竟日军霍乱菌的撒播与该地区的霍乱流行有没有关系？因当时历史资料严重缺乏，调查研究就只得从基本开始，为填补这段历史的空白，需要访问受灾地区经历过那个年代的老人们。启志是一个教育基金会，对相信尊重历史，发现真相的意义，对设立这个项目，调动大学生们参与，做一个大规模的社会调查，感到兴奋不已，觉得不管为已死去的，还是尚在人世的，弄明白一场影响了他们的人生的灾难的真相是非常值得的。

通过“口述历史”的调查，探求真相，对当时的启志教育基金会是一件新事物。2006年冬，我和我哥哥李勤辉会长和王选、徐畅两位老师一起去鲁西农村访问老人，了解情况。

启志决定出资赞助鲁西调查后，王选、徐畅两位老师和我一起讨论制定了意向书和调查计划。徐畅老师通过山东大学校内网呼吁在校大学生参加调查。此后，参加调查的学生组织了专门从事该调查的学生社团——鲁西细菌战历史真相调查会（属学校团委管辖）。

在两位老师的指导和带领下，学生访问了3000余名历史亲历者，将他们口述的1943年灾荒年前后发生在他们家里、村里的种种事情，用录音和文字记录了下来。老人们的口述资料非常珍贵，内容凄惨，闻之令人沉思，久久不能平静。

启志教育基金会对山东大学鲁西细菌战历史真相调查会的这项调查的资助是有期待和要求的，我们期望最终能把老人们的口述资料经整理后，全部出版。我们并未在意有多少人会去读，我们只是想把老人们的那段历史，从冷清的乡间的角落，放置到现代社会中人们能接触到、太阳能照射到的地方。

我代表基金会经过审查，确认此次社会调查意义崇高，参与的都是老师和学生，符合基金会资助的考虑，所以说服基金会成员核准对该调查资助时，没遇上多大困难。基金会的组成成员并非富佬，除我和我哥哥李勤辉会长外，还有三名成员：李金钟先生、谢伟贤律师和陈茂波先生。陈茂波先生现已荣任香港发展局局长。希望人们了解到他当年如何出钱出力支持启志教育基金会，从事教育慈善。这也是陈先生人格的证明，证明他对香港以及内地人民的服务之心，20年前早有之。虽然读鲁西调查报告的香港人绝对不会很多，我兄弟两人在这儿还是要向这位挚友致敬，表达我们衷心的感谢！

日军华北“方面军第十二军十八秋鲁西作战”概述

徐　畅*

日军“十八秋鲁西作战”，是指1943年8月下旬至10月下旬，日本华北方面军第十二军在当时范县①、观城、朝城、堂邑②、阳谷、莘县、东昌（聊城）、馆陶、临清、邱县③、清河、夏津、茌平、高唐等卫河流域两岸各县实施的霍乱细菌作战，涉及今天鲁西、冀南、豫北部分地区，因1943年是日本昭和十八年，故日军称之为华北“方面军第十二军十八秋鲁西作战”。

关于这次战争，国内史学界已有一定研究④，但尚存在诸多需要深入

* 徐畅，山东大学历史文化学院教授。

① 范县范围和县城多次变更，地处河南省东北部，与山东省鄄城县、莘县相邻。

② 观城、朝城、堂邑当时为县，后来观城和朝城成为莘县的集镇，堂邑成为聊城东昌府区的集镇。

③ 邱县1289年设县，清雍正三年十二月二十七日（1726年1月29日）发布上谕，称为避“孔丘”之讳，在“丘”右边加“阝”，改为“邱县”。按理，此后所有文献中均应称“邱县”，但是很多文献中，依旧叫“丘县”，下文除引文外，一律用“邱县”。

④ 主要论著有赵延庆：《日军在山东的细菌战和毒气战》，《军事历史》1995年第6期；王昌荣：《日军在山东的“白大褂部队”》，《山东医科大学学报》（社会科学版）1996年第1期；崔维志、唐秀娥主编：《鲁西细菌战大屠杀揭秘》，人民日报出版社2003年版；杨玉林：《试谈细菌战罪行研究的科学化——从日军在华细菌战受害者人数谈起》，《湖南文理学院学报》（社会科学版）2009年第3期；赵延垒、沈庭云：《1943年秋日军发动鲁西细菌战述评》，《军事历史》2009年第6期；等等。

探讨的问题。这里拟就鲁西冀南霍乱是自然发生还是日军所为、霍乱流行范围和导致中国人死亡人数两个问题作初步研究。

一、霍乱是自然爆发还是日军所为

1943年秋天，卫河两岸发生了大规模霍乱[①]。关于这次霍乱的起因，国内学界一致认为是日军播撒霍乱病菌所致，根据是日军战俘的供词，但是论证尚欠周密。下面我们从日军战俘供词、地方志记载以及流行病学三个方面加以论述。

（一）从日军战俘供词看霍乱流行

矢崎贤三（日军第十二军第五十九师团第五十三旅团独立步兵团第四十四大队步兵炮中队军官值班士官、联队炮小队小队长，见习士官）1954年供述说，独立步兵第四十四大队1943年9月上旬，在山东省临清、馆陶、堂邑等地作战一周，由于“当时日本侵略军所撒布的霍乱菌，已经在中国人民和无辜农民中广泛地蔓延，（日军）企图通过此次作战，使霍乱病人逃难，混入和平农民中，从而使霍乱进一步蔓延”。[②]

菊池义邦（时任日军第五十九师团第五十四旅团独立步兵第一一一大队机关枪分队分队长）说，1943年9月20日至10月20日对“东昌县、阳谷县和范县一带发动了所谓的‘霍乱搜索作战’”中，第五十九师团“在大批中国和平居民的头上撒布霍乱菌，试验其效能”。[③]

相川松司（时在日军第五十九师团第五十四旅团独立步兵第一一一大队三中队服役）说，1943年9月第五十九师团在东昌县、临清县地区进行“霍乱作战”，由“师团防疫给水班，第五十三、五十四旅团部队参加，

① 卫河也称卫运河、御河，其源头有二：南源为河南省辉县百泉镇中的百泉，此源称卫河；北源为发源于山西省的清漳河与浊漳河，二源在馆陶县徐万仓村合二为一，自此至德州四女寺称卫运河，卫运河在四女寺分流入漳卫新河和南运河。

② 中央档案馆、中国第二历史档案馆、吉林省社会科学院合编：《细菌战与毒气战》，中华书局1989年版，第331页。

③ 《细菌战与毒气战》，第338页。

于该地区放毒"。[①]

芳信雅之说1943年9月初，"在山东省范县、阳谷地区，方面军实施了散布霍乱菌的谋略"。[②]

此外，日本学者本多胜一、长沼节夫在《天皇的军队》第10章《1943年秋鲁西作战——霍乱作战》中说，"1943年的一天，山东省以范县、朝城县、阳谷县为中心的鲁西平原一带的解放区范围内，突然降下一些由飞机扔下的罐头炸弹。罐头里装的就是霍乱菌。'衣'字师团的这一作战，其目的就是调查霍乱菌对中国农民的影响"。[③]

上述战俘的供词和相关研究被有关学者作为日军"鲁西陆地霍乱战"的直接证据[④]。但值得注意的是，矢崎贤三、菊池义邦、相川松司和芳信雅之等人的供词，都没有直接和详细地说明日军是如何在"鲁西陆地"播撒霍乱病菌的，正如本多胜一、长沼节夫所说，虽然"'石井部队'的一部分人参加过'霍乱菌搜索作战'"，但是"石井部队在哪些地点、用哪种方法散播了细菌，关于一些具体活动的证言，可以称之为'中间环节'的证言，现在还不太充分"。[⑤]应该说这种分析是有一定道理的。总之，我们认为日军在鲁西陆地用"航空兵、步骑兵向鲁西冀南各县播撒了大量的霍乱菌"的结论[⑥]，还需要日方资料进一步证实。

1943年8月下旬以后，日军决溃卫河西岸数处河堤，对此，日俘有较为详细的供述。

矢崎贤三说1943年8月至10月，日军在鲁西霍乱作战中，第四十四大队将卫河西北岸堤决溃，"并将霍乱菌撒放在卫河水里，利用泛滥的洪

① 《细菌战与毒气战》，第337页。

② 《细菌战与毒气战》，第337页。

③ 本多胜一、长沼节夫:《天皇の军队》，朝日新闻社1992年版，第220页。又，"衣"字师团为第五十九师团的代称。

④ 《鲁西细菌战大屠杀揭秘》，第20页。另参见赵延垒、沈庭云:《1943年秋日军发动鲁西细菌战述评》，《军事历史》2009年第6期。

⑤ 《天皇の军队》，第256-257页。

⑥ 《鲁西细菌战大屠杀揭秘》，第13页；赵延垒、沈庭云:《1943年秋日军发动鲁西细菌战述评》，《军事历史》2009年第6期。

水扩展蔓延”。[①]

金子安次（时任第五十九师团第五十三旅团独立步兵团第四十四大队重机枪分队上等兵）说，日军在决溃临清小焦家庄卫河河堤时，散布了霍乱细菌。[②]

大石雄二郎（时任日军第五十九师团第五十三旅团独立步兵第四十四大队第一小队第二分队队员、二等兵）说，日军在决溃南馆陶至馆陶之间的卫河堤防时，散布了霍乱病菌。[③]

片桐济三郎（时任日军第五十九师团特别训练队医务室伍长、第五十九师团“防疫本部”联络系下士官）说：“1943 年 9 月上旬左右，在日军第十二军鲁西作战中，在鲁西地区散布了霍乱菌。为了扩大散布后的效果，将临清附近的卫河堤扒开 3 处。”[④]

小岛隆男（时任日军第五十九师团第五十三旅团独立步兵第四十四大队机枪中队重机枪小队队长）在供述破坏卫河河堤的目的时说，日军的意图是“直接利用水灾和河水中的霍乱菌的蔓延，屠杀中国人民”。[⑤]

林茂美（时任日军第五十九师团防疫给水班细菌室检查助手及书记、卫生曹长）说，第五十九师团防疫给水班“于 1943 年 8 至 9 月间，在山东省馆陶、南馆陶、临清等地散布一次霍乱。当时散布在卫河，再把河堤决开，使水流入各地，以便迅速蔓延。我参加了这次散布。细菌是由我交给第四十四大队军医中尉柿添忍，再派人散布的”。[⑥]

以上战俘的供词是有关学者作为“决卫河堤扩散霍乱菌”的证据[⑦]。关于此点，值得我们注意的是：第一，矢崎贤三、金子安次、大石雄二郎、小岛隆男、林茂美等人都明确提到利用河水播撒霍乱病菌，比“鲁西

---

① 《鲁西细菌战大屠杀揭秘》，第 27 页。

② 《细菌战与毒气战》，第 336 页。

③ 《细菌战与毒气战》，第 334 页。

④ 《细菌战与毒气战》，第 337 页。

⑤ 《细菌战与毒气战》，第 335 页。

⑥ 《细菌战与毒气战》，第 312 页。

⑦ 《鲁西细菌战大屠杀揭秘》，第 27 页。

陆地霍乱作战”证据明确；第二，特别值得注意的是林茂美的供词，因为他不仅是第五十九师团防疫给水班成员，而且他还明确说出了霍乱病菌撒播的具体情节。

总之，通过日军战俘以上的供词，虽然说关于1943年卫河两岸霍乱大流行是日军播撒霍乱所致的证据还不足够明晰，但是我们却不能据此做出否定的结论。因为一则日俘多人多次提到日军在“十八秋鲁西作战”中播撒了霍乱病菌，二则日军战俘的其他供词和有关文献与上述供词，是可以形成证据链的。

1954年7月17日林茂美检举长岛勤（第五十九师团第五十四旅团旅团长、少将，兼任济南防卫司令官）的材料尤为重要，他详细叙述了1943年1月以来，第五十九师团关于细菌作战的种种活动：

首先，日军加紧对第五十九师团防疫班卫生下士官进行训练。

1943年1月，关东军防疫给水部第一部和第四部部长、第十二军军医部部长川岛清大佐对第五十九师团防疫给水班进行了约4小时的巡视检查。检查内容包括卫生文件、防疫给水班现有的细菌检验能力，以及器材和培养器的配备等。事后第五十九师团长细川忠康命令师团军医部部长、中佐铃木敏夫和师团防疫给水班班长冈田春树做了种种与霍乱作战有关的准备工作。

2月，第五十九师团司令部防疫给水班奉细川忠康的命令，对师团所属21名卫生下士官进行了为期7天（每天7小时）的训练。内容有霍乱、伤寒、赤痢、斑疹伤寒等科目，还有细菌检查法，主要是霍乱菌检查法等5种检查法，以及细菌培养基的制作、灭菌消毒法、培养霍乱菌的蛋白质溶液的制作法和显微镜检查法等实习课。

4月，根据细川忠康的命令，对师团所属20名卫生下士官进行了为期一天（8小时）的训练，内容有九八式卫生滤水机的使用和分解方法、被细菌污染作战地带的给水法、净水剂的用法等，讲课和实习各占一半。

其次，第五十九师团防疫给水班的其他工作。

第一，在卫生材料方面，申请将检验用试管从1000个增加到2000

个；玻璃皿从1000个增加到2000个；培养细菌和制作培养基所需试剂增加1倍。理由是夏季即将来临，将进入霍乱流行期，需要做好准备。在6、7、8、9四个月，给水班经常备齐五捆“紧急霍乱检验材料”，以便一旦接到命令，便可立即行动。

第二，以时值霍乱流行季节，卫生兵有必要增员为理由，将卫生兵由原有的15名增加至20名。

第三，铃木敏夫和冈田春树命令：“霍乱流行期即将到来，要特别做好准备，防止人们对霍乱检验的反感。”铃木敏夫还下达公文，指示所属各大队：“鉴于即将进入霍乱流行期，应注意军内卫生和中国人民出现霍乱的情况。一旦发现霍乱疑似患者，应立即报告。”

第四，1943年七八月间铃木敏夫向师团属各大队发出文件，说“即将进入霍乱流行期，师团必须全面进行霍乱预防接种，尤其注意切勿出现遗漏。预防接种完毕后，须将情况报告给师团军医部长”。

总之，1943年1月以来，日军第五十九师团不断进行防疫训练，充实防疫班人员和材料的配备，尤其是师团全面进行霍乱预防接种等行动，不应该是偶然的，也不是纯粹的防疫行为。此外，还值得注意的是1943年8月21日石井四郎在北京所作“关于华北防疫强化对策的报告”，虽然将其视为日军“实施鲁西细菌战的动员令”[①]的证据尚不充分，但是该报告确实令人生疑：日军华北司令部要求从8月23日起，防止“由虎列拉病源地带的传染”；疫区“果物不得当地军的许可，禁止向外地域输送”；“禁止在石门—新乡（不在内）、石门—德县、济南—德县（不在内）之间的各站及北京、张家口、大同、包头、怀来各站乘车”；“石门—新乡、大同（沿着铁道路线的道路以南）、卫河以西的汽车禁止通行”；“禁止白河、子牙河、滏阳河、南运河、卫河的航行”。[②]在当时鲁西冀南尚未发生霍乱的情况下，日军防疫对策直指该地区，霍乱若不是日军所为，莫非其有未卜先知的能力？

① 《鲁西细菌战大屠杀揭秘》，第3页。

② 《鲁西细菌战大屠杀揭秘》，第4页。

（二）从地方志记载看霍乱流行

1943年10月下旬至11月上旬，铃木敏夫、冈田春树和第五十九师团军医部部员、大尉增田孝共同起草了《关于霍乱停止发生的报告》，并经师团长细川忠康，师团参谋长、大佐江田稔和师团高级副官广濑三郎审查签署，发送华北方面军、华北防疫给水部、第十二军司令部、华北防疫给水部济南支部以及参加鲁西霍乱作战的部队，共40份。在这份报告中，日军将鲁西冀南霍乱"说成是自然发生的"。在11月上旬济南第十二军军医部关于鲁西地区发生霍乱问题讨论会上，川岛清、渥美（第十二军军医部部员、中佐）、铃木敏夫、增田孝、冈田春树等人也论证说霍乱是鲁西地区原有霍乱发作，"因为霍乱菌可以越冬，原来此地就有霍乱菌"。[①] 的确，霍乱菌具有耐湿不耐干、耐寒不耐热等特点，自然环境中可以长期游离生存，并非完全依赖人类循环，并在一定条件下可以反复发作。

我们按时间顺序看鲁西、冀南、豫北霍乱流行地区有关地方志是如何记载的。

据《冠县县志》记载："道光元年夏六月，大疫，民多霍乱、转筋之疾，死者甚众。"[②]

据《博平县志》记载："道光元年夏六月，霍乱病作，人死无数。"[③]

据《大名县志》记载："宣宗道光元年，大疫。时夏秋之交，病死者相属。其症：脉散，肢冷，牙紧，口闭，气促，甲青，项强，筋缩。俗名抽筋病。此病甚速，不及延医，急用针刺破臂弯、腿弯之血管，令其出血，或用鞋装砖石打病人四肢，令其发热，均可稍瘥。然救苏者少。"[④]

据《内邱县志》记载："道光元年六月间，人得吐泻病，肚腿疼，有当日死者，有二三日死者，人死大半，不敢吊。"[⑤]

---

① 《细菌战与毒气战》，第327–328页。

② （清）梁永康纂：道光《冠县志》卷之十，《杂录志·祲祥》，平民日报社1933年铅印本。

③ （清）杨祖宪辑：道光《博平县志》卷之一，《机祥考》，道光十一年刻本。

④ （清）程廷恒等修、洪家禄等纂：《大名县志》卷二十六，《祥异志》，1934年铅印本。

⑤ （清）施彦士纂修：《内邱县志》卷之三，《疫疠》，道光十二年抄本。

据《濮阳市志》记载:“道光二十年(1840年),秋,范县等地,人多患泻痢、缩筋,病死者无数。”“民国8年(1919年),南乐县等地流行霍乱,县城周围尤重。”①

据《南宫县志》记载:“道光元年,恩免天下积年逋赋。夏四月朔,日月合璧,五星联珠。七月,大疫。死者甚众,服四逆汤,刺手足腕青筋,出紫血可活。”②

据《高邑县志》记载:“道光元年,疠疫流行,人伤无数,秋稼丰稔。”“光绪二十八年,春旱。六七月间,时疫流行,人多暴亡,城镇尤甚。”③

据《寿张县志》记载:“同治五年秋,多缩筋之病,死伤甚众,奉恩诏六年以前民欠概予豁免。”④

据《聊城地区卫生志》记载,1867年秋“阳谷百姓患霍乱症者甚众,死者极多”。1888年7月,临清大雨弥月,8月疫病大作,霍乱、痧症流行,各“村户几无一幸免者,城镇尤甚,死亡无算”。⑤

据《磁县县志》记载:“光绪二十六年大饥,居民采树头菜充食,树叶为之净尽。二十七年大疫,霍乱转筋,死人无算。”⑥

据《临西县志》记载,“光绪二十六年,霍乱大流行”。1920年,域内霍乱流行,“街街有人亡,处处有泣声”。又有记载说1920年7月,临西“霍乱并发,死者甚众。户户有病患,处处有新坟”。⑦

---

① 河南省濮阳市地方史志编纂委员会编:《濮阳市志》,中州古籍出版社2005年版,第47、53页。

② (清)陈桂纂、周栻修:《南宫县志》卷七,《事异志》,道光十年刻本。

③ (民国)王天杰等修、宋文华等纂:《高邑县志》卷十,《故事志》,1933年铅印本。

④ (清)王守谦纂修:《寿张县志》卷十,《杂事志·灾变》,光绪二十六年刻本。

⑤ 刘代庚主编:《聊城地区卫生志》,山东科学技术出版社1993年版,第11页。

⑥ (民国)黄希文等纂辑:《磁县县志》第二十章,《灾异》,1941年铅印本。

⑦ 河北省临西县地方志编纂委员会:《临西县志》,中国书籍出版社1996年版,第653、47页。

据《范县县志》记载："光绪二十八年秋七月。大疫，霍乱转筋。"[①]

据《新河县志》记载："光绪二十八年，五六月间，时疫大作，挨门沿户传染殆遍。初四肢冰凉，六脉俱停，呕吐泻肚，朝发夕死，莫可救药。亲戚故知，莫敢吊唁，邻里亦断往还。全县共计死男女二千余人。"[②]

据《高唐县志》记载："1904年，高唐州境内霍乱流行，以涸河村最为严重，为控制流行，当时政府残酷地烧了一条街。"[③]

据《朝城县志》记载："民国九年七月，霍乱疾病发生，死者十之二三。"[④]

据《濮阳市志》记载："民国11年（1922年）7月12日，黄河决口濮县廖桥、邢庙（今属范县）民埝，霍乱、伤寒等疾病流行，死人甚多。""民国28年（1939年），卫河溢，南乐受灾，霍乱流行，死者甚众。"[⑤]

据记载，1937年8月，"朝城县、观城县霍乱流行，死者甚众"。[⑥]

据《清丰县志》记载："民国27年（1938年）秋，霍乱病疫流行，全县死亡2000余人。"[⑦]

一般认为霍乱发源于印度，近代中国著名的公共卫生学家、医史专家伍连德推论，霍乱可能于公元7世纪已经传入中国，但是1817年以前无确切记载。19世纪以来霍乱曾在世界范围内7次大流行，1817—1823年第一次大流行中，霍乱在中国大范围肆虐。据清代《医林改错》一书记载，道光元年（1821年）各省发生吐泻及抽筋病，此病发病甚急，死人

---

① （民国）张振声等修、余文凤纂：《续修范县县志》卷六，《灾异志·虫疫》，1935年铅印本。

② （民国）傅振伦等纂修：《新河县志》第二卷，《纪·灾异》，1929年铅印本。

③ 山东省高唐史志编纂委员会编：《高唐县志》，齐鲁书社1996年版，第484页。

④ （清）刘文禧、吴式基等修，赵昶、贾铭恩等纂：《朝城县志续志》卷之二，《灾祲》，1920年刊本。

⑤ 《濮阳市志》，第54、63页。

⑥ 《聊城地区卫生志》，第14页。

⑦ 河南省清丰县地方史志编纂委员会编：《清丰县志》，山东大学出版社1990年版，第38页。

无数。北京城因死人太多，贫穷者无钱安葬，政府不得不专门划拨银两，购买棺材收殓死者。道光元年霍乱流行范围非常广泛，很多地方志和医书均有较为详细的记载，称之为“虎狼病”、“虎列拉”等，以示病情凶猛，犹如虎狼侵袭。[①] 有可能是因为当时漕运在南北运输中占有重要地位的原因，卫运河流域城镇乡村与全国联系密切，所以霍乱传入中国后，很快就因繁忙的漕运和人员往来，在鲁西冀南豫北运河沿岸地区大范围流行起来。

从以上地方志记载和相关研究，我们可以判定霍乱历史上曾经存在于鲁西地区，并且在1821年以后部分地区偶尔继续流行。1817—1823年、1826/1829—1837年、1846—1852/1862年、1863/1864—1875年、1881/1883—1887/1896年、1892/1899—1923/1925年分别为世界范围霍乱流行的6个时期，[②] 将之与卫河两岸各县霍乱流行时间（1821、1866、1888、1900、1901、1902、1904、1920）对照，我们发现虽然两者并不完全吻合，但是卫河沿岸各地霍乱大多发生在几次世界范围霍乱流行期内，这说明该区域霍乱流行一般是受外界影响所致。当然，两者并不完全吻合，又说明因为1821年以后存在霍乱疫源，在没有受到其他地区霍乱流行影响的情况下，卫河沿岸地区也有可能因某种原因霍乱再次发作。

总之，1943年秋季鲁西冀南霍乱大流行，从地方志看，不能说该地域从无此病，也不能因为个别口述资料说当地没有发生过霍乱，就推断当地乃至整个鲁西地区从未发生霍乱；当然也不可能因为鲁西霍乱间歇性发生，就因此断定1943年霍乱系自然灾害。关于1943年鲁西霍乱流行与本地原有霍乱的关系，最合理的解释是，有可能是日军播撒霍乱病菌引起鲁西冀南霍乱流行，与本地区本就存在的霍乱菌无关；也有可能是日军播撒的霍乱病菌诱发了原本在该地区小范围存在的小规模霍乱，从而引起霍乱大流行；但是没有可能是当地原有霍乱菌大规模扩散，从而导致1943年卫河两岸霍乱大范围流行，因为这不符合流行病学原理。

---

① 谢正旸、叶天星主编:《霍乱与副霍乱》，人民军医出版社1987年版，第5页。

② 《霍乱与副霍乱》，第3–4页。

（三）从流行病学看霍乱流行

在1943年11月上旬济南第十二军军医部关于鲁西地区发生霍乱原因问题讨论会上，川岛清、铃木敏夫、冈田春树等人说，鲁西霍乱流行原因之一是“由于当时在厦门和香港在流行霍乱，（鲁西霍乱）从南方传来此地”。[①]我们从流行病学对这种说法进行分析。

霍乱的流行过程，与其他传染病一样，需由传染源、传播途径和易感人群三个基本环节构成。所谓传染源一般是指病人和带菌者，如果在某一地区播撒霍乱菌，它自然也是传染源。霍乱传播途径与其他肠道传染病相通，可经水、食物、苍蝇及日常生活接触传播，但以经水传播最为突出。水之所以是霍乱传播的主要途径是因为：第一，水容易受到污染，在正常情况下，如洗涤病人的衣物，倾倒吐泻物，经河道运粪等，都可以传播霍乱菌；第二，霍乱菌在水中存活时间较长，一般为5—35天，更有利于传播。

据研究，历史上霍乱大规模流行都与水受污染关系密切。在印度尼西亚最初两次霍乱流行中，发病地区43%的水井及河水中发现了霍乱菌，在全部检查的水井中，4%的水井受到污染。疫区居民中饮用河水与不饮用河水者，发病率分别为1.3%和0.1%；饮用漂白粉消毒和不消毒的河水者，发病率分别为0.7%和2.4%。又如1892年德国汉堡流行霍乱，历时两个多月，原因是易北河河水被粪便及洗涤用水污染。再如1909年俄国彼得堡爆发霍乱，登记病人20835例，其中死亡4000人，细菌学追查表明，也是由于自来水网被霍乱菌污染所致。[②]

此外，霍乱还经被污染的食物传播，其被污染的方式有两种：一种是受病人或带菌者粪便直接污染，另一种是被疫水污染，并且通常以后一种方式为主。日常生活接触传播也可以传播，从感染率看，家庭接触感染率为4.0%—21.7%，邻居接触感染率为0.34%—8.14%，社会接触感染率为0.02%—1.3%，可见感染率之高低，与接触的类型和密切程度有关。此

① 《细菌战与毒气战》，第328页。

② 《霍乱与副霍乱》，第230-231页。

外，经苍蝇传播亦不可忽视，例如19世纪中叶就观察到英国数次霍乱流行均与苍蝇的大量出现相吻合。霍乱传播中，年龄与性别对肌体的易感性影响不大，但是体质虚弱者较易感染。

比照霍乱流行病学原理，1943年卫河两岸霍乱大流行至少有两点值得我们注意：首先，霍乱发生于大雨、洪水之后；其次，卫河以东霍乱流行程度较河西轻。我们需要对这两点进行分析。

从1943年8月中旬起，鲁西冀南地区开始局部地区降雨，例如馆陶县8月降水量达到302.5毫米，[①]是1920年有记录以来同期降水量最多的年份。降雨后卫河水位猛涨，流量大增，6、7月卫河流量只有6.46立方米/秒和8.79立方米/秒，而8月的流量激增到209立方米/秒，9、10两月的流量更是达到了217立方米/秒和287立方米/秒。[②]连绵的阴雨致使卫河两岸乡村房倒屋塌，日军决溃河堤后，洪水泛滥，村庄进水，水井被淹，柴火淋湿，老百姓只能饮用浑浊的卫河生水。

特别值得注意的是，大雨、洪水之后，卫河两岸霍乱才开始流行。通过对馆陶、临西、冠县、聊城、临清、清河、曲周、邱县、巨鹿等县大量村民访谈，尽管存在不同说法，但是绝大多数村民回忆说霍乱发生于下雨和洪水之后。

此外，民谣也可以证实霍乱是在大雨洪水之后开始流行的。1943年鲁西冀南流传着这样一则歌谣（具体歌词略有不同，但意思一样）："民国三十二年八月二十三，老天爷阴了天，滴滴涟涟昼夜不停下了七八天，受了潮湿人人得霍乱，男女老少算起来死了一大半。"

决堤、河溢、水患，对于卫河两岸区域并非罕见之事。例如临清"道光二十四年甲辰夏六月，临清等州县水"；"道光二十八年戊申夏六月，州境大水"；"咸丰五年夏六月，州境大水，以河南铜瓦厢黄河溢，由东明直注菏泽，分流至张秋镇，穿运归大清河入海，故曹州、济宁、东昌以下皆水"；"同治十年夏六月，卫河决于塔湾"；"光绪九年秋七月，卫河决胡家

① 河北省馆陶县地方志编纂委员会编：《馆陶县志》，中华书局1999年版，第117页。

② 《临西县志》，第132页。

湾，又决尖冢镇，同时汶河决刘将军庙前，坏民庐舍无算，三里堡南北岸皆决”；“光绪十六年庚寅夏五月，卫河决胡家湾。六月，卫河决塔湾大营村张家窑”；“光绪十八年壬辰六月，卫河决贾家口大营村，又决江庄，同时汶河决刘将军庙前，砖城南北西三门皆水，坏民庐舍无算”；“民国六年六月，卫河决张家窑”。[①]又如冠县“光绪十九年秋，卫河大决口，冠境村庄半成泽国，禾多被淹没”。[②]再如馆陶“同治七年，卫河决口”；“同治九年秋，淫雨，卫河决，正赋蠲免”；“光绪九年夏六月，涝秋，八月十三日，卫河由马头决口，城北城西被水，灾者六十余村”；“光绪十六年夏六月十七日夜间，卫河又在马头决口，水势较前更甚”；“光绪十八年闰六月初二日，漳水注卫河，东西两岸决口数处，全县几成泽国，正赋蠲免十之三”；“光绪二十年秋七月，沁河决，北注卫，两岸决口十余处，当其冲者土屋皆倾，人畜致被淹毙，各乡义士救死赈生，正赋分别蠲缓”；“民国六年夏秋之间，卫水三涨，河东由纸房村决口，被灾者三十余村，惟时又降大雨，平地水深二尺，小麦不能播种，成灾之乡村分别蠲缓丁漕”；“民国十三年夏，漳水灌卫，卫河水溢，由河东邑城西北乔庄决口，庐舍倾塌，秋禾淹没被灾者三十余村，秋征分别蠲缓”。[③]

从以上地方志记载我们可以看出，卫河频繁决口，两岸经常发生水灾，但是特别值得注意的是，在这些年份里，临清、冠县、馆陶都没有发生霍乱，即使是卫河两岸在这些年份里，也没有发生大规模霍乱流行。此外，1939年日军趁河水暴涨之际，在临清、清河决开运河，淹没了大名、魏县、漳河、馆陶、临清、清河、武城、景县；日军还决溃了滏阳河河堤，大水淹没平乡、任县、隆平、宁晋、新河、冀县、衡水、永年、鸡泽、南和等县，[④]卫河两岸还是没有发生霍乱。1943年日军决溃漳河、卫

---

① （民国）徐子尚修、张树梅等纂：《临清县志》卷五，《大事记》，1934年铅印本。

② （清）梁永康纂：道光《冠县志》卷之十，《杂录志 · 祲祥》，平民日报社1933年铅印本。

③ （民国）刘知希修：《馆陶县志》卷五，《大事志 · 灾祥》，1936年刊本。

④ 《鲁西细菌战大屠杀揭秘》，第184页。

河、滏阳河后，泛滥的河水淹没冀南近30个县，其中馆陶、武城、故城、清河等县受灾最重，馆陶全县64%的村庄成了水区，武城全县236个村庄，被淹110个，淹地约占全县面积的3/5，清河被淹了3/4，故城大部分被淹，任县、隆平，简直成了滏阳河的储水湖。[①]结果只要是洪水泛滥地区，无不流行霍乱。总之，虽然洪水之后，容易引起瘟疫，但是上述除了1943年的年份卫河虽然决堤，洪水泛滥，然而却并未发生霍乱，有的年份还是处于世界范围霍乱流行时期内，卫河两岸流域均未发生霍乱，这难道仅仅是偶然吗?

此外，因为卫河东堤没有开口，虽然也下了雨，但是水不像河西那样大，加之日军是空中撒播霍乱，效果较差，所以河东霍乱没有河西严重，这也侧面证明日军确实在卫河播撒了霍乱菌。至于川岛清和铃木敏夫等人说，鲁西霍乱系从厦门和香港传入，纯粹是强词夺理，因为它没有或者说不能解释霍乱是如何传染到鲁西冀南并引起大规模流行的，所以根本不值一驳。

二、霍乱流行范围和导致中国人死亡人数

（一）霍乱流行范围

1943年卫河两岸霍乱流行范围，按照矢崎贤三的说法，自1943年8月开始，日军实施“十八秋鲁西作战”，通过“讨伐”行动，使在中国人民中撒布的霍乱菌在鲁西一带（临清县、邱县、馆陶县、冠县、堂邑县、莘县、朝城县、范县、观城县、濮县、寿张县、阳谷县、聊城县、茌平县、博平县、清平县、夏津县、高唐县）蔓延。[②]矢崎贤三在另外一次笔供中说，卫河决堤，导致洪水泛滥、霍乱流行，结果造成“在南馆陶附近150平方公里，从临清县尖冢镇附近到河北威县、清河县一带225余

① 齐武:《一个革命根据地的成长——抗日战争和解放战争时期的晋冀鲁豫边区概况》，人民出版社1957年版，第157–158页。

② 《鲁西细菌战大屠杀揭秘》，第167–168页。

平方公里，从临清县临清到武城县、故城县、德县、景县一带500余平方公里，总计875余平方公里的土地被洪水淹没，霍乱病菌传播。[①] 矢崎贤三两次供述共提到24个县，于是有学者就把上述24个县作为霍乱流行区域，并且说“日俘交代的上述县份仅是鲁西细菌战霍乱爆发区的一部分，如遭到水淹、发生霍乱的邯郸、磁县、大名、魏县、曲周、永年、鸡泽、任县、巨鹿、武清、东阿等市县，均未包括在内”，[②] 同时还指出“鲁西细菌战受灾区域包括冀鲁豫抗日根据地北部和冀南抗日根据地全部地区，即现今鲁西、鲁西北、豫北、冀南区域，并向东蔓延到济南，向北蔓延到北平、天津。[③] 此外还有人说日军“十八秋鲁西作战”“范围包括当时的冀鲁豫抗日根据地第一、第四地区和冀南抗日根据地全部。按今天的地域对应，涉及山东、河南、河北、北京、天津5个省市”。[④]

这里有三个问题需要分析，一是卫河以东霍乱流行区域，二是卫河决堤洪水淹没区域与霍乱流行关系，三是北京、天津霍乱与鲁西霍乱的关系。

关于第一点，矢崎贤三提到的临清、邱县、馆陶、冠县、堂邑、莘县、朝城、范县、观城、濮县、寿张、阳谷、聊城、茌平、博平、清平、夏津、高唐等县1943年秋天的确发生了霍乱，因大部分县位于卫河以东，故属于河东霍乱流行区域，是日军播撒霍乱病菌所致。但是同年秋天济南爆发的霍乱是否是从鲁西传入，一个人的回忆证据尚不充分，[⑤] 须有更多的史料支撑。此外，1943年秋天鲁西南菏泽部分地区如定陶县、东阿等地爆发了霍乱，[⑥] 河南新乡也发生了霍乱，[⑦] 这些地区发生的霍乱，是自然

① 《鲁西细菌战大屠杀揭秘》，第27页。

② 《鲁西细菌战大屠杀揭秘》，第18页。

③ 《鲁西细菌战大屠杀揭秘》，第21页《鲁西细菌战受灾区域图说明》。

④ 王洪亮:《揭秘世界最大细菌战》,《党史文苑》2007年第7期。

⑤ 乔润生:《鲁西“虎列拉”蔓延到济南》,《济南时报》2003年4月29日第12版。

⑥ 据定陶县、东阿县有关人士反映，1943年秋天该地也发生了霍乱。

⑦ 河南省新乡市新华区史志编纂委员会:《新华区志》，中州古籍出版社1991年版，第15页。

发生还是从鲁西传入？与日军“十八秋鲁西作战”是何种关系？是否属于“十八秋鲁西作战”霍乱爆发区域等问题，均尚有待于进一步研究。

关于第二点，卫河西岸矢崎贤三提到的有临清、邱县、馆陶、威县、清河、武城、故城、德县、景县，除邱县、威县外，其余各县基本上跨卫河两岸，这些地方不同程度地遭受了卫河决堤洪水淹没，霍乱流行是日军播撒霍乱细菌的结果。但是，根据文献资料和实地调查，我们发现卫河洪水有一定范围：按照矢崎贤三的供述，洪水淹没区总共大约长宽不到30公里的地域；按照难波博供述，馆陶至临清中间拐弯处卫河决堤，导致“馆陶北部的曲周和丘县一部分，临清县河西地区、威县、清河县的一部分受到灾害，受害面积约900平方公里”，而在“临清大桥附近的卫河堤决溃，结果受害面积约达960平方公里”，[①] 两者相加洪水淹没区长宽各约45公里。根据冀南各地文史资料和馆陶县文史资料委员会刘清月提供的《冀南全区水灾图》，我们可以发现威县、邱县、大名以西的洪水，系日军决溃漳河和滏阳河所致。同时，根据实地调查，我们虽然不能明确画一条线说明卫河洪泛区，但结论是范围有限，因卫河洪水西流入白沙河后并入清凉江了。1943年秋季邯郸、磁县、大名、魏县、永年、鸡泽、任县、巨鹿等县也爆发了大范围的霍乱流行，但是目前我们又没有发现战俘供述日军在决溃漳河、滏阳河时播撒霍乱病菌的资料，那么这些地域流行的霍乱与日军在卫河里播撒的霍乱病菌是何关系？如果是日军在卫河播撒细菌引发的霍乱大爆发，也尚需进一步研究。[②]

关于第三点，据记载，1943年8月天津霍乱流行，每周有百余人死亡。[③] 但是，天津霍乱与鲁西霍乱是何种关系？如果是从鲁西传入的，证据又何在？笔者以为不应遽下结论。据现有资料和研究，一般认为

---

① 《鲁西细菌战大屠杀揭秘》，第32页。

② 可能的解释之一是，由于冀南封锁沟墙纵横如织，使水灾面积扩大且容易连为一体，霍乱病菌因此传播。

③ 天津市地方志修编委员会:《中国天津通鉴》上，中国青年出版社2005年版，第274页。

1943年8月北平霍乱系日军一八五五部队所为。[1]总之，我们认为鲁西细菌战受灾区域"向北蔓延到北平、天津"的根据是不充分的。

正因为日军"十八秋鲁西作战"导致霍乱爆发范围到现在为止尚不十分明晰，所以本文在叙述卫河两岸霍乱流行情况时，以日俘提到的靠近卫河沿岸县份为主，兼及其他地域。

（二）关于日军"十八秋鲁西作战"导致死亡人数的商榷

1943年日军"十八秋鲁西作战"给中国人民造成了巨大的灾难，致使大量无辜平民百姓死亡，但是关于死亡人数学界存在分歧，下文拟对此作初步辨析。

1. 各家观点

在笔者目力所及的范围内，关于日军1943年"十八秋鲁西作战"造成中国无辜百姓死亡人数，有以下几种说法：

赵延庆和王昌荣认为，日军通过撒布霍乱菌、迫使发病人群移动、大水漫流扩散等几种途径，导致霍乱病菌在临清等近20个县传播，有20万以上的平民被霍乱病菌杀害，并且认为这个数字还是保守的。[2]

谢忠厚在叙述日军一八五五部队时说，1943年日军在鲁西霍乱作战，造成20万以上的中国军民死亡；[3]在叙述一八五五部队细菌作战时说1943年8—10月日军在山东西部，播撒霍乱病菌，杀害22.75万平民百姓。[4]

刘庭华认为1943年8—9月，日军在鲁西18县实施的霍乱作战到10月下旬，共有20万以上的中国人民和无辜农民被霍乱病菌所杀害；并且

① 参见徐勇:《侵华日军驻北平及华北各地细菌部队研究概论》,《抗日战争研究》2002年第1期；谢忠厚、谢丽丽:《华北（甲）一八五五部队的细菌战犯罪》,《抗日战争研究》2003年第4期。

② 赵延庆:《日军在山东的细菌战和毒气战》,《军事历史》1995年第6期；王昌荣:《日军在山东的"白大褂部队"》,《山东医科大学学报》（社会科学版）1996年第1期。

③ 谢忠厚:《华北（甲）第一八五五细菌战部队之研究》,《抗日战争研究》2002年第1期。

④ 谢忠厚、谢丽丽:《华北（甲）一八五五部队的细菌战犯罪》,《抗日战争研究》2003年第4期。

冀鲁豫边区之河北、河南还有约30个县也被严重感染霍乱病菌，仅河北巨鹿县感染霍乱病死亡者就高达3000余人。[①]

郭成周和廖应昌在《侵华日军细菌战纪实》中，节选了战俘林茂美的供词，[②]说日军在决溃卫河，散布霍乱菌后，仅他所在的地区，他知道的就有25291人死亡。[③]

崔维志认为日军“十八秋鲁西作战”，从1943年8月到10月，鲁西临清、邱县、馆陶、冠县、堂邑、莘县、朝城、范县、观城、濮县、寿张、阳谷、聊城、茌平、博平、清平、夏津、高唐18个县中国农民死亡20万以上；卫河决堤后，馆陶、临清两县卫河以西和冀南威县、清河、武城、故城、德县、景县6县，总计8县共死亡22.75万人，两项合计共死亡42.75万人；并且这还仅仅是日军细菌（霍乱）战受灾区部分县份的统计数字，据他估计，整个鲁西细菌战中国人民死亡人数为50万—60万。[④]

刘清月说“鲁西细菌战大劫难”，据他“掌握的资料保守估计，受灾区域应有近50个县域，约有50万—60万人死亡”[⑤]。

赵延垒和沈庭云、王洪亮认为鲁西冀南地区实施了大规模的霍乱细菌战，造成中国平民至少42.75万人死亡。[⑥]

杨玉林对日军“十八秋鲁西作战”造成20万以上或者42.75万平民百姓死亡的结论进行了质疑，但他没有说明死亡人数。[⑦]

通观上述各种说法，关于日军“十八秋鲁西作战”造成中国人民死

---

① 刘庭华：《侵华日军使用化学细菌武器述略》，《中共党史资料》2007年第3期。

② 《细菌战与毒气战》，第312页。

③ 郭成周、廖应昌合编：《侵华日军细菌战纪实》，北京燕山出版社1997年版，第248页。

④ 《鲁西细菌战大屠杀揭秘》，第20页。

⑤ 刘清月：《故乡仇，民族恨——一个文史工作者的述说》，《国际细菌战研究》2003年第2期。

⑥ 赵延垒、沈庭云：《1943年秋日军发动鲁西细菌战述评》，《军事历史》2009年第6期；王洪亮：《揭秘世界最大细菌战》，《党史文苑》2007年第7期。

⑦ 杨玉林：《试谈细菌战罪行研究的科学化——从日军在华细菌战受害者人数谈起》，《湖南文理学院学报》（社会科学版）2009年第3期。

亡人数，大致可以分成三类。一是赵延庆、王昌荣、谢忠厚和刘庭华的说法，他们的依据是矢崎贤三的两次供词中的一次，认为造成了20多万或者22.75万人死亡，并且这个数字还只是对局部受灾地区死亡人数的统计，因而是保守的。二是崔维志、刘清月、赵延垒和沈庭云、王洪亮的说法。崔维志指出鲁西临清等18县和冀南威县等6县共计死亡42.75万，并且实际数字更大，论证方式是将矢崎贤三两次供述数字相加；刘清月与崔维志的观点和论证方式没有大的差异；至于赵延垒、沈庭云、王洪亮则是不加分析完全采纳了崔维志的说法。三是郭成周和廖应昌以及杨玉林的说法，郭成周和廖应昌只是列举了林茂美的证词，但是并没有对“十八秋鲁西作战”造成的平民死亡总数作出说明；杨玉林也只是对现有观点提出批评，但是没有说明死亡的具体数字。

仔细研究上述各种说法之后，我们发现：第一，因为学者们要么取矢崎贤三一次供述数字作为“十八秋鲁西作战”造成中国人民死亡人数，要么将矢崎贤三两次供述数字相加作为死亡人数，要么就是对矢崎贤三的供述表示质疑，所以矢崎贤三的供词成为关键；第二，无论是认为死亡数字是20多万或者22.75万，还是42.75万或者50万—60万，学者们都认为日军“十八秋鲁西作战”造成中国人民死亡人数是难以求得一个准确数字的；第三，尤其值得注意的是杨玉林的研究，他不仅认为矢崎贤三的供词不可信，而且认为虽然难以得到准确的死亡数字，但是在认定各种说法时，应该抱有科学和审慎的态度。

2. 战俘供词分析

目前关于日军“十八秋鲁西作战”造成的中国人民死亡人数，全部来源于日军战俘的供词，但战俘供述的数字又是不一致的，下文我们将日俘供词分三种情况进行分析。

首先，小岛隆男、菊地近次、片桐济三郎、大石熊二郎的供词。

据小岛隆男（时任日军第五十九师团第五十三旅团独立步兵第四十四大队机枪中队重机枪小队队长）供述，日军在临清小焦家庄附近将卫河决堤，造成卫河流域的临清、馆陶、邱县、武城发生严重水灾，由于水灾、饥饿、霍乱蔓延，死亡居民 3 万人以上。[①]

据菊地近次（时任日军第五十九师团第五十三旅团独立步兵第四十四大队机关枪中队队员）供述，由于日军在临清县城附近、馆陶尖冢镇、南馆陶附近溃决卫河河堤，导致 100 万人口受灾，死亡 2 万人。[②]

据片桐济三郎（时任日军第五十九师团特别训练队医务室伍长、第五十九师团“防疫本部”联络系下士官）供述，日军在临清附近卫河的 3 处决堤，仅第四十四大队调查数字，就有 2 万多平民死亡。[③]

据大石熊二郎（时任日军第五十九师团第五十三旅团独立步兵第四十四大队第一小队第二分队队员、二等兵）供述，日军在馆陶和南馆陶之间将卫河决堤[④]，导致 4.48 万以上农民罹病，其中因为霍乱、饥饿、水灾死亡人数在 4500 以上。[⑤]

之所以将上述四个战俘供词放在一起分析，是因为：第一，他们供述的死亡人数不仅较小，而且相差不是太大；第二，总体上看，无论是他们所说卫河所有决堤造成的死亡人数还是卫河某处决堤造成的死亡人数，都包括了水灾、饥饿、霍乱三种因素造成的死亡；第三，上述四人是职位很低的军官或者士官或者士兵，除片桐济三郎外，其他人没有说明死亡数字来源。有鉴于此，他们的供词只有在参考其他材料的情况下才能采信。

其次，林茂美和难波博的供词。

据林茂美（时任日军第五十九师团防疫给水班细菌室检查助手及书记、卫生曹长）供述，日军在馆陶、南馆陶、临清溃决卫河，散布细菌后，仅其所知就有 25291 名和平居民死亡，但总的伤亡数字他不知道，因为这在当时是非常秘密的。[⑥] 据杨玉林分析，当时日军第五十九师团司令

① 《细菌战与毒气战》，第 335 页。

② 《细菌战与毒气战》，第 336 页。

③ 《细菌战与毒气战》，第 337 页。

④ 这里的“馆陶”是指“北馆陶镇”，位于今冠县西北偏东；“南馆陶”系指今河北省馆陶县县城。下文凡“馆陶、南馆陶”连在一起叙述，亦指此意。

⑤ 《细菌战与毒气战》，第 334 页。

⑥ 《细菌战与毒气战》，第 312 页。

部、师团防疫给水班均设在泰安，林茂美参与了几次细菌战调查活动，其行军路线为泰安—济南—临清—馆陶，位于卫河沿岸，并且主要是卫河以东地区。据此，杨玉林认为林茂美所说“我们所在地区”是指除去河北省受害地域以外的鲁西地区，应该说这种分析是有道理的。[①]

据难波博（时任日军第五十九师团第五十三旅团情报主任）供述，日军在南馆陶至临清的卫河拐弯处将河堤挖开，致使卫河西堤决口，使得馆陶北部的曲周、邱县一部分，临清河西地区、威县、清河一部分受灾，因决堤而流行霍乱病致死以及被水围困饿死的居民约有2.25万人。临清大桥卫河决堤，受害居民约有70万人，其中由于水灾而死亡的约有3万人。[②]难波博并且说这个数字是事后由第四十四大队去调查的，他自己也乘飞机去视察过。

之所以将林茂美和难波博的供词放在一起分析是因为：第一，他们的身份特殊，难波博当时是日军第五十九师团第五十三旅团情报主任，而林茂美是第五十九师团防疫给水班检查助手、书记、卫生曹长，又是他亲手将霍乱菌交给柿添忍撒布的，所以他们所说的死亡数字更具有可信性。

最后，矢崎贤三（日军第十二军第五十九师团第五十三旅团独立步兵团第四十四大队步兵炮中队联队炮小队小队长，见习士官）的供词。矢崎贤三共有两次供述：

第一次供述是针对卫河决堤和在鲁西“讨伐”作战总体影响而言的。他说1943年8月至10月日军在鲁西霍乱作战中，将卫河3处溃决并播撒了霍乱病菌，结果导致“在南馆陶附近150平方公里，从临清县尖冢镇附近到河北省威县、清河县一带225余平方公里，从临清县临清（意指“从临清县城”）到武城县、故城县、德县、景县一带500余平方公里，总计875余平方公里的土地被洪水淹没……因散布蔓延霍乱菌而患病死亡及因饥饿和水灾共杀害了37500名中国和平农民”。同时，他又说通过3期

① 杨玉林：《试谈细菌战罪行研究的科学化——从日军在华细菌战受害者人数谈起》，《湖南文理学院学报》2009年第3期。

② 《细菌战与毒气战》，第330页。

"讨伐"行动，使霍乱"在鲁西地区一带（临清、邱县、馆陶、冠县、堂邑、辛〔莘〕县、朝城、观城、濮县、寿张、阳谷、聊城、茌平、博平、清平、夏津、高唐等县），从1943年8月下旬到10月下旬之间，用霍乱菌杀害了227500名中国和平农民"。[①]

第二次矢崎贤三供述说，关于卫河决口，日军在临清大桥附近决堤的后果是，由于"撒布霍乱菌而染病死亡，以及因饥饿、水灾等其他原因，被杀害的中国和平居民达3.23万人以上"[②]，矢崎贤三还说自己参与了决口之前和决口之后的水情勘察。

关于霍乱作战，矢崎贤三说通过"3期'讨伐'行动，在中国人民中撒布的霍乱菌在鲁西一带（临清县、丘县、馆陶县、冠县、堂邑县、莘县、朝城县、范县、观城县、濮县、寿张县、阳谷县、聊城县、茌平县、博平县、清平县、夏津县、高唐县）蔓延，从1943年8月下旬至10月下旬间，有20万以上的中国人民和无辜农民被霍乱病菌所杀害。我直接指挥部下实行了这一杀人阴谋"。[③]

之所以将矢崎贤三的供词单独分析，是因为他所说的死亡数字不仅巨大，而且为众多学者采信，所以有必要详细分析。

首先，从矢崎贤三的两次供述看，3.75万人、3.23万余人死亡，是指卫河决堤造成的老百姓死亡人数；而22.75万人、20万以上老百姓死亡是指日军在鲁西进行"讨伐"作战，导致霍乱蔓延造成的老百姓死亡人数。所以即使将两者相加，也应该是3.75万人+22.75万人=26.5万人死亡，或者3.23万余人+20万余人=23.23万余人死亡，而不应是22.75万人+20万余人=42.75万余人死亡。

其次，矢崎贤三既不是细菌部队或师团"防疫给水班"成员，也不是日军参战部队的高级指挥官，而只是一个低级士官，为何他供述的死亡数

---

① 谢忠厚主编：《日本侵略华北罪行档案》第5辑《细菌战》，河北人民出版社2005年版，第261、265页。

② 《细菌战与毒气战》，第331页。

③ 《细菌战与毒气战》，第334页。

字与其他战俘有如此巨大的差异，他又是通过什么途径知道如此重大的军事秘密等问题确实令人怀疑。杨玉林说矢崎贤三供词“明显带有那个时候一些日本战俘为了显示进步而过分表现自己和夸大其辞的典型特征”[①]，此话虽属臆测，但也在情理之中。

第三，除了矢崎贤三和林茂美（他本人说得并不明确，而是据分析）外，其他战俘所说死亡数字都是针对卫河决堤，导致西岸死亡人数而言的，林茂美、长岛勤（第五十九师团第五十四旅团旅团长、少将，兼任济南防卫司令官）、菊池义邦（时任日军第五十九师团第五十四旅团独立步兵第一一一大队机关枪分队分队长）、芳信雅之等其他战俘虽然在其他地方谈到了卫河以东霍乱流行情况，但没有说明死亡人数。

第四，日军在卫河西岸溃决河堤并撒布霍乱菌有林茂美等人的供词作证据，但是日军在河东播撒霍乱病菌尚需要进一步证实。事实上应该说用飞机投放霍乱细菌炸弹，在“十八秋鲁西作战”中，充其量只是一个不重要的辅助方式，因为空中播撒霍乱效果很差。在伯力审判中，日本关东军医务处长梶塚隆二供述道：“据石井说，由于该部队内进行实验的结果，业已查明将细菌直接装在飞机弹内投撒的方法是很少有成效的，因空气阻力强大以及温度过高的缘故，像赤痢菌、伤寒菌、副伤寒菌、霍乱菌和鼠疫菌这类不大坚韧的细菌，几乎是百分之百地死去。同时，石井还说出原先对这种研究本抱有很大的希望，但这种希望并没有实现，无论是装着这种细菌的炸弹或炮弹，都没有照原来所期待的那样把传染病散布到广大范围内去。”[②]

鉴于以上分析，我们认为仅凭矢崎贤三一个人的供词，无论是将其一次供述数字还是将其两次供述数字相加，作为日军“十八秋鲁西作战”造成中国人民死亡人数，都是有欠审慎的。

---

① 杨玉林：《试谈细菌战罪行研究的科学化——从日军在华细菌战受害者人数谈起》，《湖南文理学院学报》2009 年第 3 期。

② 拂洋编写：《伯力审判——12 名前日本细菌战犯自供词》，吉林人民出版社 1997 年版，第 87 页。

3．死亡人数商榷

正如前文所说，日军“十八秋鲁西作战”到底造成多少中国无辜百姓死亡，即使在当时日军也不可能有一个确切的统计数字，由于资料缺乏，又有近70年的历史，我们更加不可能统计出有多少人死于这场恶疫之中。对于日军“十八秋鲁西作战”造成多少中国人民死亡现在只能是估计，但是我们在估计时应该考虑日军播撒霍乱病菌致人死亡的可能性和1943年前后鲁西冀南人口大规模减少的多种因素，然后再做一个粗略的估计，这样有可能更加接近历史真相。

首先，参与“十八秋鲁西作战”的细菌部队及其杀伤能力。

崔维志根据林茂美和其他战俘的供词编制了“鲁西细菌战日军战斗序列表”，[①]指出参加“十八秋鲁西作战”的细菌部队有关东军防疫给水部、华北方面军防疫给水部（甲字第一八五五部队，细菌战部队——崔维志说明，下同）、华北方面军保定陆军医院（细菌战部队）一部、第十二军军医部（细菌战部队）、第十二军防疫给水部（华北方面军防疫给水部济南支部，代号第一八七五部队，细菌战部队）、第十二军济南陆军医院（细菌战部队）、第十二军济南市同仁会防疫所（细菌战部队）、第十二军“新华院”（参与细菌战，日军监狱）、第五十九师团“防疫本部”（鲁西细菌战指导机构）、第五十九师团军医部（细菌战部队）、第五十九师团防疫给水班（代号第二三五〇部队，细菌战部队）、第五十九师团野战医院（细菌战部队）。实际上根据现有资料，没有证据证明七三一部队和一八五五部队直接参与了“十八秋鲁西作战”。根据战俘竹内丰的供述，一八七五部队曾于1943年8月上旬末、中旬末、下旬末共连续三次由冈田支部长和木村主任交给日军华北方面军参谋部15大桶伤寒生菌，由华北方面军参谋部的军官用汽车运走，[②]除此之外没有更多的资料显示两者之间的联系。从现有资料看，参加“十八秋鲁西作战”的日军细菌部队主要是第五十九师团各级“防疫给水”部队，外加在济南的第十二军有关机构

① 《鲁西细菌战大屠杀揭秘》，第238–240页。

② 《细菌战与毒气战》，第226页；《鲁西细菌战大屠杀揭秘》，第56页。

和部队。

有研究者称日军在鲁西播撒了“大量霍乱病菌”，但是实际上日军“十八秋鲁西作战”播撒霍乱病菌的数量仍不清楚。关于日军使用的霍乱菌杨玉林分析道，从现有资料看日军播撒的霍乱菌是由第五十九师团防疫给水班自己提供的，因为林茂美只字未提撒菌过程中有外来人员或外来菌源，这也就是说，此次霍乱攻击使用的菌源只是第五十九师团防疫给水班自己培养的。[①] 在我们看来，虽然说并不能完全排除其他细菌部队提供细菌的可能性，但是在没有发现新资料之前，杨玉林的分析是值得注意的。

那么第五十九师团防疫给水班情况如何呢？第五十九师团防疫给水班于1942年4月10日第五十九师团编成的同时，作为军事秘密同时编成，并从1943年1月起扩张了防疫给水班的业务。[②] 据林茂美供述防疫给水班有上尉班长一名，班附一名，下士官两名，卫生兵25名，共29名。防疫给水班内设事务室、药室、水质检验室、细菌室、培养制造室。培养的细菌主要是霍乱菌、伤寒菌、赤痢菌、结核菌，有时还培养流行性脑膜炎。林茂美在防疫给水班时，共培养80玻璃管，计霍乱菌30管、结核菌10管、赤痢菌10管、伤寒菌30管，另外还培养了脑膜炎菌5管、流行时疹菌5管。原菌是从山东济南同仁会防疫所拿来的，每玻璃管能容纳细菌1—2cc。据林茂美说霍乱菌每一玻璃管能杀死100人左右，[③] 如果“十八秋鲁西作战”中第四十四大队在卫河中播撒的只是第五十九师团防疫给水班自己培养的霍乱菌的话，数量就应该非常有限，投入到卫河之后，经洪水稀释后，水中的细菌密度大大降低，引发的霍乱严重程度自然也要降低。[④]

其次，关于“讨伐”作战以传播霍乱。矢崎贤三和其他战俘都提到

① 杨玉林：《试谈细菌战罪行研究的科学化——从日军在华细菌战受害者人数谈起》，《湖南文理学院学报》（社会科学版）2009年第3期。

② 谢忠厚：《华北（甲）第一八五五细菌战部队之研究》，《抗日战争研究》2002年第1期。

③ 《鲁西细菌战大屠杀揭秘》，第30页。

④ 杨玉林：《试谈细菌战罪行研究的科学化——从日军在华细菌战受害者人数谈起》，《湖南文理学院学报》（社会科学版）2009年第3期。

1943年8到10月，日军在鲁西“讨伐”作战的目的之一是传播霍乱。例如矢崎贤三说日军通过“讨伐作战”，使“霍乱病人逃难，混入和平农民中，从而使霍乱进一步蔓延”。[①]小岛隆男说1943年9月上旬日军在临清、馆陶、堂邑的“霍乱作战”中，在“攻击村庄时，迫使患霍乱病的人四处奔逃，引起霍乱传染蔓延”。[②]那么通过这种方式传播霍乱效果如何呢？第一，如前所述，据研究，霍乱社会接触感染率为0.02%—1.3%，可见依靠霍乱患者四散奔逃传播霍乱，恐怕很难造成大规模传染。第二，一般说来，日军扫荡时老百姓是要跑的——虽然跑不远，调查中经常听到老百姓说：“鬼子从南来就往北跑，打东来就朝西跑”，但是这是指健康的人。因为霍乱发病急，病情重，得了霍乱的人一般很难逃跑，主要只能留在家中（战俘们供述的霍乱患者也都是重病在家，不能动弹），而且根据调查，农民得了霍乱一般是不跑的。总之，利用驱赶霍乱患者达到大规模传染的目的恐怕是不现实的。

最后，关于人口减少的原因。在鲁西冀南的各种地方文献中，有1943年前后人口大量减少的记载。例如据《冠县志》记载，经过连续3年大旱，1943年春天冠县“河渠干涸，土地龟裂，寸草不长，颗粒不收，加之齐子修匪部抢掠，霍乱流行，县境东部成为‘无人区’，出现了掘尸而食的残（惨）景”；1943年年底“贾镇东有63个村庄成为无人区，死亡民众2.11万人。其中桑阿镇周围有33个‘无人村’，死亡1.1万人”。[③]又如据《馆陶县志》记载：“1943年7月，全县发生特大旱灾，霍乱流行，加上蝗虫遍地，庄稼和草被吃光，仅据卫河以西几个区统计，病死两万多人，外出讨饭者有几万人，境内西北部一些村庄造成无人区”。[④]再如据陈再道回忆，1942—1943年冀南“全区有二三十万人死亡。外逃的达

① 《细菌战与毒气战》，第331页。

② 《细菌战与毒气战》，第335页。

③ 山东省冠县地方史志编纂委员会编：《冠县志》，齐鲁书社2001年版，第36、37页。

④ 《馆陶县志》，第19页。

一百多万人”。[①]

如前所述，日军战俘所说老百姓死亡数字一般包括饿死、淹死、病死等多种情况。人口大量减少主要有如下几个方面的原因：第一，因为1941年以来连年干旱，收成很差，没有吃的，老百姓大量逃亡，逃荒的路线，一是下河南（指黄河以南），上山西和闯关东。第二，因为没有吃的，有大量人口连饿带其他病（非霍乱）死亡。第三，因为霍乱病死相当数量的老百姓，人口减少。第四，1943年秋粮下来后，又有少数老百姓因控制不住食量而撑死。上述诸多情况共同作用，造成了鲁西冀南人口的大量减少，不能将其完全归之为霍乱致死人数。

但是，还需要说明的是，无论日军“十八秋鲁西作战”造成多少中国人死亡，其性质都是一样的，数字的大小并不能改变日军细菌战的罪行，日军的行为是反人类、反文明的罪恶行为。日军“十八秋鲁西作战”导致的非霍乱感染死亡（如淹死、饿死、杀死等）和霍乱感染致死虽是两回事，但是都是日军造成的，应该记在参与“十八秋鲁西作战”的日军的头上。

① 《陈再道回忆录》，第349页。

山东大学鲁西细菌战历史真相调查会及其活动简介

薛　伟　刘　欢

一、协会介绍

（一）协会的成立

山东大学鲁西细菌战历史真相调查会是由姚一村等第一届理事会成员于 2006 年 7 月向学校发起申请，经山东大学团委批准成立的学生社团。协会以“澄清历史事实，挽救历史真相”为宗旨，致力于 1943 年日军鲁西细菌战相关的历史调查。

协会由日军细菌战中国受害诉讼原告团团长、上海交通大学东京审判研究中心研究员王选，山东大学历史文化学院教授徐畅担任指导，香港启志教育基金会提供赞助。

协会于 2010 年自行解散。

（二）协会的发展和组织健全

协会成立之初，设置了宣传部、秘书处、组织部、财务部四个部门，2008 年，改宣传部为宣组部，增加资料部，负责资料整理，并完善了协会章程。（附录 1：山东大学鲁西细菌战历史真相调查会章程）

2006 年至 2010 年，协会共有会员 400 余名。

协会设会长一名，在东新校区、洪家楼校区、西校区各设副会长一名。2006届、2007届会长由上一届会长推荐产生，2008届、2009届会长由选举产生，先后担任会长的有姚一村（2005届物理系）、张伟（2006届新闻系）、薛伟（2007届药学系）、矫志欢（2008届新闻系）。各部部长由理事会内部协商产生。（附录2：历届理事会成员名单）

理事会由会长、各部部长、各部干事、上届理事会个别成员组成。理事会不定期召开会议，凡协会重大事宜，均由理事会讨论通过，讨论结果报指导老师。一般情况下，协会事务，包括调查和资料整理，由王选老师具体指导，基金会、徐畅教授也参与了指导。2010年起，均由王选老师指导。

二、调查介绍

（一）调查经过

时　间	调查地区	调查形式
2006年7月	河北省邢台市临西县、馆陶县	口述历史
10月	山东省聊城市冠县	口述历史
2007年1月	山东省聊城市东昌府区、茌平县（摸底）	口述历史
5月	河北省邯郸市邱县、曲周县	口述历史
7月	邯郸、邢台、开封、安阳、大名、魏县、肥乡、广平、鸡泽、永年、邱县、曲周、清河、威县、广宗、平乡、巨鹿、南宫、菏泽市区、新乡	摸底调查
10月	河北省邯郸市鸡泽县	口述历史
2008年1月	山东省德州市、武城县、夏津县，河北省衡水市景县	摸底调查
1月	河北省邢台市威县、清河县	口述历史
7月	衡水、冀州、巨鹿、南和、临漳、磁县、广平、成安、范县、莘县	摸底调查
9月	河北省邢台市临西县、馆陶县，山东省聊城市阳谷县（摸底）	口述历史
10月	山东省聊城市东昌府区、冠县	口述历史
2009年1月	河北省邢台市清河县黄金庄村、赵店村	口述历史
9月	河北省邢台市巨鹿县	口述历史
2010年7月	山东省聊城市冠县南油坊村	口述历史

（二）调查流程

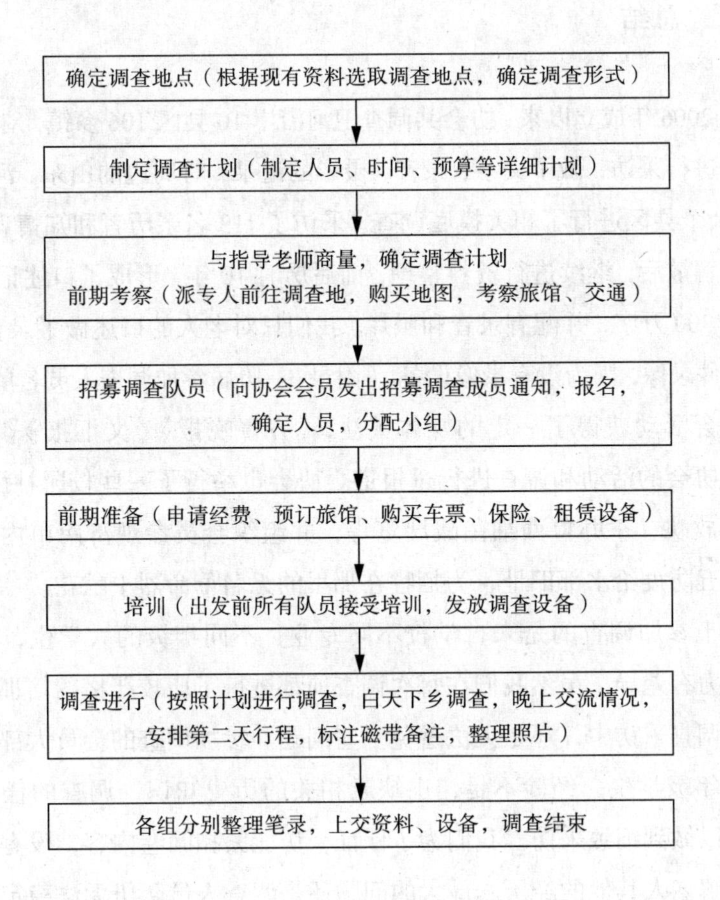

（三）调查主要参考资料

1．［美］唐纳德·里奇：《大家来做口述历史》（第二版），当代中国出版社 2006 年版

2．崔维志、唐秀娥主编：《鲁西细菌战大揭秘》（修订版），人民日报出版社 2003 年版

3．［日］本多胜一、长沼节夫著：《天皇的军队》，刘明华译，警官教育出版社 1996 年版

4．解学诗、松村高夫等著：《战争与恶疫》，人民出版社 1998 年版

5．姚一村等编：《简明调查手册》，协会内部资料

三、总结

自2006年成立以来，协会共调查卫河沿岸10县区106乡镇，对近3000位老人进行采访，做了文字、录音、摄影的记录；对周边的山东、河北、河南30余个县区进行了相关摸底调查，采访了113名亲历者和知情者。2010年协会解散后，继续进行资料整理，前后历时10年，形成了口述记录文字资料约300万字，并配有录音和照片。我们只对老人的口述做了录音记录，没有条件录像，因为没有录像设备。（附录3：历届参加调查人员名单）

协会活动获得了一定的媒体关注，《齐鲁晚报》《文汇报》《新民晚报》对协会的活动和调查进行过报道。协会也举行了一些校园社团活动，如电影放映、举办鲁西细菌战展览等，并组织会员参观济南市内的日军一八七五防疫给水部旧址，为牺牲在那里的无名革命烈士献花。

由于参加调查的是来自学校不同专业、不同年级的大学生，知识背景、能力有差异，虽然我们在每次调查前都进行了比较严格的培训，但在实际的调查采访中，还是无法避免一些问题。参加调查的会员大部分为大学一二年级学生，经验不足，也缺乏相关的历史知识，调查的任务也很紧，难以做到细致采访。我们为了保证采访能紧扣问卷内容，没有顾得上详细了解老人其他的经历。最大的问题还是调查人员队伍无法稳定，许多会员参加几次调查后，积累了一些经验，但是随着学年的升高，忙于考研、找工作，难以继续投入，所以调查队伍的整体水平的提高很受局限。

作为整体性的调查来说，我们在一开始的时候还是希望能够对摸底调查的县市也进行细致调查，但是由于条件有限，我们只做到卫河一带10个县到乡一级的口述采访调查，以村为单位的集中调查，只限于河北省清河县的黄金庄、赵店，山东省冠县南油坊三个村。社会调查到了后期，遇到的亲历老人年纪越来越大，记忆模糊，表达也困难，我们也不得不于2010年结束了社会调查。随着骨干老会员的离校，协会也随后自行解散。

2010年以来，原协会成员，包括已经进入研究生硕士、博士课程的，在王选老师的指导下，怀着一份对老人、对协会全体辛苦付出的责任心，利用假期会集一起，对调查资料继续进行全面整理：2011年起，主要由2008届资料部部长张琪同学负责召集老会员整理资料；2013年起，2007届资料部部长常晓龙同学到上海，专职担任王选老师的助手，主要整理协会的调查资料，由他负责召集老会员，和王选老师一起，按照出版的要求，全面整理成本丛书《大贱年——1943年卫河流域战争灾难口述史》。在上海攻读研究生的2009届会长薛伟、副会长刘欢同学经常利用假期，分担资料整理的任务。

关于协会的详细情况，请参考以下附录。

附录1：山东大学鲁西细菌战历史真相调查会章程

第一章 总 则

第一条 本会名称：山东大学鲁西细菌战调查协会，中文简称：山大细协，英文全称：the Association of the Investigation into the Bacteriological Warfare in Luxi of Shandong University，英文简称：AIBWL。

第二条 协会宗旨：协会是山东省内首个以细菌战历史问题为主题的综合性高校学生社团，以“澄清历史事实、关注受难同胞”为宗旨。通过科学的调查挽救即将湮没的历史，组织和开展有关日军侵华部队在华进行细菌战历史问题的历史调查和理论研究活动，增进大学生和社会对历史真相的了解，以史为鉴。

第二章 任 务

第三条 协会以客观地调查鲁西细菌战，进行史料的搜集和整理为首要任务。

第四条 对济南一八七五部队等与细菌战相关的内容展开调查是协会

活动内容之一。

第五条 协会负有向大学生、青少年朋友和其他社会各界人士宣传有关细菌战等历史知识的使命。

第三章 活动范围及内容、形式

第六条 对鲁西细菌战的调查主要利用五一、十一及寒暑假期，采取实地走访的形式，进行口述历史记录，调查对象主要是亲历过这段历史的老人。同时组织进行相关历史资料的查阅，地点如各地档案局，党史办等。

第七条 邀请校内外细菌战问题专家、历史学和社会学等相关学者开展讲座或座谈会，促进同学们对细菌战及其相关问题的了解和思考，进行有关历史调查研究方法、抗战时期历史文化等方面的培训和学习。

第八条 通过举办展览、播放电影等各种形式进行宣传和教育。

第九条 积极利用现有条件，加强与全国各地相关学术机构、学生社团等的交流和学习。

第四章 会 员

第十条 会员资格：凡有正义感和爱国心，有志于调查细菌战真相，经协会面试合格后认为适合参加调查者皆可加入本协会。自愿申请加入，但必须遵守本会章程。

第十一条 会员享有下列权利：

1．交纳会费后可享有统一的会员证。

2．享有参加本会组织机构和各种活动的权利；

3．对协会工作享有建议免责权和对不称职协会干部的监督权、可对其提出撤换和罢免议案；

4．入会和退会的自由；

5．按规定报销正常的协会活动费用的权利；

6．按规定查看协会相关资料，借阅协会书籍和了解协会动态的权利。

7．按规定在协会网站发表言论、图片、文章等的权利。

第十二条 会员履行下列义务：

1．自觉交纳会费。

2．遵守法律法规、学校规章制度及协会章程，服从协会决定，但可提出异议。

3．按要求准时参加协会会议，因为特殊理由不能到会者需向大会秘书处负责人说明事由，无故不参加协会会议三次以上者，视为自动退会。

4．参加鲁西细菌战调查的同学需接受《调查人员须知》中的有关规定（该条款由指导老师和有关负责人制定）调查过程中需服从组织者的安排，但可提出建议和意见。

5．调查结束后，会员需按调查主持人要求在规定时间内上交调查结果，归还协会设备，并按要求进行笔录稿等的整理。

6．认真学习了解细菌战相关资料，努力提高自己对协会相关知识的理解。

7．保护协会资料，保守协会不宜公开的事项。

8．积极正确地宣传协会。

9．收到协会部门有关协会通知等工作文件的电子邮件，需回复时尽快以电话或邮件等方式做出回应。其他方式亦应作出及时的回应或答复，以确保协会工作正常有序进行。

10．爱惜协会物资。

第五章 机构设置

第十三条 协会设会长一名，其他校区各设副会长一名。协会设如下四个部门：财务部、宣组部、秘书处、资料部，各部设部长一名，干事若干。视具体情况可增设副部长。

第十四条 协会会长之职责：会长对外代表协会，对内全面主持协会工作。分会长负责主持本校区具体工作。

第十五条 协会部长之职责：部长负责本部门具体工作。同一部门在各校区部长中选一名总负责人，统筹该部在各校区的工作。

第十六条 理事会：由会长、各校区分会长、各部部长组成理事会，由会长兼任理事长，理事会成员共同讨论、制定、修改调查计划，重大事宜共同协商决定，同时需征求指导老师意见。调查结束后，理事会负责听取各部工作汇报，商议决定协会事宜。

第十七条 财务部职能：

1．下设会计组和资金管理组，分别负责协会资金的会计结算和资金管理。

2．调查开展时，调查各组组长于会计组负责人处进行登记、签名等事宜，之后到资金管理负责人处支取协会资金，财务部长进行账目核对，不符之处及时向理事会报告，追究相关负责人。

3．负责会费的收取。

4．负责协会所有的收入和支出，各类费用报表的制作。

5．基金会将调查费用存进银行卡后，财务部长即向会长、各部部长以邮件形式报告，调查前要将调查费用进行详细预算，以报表形式发送给理事会成员。调查结束后要将调查所用的支出、余额等做出报表通过邮件发送给基金会、指导老师，抄送理事会及其他全体成员，接受监督。

6．定期公示协会收支节余情况。另外，任何人在工作中有需要的情况，应该提前向财务部报告，批准后进行。

7．各校区财务部预留一定资金，定期向总部财务部报账。

第十八条 宣组部职能：

1．协会活动的宣传，展板，横幅等的制作。

2．纳新时的海报等的制作。

3．在校期间搞历史宣传之前，准备的一些材料由专人发给王老师，务必做到不出现与历史不符的事实。

4．对协会活动进行及时报道，每次会议、活动结束，即将图片和新闻报道进行发布。

5．向学校团委、教务处和社团联合会申请批准协会调查，组织《活动安全监督书》的发放、收集，与社联开可行性讨论会等的全部工作。

6．协会有会议和其他活动将要进行时租借活动场地，其程序为：

①打印《社团活动登记表》《社团活动教室申请表》。

②分别去社团联、团委签章。

③拿登记表去相关学院学工办、教务处申请场地。

④各学院租借场地情况有所不同，视具体情况而定。

第十九条 秘书处职能：

1．协会物品设备的整理，清点及保存（资料、器材、书等的编号等），对图书进行借阅管理。

2．进行会议记录及整理会议内容。

3．打印宣传材料，洗照片等。

4．负责向会员及时通知协会即将召开的会议、调查等的信息发布。

5．对协会成员的通讯录及时更新。

6．负责协会所需的器材材料的采购，购买保险等。

7．设备不许私用（录音机、摄像机、笔记本电脑、移动硬盘），也不许外借。

第二十条 资料部职能：

1．调查结束后负责笔录和资料的回收，对笔录等资料进行整理，制作各种图表，并做力所能及的分析，为协会下一步调查提出建议。

2．负责细菌战相关知识的搜集、整理、研究，为协会各种展出、宣传提供资料。开展协会内部的学术讨论。

3．调查的资料不许公开，更不许擅自拿来私用，以及以协会名义发表。

4．组织播放相关电影。

第六章 章程的修改程序

第二十一条 本协会的主要负责人可根据实际情况，经协商并征求会员意见后按学校规定合理修改、增删协会部分章程。

第二十二条 修改社团章程需由理事会投票表决后才能进行，否则无效。

第七章 社团的终止程序

第二十三条 若协会因违反学校有关规定而被责令解散，协会服从学校决定。

第二十四条 由于本协会的特殊任务，可以预见，会有这样一天，协会已完成了其主要任务，或者调查已不可能继续，若这时不能成功完成转型，协会将考虑解散或与其他协会合并。此时，若协会内部半数以上成员同意，协会将解散。

第八章 附 则

第二十五条 本章程自协会通过之日起生效。

第二十六条 本章程的解释和修改权归属山东大学鲁西细菌战调查协会。

附录2：历届理事会成员名单

2006届理事会成员

校区	姓名	性别	年级	学院	部门	职务
东校区	姚一村	男	2005	物理学院		会长
	黄永美	女	2004	文学院		副会长
	王凯	男	2005	法学院	财务部	部长
	王穆岩	男	2005	法学院	组织部	部长
	常晓龙	男	2006	哲社学院	秘书处	
	刘洋	男	2005	法学院	组织部	
	刁英月	男	2005	法学院	秘书处	部长
	齐飞	男	2005	法学院	组织部	
	陈福坤	男	2004	生科院	秘书处	

续表

校区	姓名	性别	年级	学院	部门	职务
东校区	姜国栋	男	2005	外语学院	宣传部	部长
	李廷婷	女	2006	文学院	宣传部	
	刘英	女	2005	文学院	秘书处	
	贾继亮	男	2004	历史学院	宣传部	
	马子雷	男	2004	历史学院	组织处	
西校区	张文艳	女	2004	护理学院		副会长
	刘婷婷	女	2004	护理学院	秘书处	
	潘尧云	女	2004	护理学院	组织部	
	张敏	女	2004	护理学院	宣传部	
	刘鹏程	男	2005	公共卫生学院	宣传部	
	焦延卿	女	2004	口腔医学院	组织部	
	杨向瑞	男	2006	药学院	财务部	

2007届理事会成员

校区	姓名	性别	年级	学院	部门	职务
东校区	杨璐	女	2006	文学院新闻	宣传部	
	张伟	男	2006	文学院新闻		会长
	朱洪文	男	2006	生科院	财务部	
	刘付庆生	男	2006	历史学院	组织部	
	王穆岩	男	2005	法学院		副会长
	常晓龙	男	2006	哲社学院	秘书处	部长
	张琪	男	2007	物理学院	秘书处	
	刘群	女	2007	法学院	秘书处	
	张强	男	2007	法学院	秘书处	
	徐颖娟	女	2006	法学院	秘书处	
	王雅群	女	2006	法学院	秘书处	
	王静	女	2006	法学院	秘书处	

续表

校区	姓名	性别	年级	学院	部门	职务
东校区	宋俊峰	男	2007	成人自考	秘书处	
	李莎莎	女	2006	法学院	宣传部	部长
	白玉	女	2006	法学院	宣传部	
	白梅	女	2006	法学院	宣传部	
	张茜	女	2007	法学院	宣传部	
	李琳	女	2006	物理学院	网络部	部长
	滕翠娟	女	2006	物理学院	网络部	
	宋执政	男	2006	法学院	网络部	
	李龙	女	2006	外国语院	财务部	部长
	毛金玲	女	2007	法学院	财务部	
西校区	祝芳华	女	2006	药学院	秘书处	
	陈媛媛	女	2007	药学院	秘书处	
	江余祺	男	2007	药学院	秘书处	
	沈莉莎	女	2007	药学院	秘书处	
	薛伟	男	2007	药学院	秘书处	
	谢学说	男	2007	药学院	秘书处	
	焦婷	女	2007	公共卫生学院	秘书处	
	牟剑锋	男	2006	药学院	组织部	部长
	范庆江	男	2007	药学院	组织部	
	张教真	女	2007	药学院	组织部	
	刘鹏程	男	2005	公共卫生学院	宣传部	
	米佳琦	女	2007	药学院	宣传部	
	赵彬慧	女	2007	药学院	宣传部	
	耿嘉萍	女	2007	药学院	宣传部	
	杨向瑞	男	2006	药学院	财务部	
	刘欢	女	2007	医学院	财务部	

2008届理事会成员

校区	姓名	性别	年级	院系	部门	职务
东新校区	张伟	男	2006	文学院		会长
	王淼	女	2007	化学院	秘书处	
	谢学说	男	2007	数学院	秘书处	部长
	李爽	女	2007	化学院	资料部	
	孟静	女	2007	化学院	财务部	部长
	王青	女	2007	经济学院	宣组部	
	樊祎慧	女	2007	数学院	宣组部	
	苏国龙	男	2007	数学院	宣组部	
	韩硕	男	2007	数学院	宣组部	
东老校区	李莎莎	女	2006	法学院		副会长
	刘群	女	2007	法学院	秘书处	
	杨彩梅	女	2007	外国语学院	秘书处	
	王欣欣	女	2008	哲社学院	秘书处	
	刘丹	女	2008	哲社学院	秘书处	
	史大贵	男	2008	法学院	秘书处	
	孙海圣	男	2008	法学院	秘书处	
	常晓龙	男	2006	哲社学院	资料部	
	张琪	男	2007	物理学院	资料部	部长
	张茜	女	2007	法学院	宣组部	
	吕元立	男	2008	法学院	宣组部	
	张颂雅	女	2008	法学院	宣组部	
	李龙	女	2006	外国语院	财务部	
	张利然	女	2007	哲社学院	财务部	
西校区	薛伟	男	2007	药学院		副会长
	江余祺	男	2007	药学院	秘书处	
	陈媛媛	女	2007	药学院	秘书处	
	和法文	男	2007	药学院	秘书处	
	陈颖颖	女	2008	药学院	秘书处	
	江昌	男	2008	医学院	秘书处	
	詹炉婷	女	2008	公共卫生学院	秘书处	
	李皓	女	2008	口腔学院	秘书处	
	刘欢	女	2007	医学院	宣组部	部长
	范庆江	男	2007	药学院	宣组部	
	焦婷	女	2007	公共卫生学院	财务部	
	沈莉莎	女	2007	药学院	资料部	

2009届理事会成员

校区	姓名	性别	年级	院系	部门	职务
西校区	薛伟	男	2007	药学院		会长
	江余祺	男	2007	药学院	秘书处	部长
	陈媛媛	女	2007	药学院	秘书处	
	李皓	女	2008	口腔学院	秘书处	
	刘欢	女	2007	医学院	宣组部	
	范庆江	男	2007	药学院	宣组部	
	董艺宁	女	2008	药学院	宣组部	
	张鑫	男	2008	医学院	宣组部	
	焦婷	女	2007	公卫学院	财务部	
	沈莉莎	女	2007	药学院	资料部	
东区新校	谢学说	男	2007	数学院		副会长
	王晓娟	女	2008	文学院	资料部	部长
	王焱	女	2007	化学院	秘书处	
	矫志欢	女	2008	文学院	秘书处	
	王青	女	2007	经济学院	宣组部	
	王学亮	男	2008	数学院	宣组部	
	樊祎慧	女	2007	数学院	宣组部	
	苏国龙	男	2007	数学院	宣组部	
	李爽	女	2007	化学院	资料部	
	张吉星	男	2007	管理学院	资料部	
	孟静	女	2007	化学院	财务部	部长
东区老校	张琪	男	2007	物理学院	资料部	副会长、部长
	刘群	女	2007	法学院	秘书处	
	杨彩梅	女	2007	外国语学院	秘书处	
	常晓龙	男	2006	哲社学院	资料部	
	张龙	男	2007	物理学院	资料部	
	张茜	女	2007	法学院	宣组部	部长
	张利然	女	2007	哲社学院	财务部	

2010届理事会成员

校区	姓名	性别	年级	院系	部门	职务
东新校区	矫志欢	女	2008	文学院		会长
	陈绪行	男	2008	历史学院	秘书处	
	王晓娟	女	2008	文学院	资料部	部长
	王学亮	男	2008	数学院	宣组部	
	常乐	男	2008	数学院	财务部	部长
东老校区	孙海胜	男	2008	法学院		副会长
	张冉冉	女	2008	法学院	秘书处	部长
	杜先超	男	2008	物理学院	资料部	
	刘丹	女	2008	哲社学院	宣组部	
	张利然	女	2007	哲社学院	财务部	
西校区	董艺宁	女	2008	药学院		副会长
	江昌	男	2008	医学院	秘书处	
	陈颖颖	女	2008	药学院	秘书处	
	徐维林	男	2008	医学院	资料部	
	李妙然	女	2008	口腔学院	宣组部	部长
	徐英琳	女	2008	口腔学院	宣组部	
	赵曼曼	女	2008	药学院	财务部	

附录3：历届参加调查人员名单

时　间	2006年7月11日—7月15日
调查地区	河北省邢台市临西县
调查人员	刘京军、张敏、姜亚芹、兰坤、李雪雪、马子雷、邵贞先、唐寅、王宏蕾、徐畅、杨文辉、杨兆乐、岳凯、张村清、赵新燕

时　　间	2006年7月8日—7月19日
调查地区	河北省邢台市馆陶县
调查人员	杨兆乐、姜亚芹、兰坤、李雪雪、刘京军、马子雷、邵贞先、唐寅、王宏蕾、徐畅、杨文辉、岳凯、张村清、张敏、赵新燕

时　　间	2006年10月2日—10月6日
调查地区	山东省东昌府区冠县
调查人员	张敏、李建方、李健、刘振华、张东东、孙丽、刘化重、穆静、刘朝勇、王伟、王燕杰、李玉杰、张培培、高伟、张晓冉、徐畅、冯会华、蔺小强、薛鹤婵、姜卫东、崔海伟、王苗苗、马子雷、田崇新、刁英月、黄永美、姚一村、徐波、王凯、吴肖肖

时　　间	2007年1月29日—2月2日
调查地区	山东省聊城市东昌府区
调查人员	姚一村、张文艳、焦延卿、刘婷婷、范云、白玉、孙天舒、齐飞、李廷婷、袁海霞、付昆、朱洪文、刘明志、刘英、张翼、梁建华、吴晨虹、刘群、徐兴恺、曹宏健、刁英月、王穆岩、张伟、郑效全、李斌、杨向瑞、李琳、杨冰、李龙、雒宏伟、刘孝堂、李秀红、李莎莎、魏涛、常晓龙

时　　间	2007年5月2日—5月6日
调查地区	河北省邯郸市邱县
调查人员	张翼、高海涛、李娉、王凯、张慧、于婷婷、尉迟慧丽、王穆岩、高灵灵、李廷婷、刘宝、刘鹏程、李斌、丛静静、韦琇琇、齐飞、刁英月、于春晓、刘静、李龙、张东东、赵鹏、韩仲秋、刘洋、刘燕、陈洪友、张少勇、李玉芝、陈涛、刘晓燕、付尚民

时　　间	2007年5月2日—5月6日
调查地区	河北省邯郸市曲周县
调查人员	周燕楠、姚一村、杨兴茹、张文艳、王春玲、王占奎、范云、李娜、郑效全、张伟、李琳、郭存举、刘英、韩裕乐、刘振华、杨向瑞、陈其凤、张婷、常晓龙、石兴政、刘颖、刘婷婷、陈连茂、孔静、王迪、杨俊康、李淑云、孟祥国、左炀、段文睿、崔海伟、张国杰、袁海霞、穆静、王浩、靳爱冬

时　　间	2007年7月
调查地区	调查人员
河北省邯郸市	姚一村、高海涛、穆静、李龙
河北省邢台市	李廷婷、刘鹏程、刘付庆生、毛雅静
山东省菏泽市	张文艳、李娜、张敏、祝芳华
河南省开封市	王穆岩、刁英月、韩敏、孙建斐
河南省安阳市	陈洪友、张冬冬、孟祥国、崔海伟
河南省新乡市	张伟、牛庆良、李琳、李莎莎
河北省邯郸市大名、魏县	张国杰、朱洪文
河北省邯郸市肥乡、广平、鸡泽、永年	王健、于宝、孙福斌、杨代云、房继涛、杨永振
河北省邯郸市邱县、曲周	靳爱冬、付尚民
河北省邢台市清河、威县	李斌、张翼
河北省邢台市广宗、平乡	陈涛、刘晓燕
河北省邢台市巨鹿、南宫	王占奎、王吉文、牛庆良

时　　间	2007年9月30日—10月4日
调查地区	鸡泽县
调查人员	李斌、张伟、靳爱东、张文艳、李琳、周俊、李龙、石兴政、王占奎、于璠、解加芬、王凯、齐飞、姚一村、白玉、张海丽、刘付庆生、吴开勇

时　　间	2008年1月23日—1月28日
调查地区	调查人员
山东省德州市	姚一村、张教真、侯伟、刘群
山东省德州市武城县	李龙、杨向瑞、宋执政、孟静
河北省衡水市景县	祝芳华、谢学说、魏涛、沈莉莎
河北省邢台市威县	张文艳、薛伟、李娜、齐飞、张海丽、李爽、李莎莎、张艳、张强、李琳、孔昕、滕翠娟、于璠、范庆江、蒋丹红、韩敏、何科、宋健、王浩、王静、徐颖娟、张伟、王焱、董倩、牟剑锋、刘文月、李秀红、齐一放、苏国龙、胡月、刘鹏程、郭亚宁、白梅
河北省邢台市清河县	王凯、刘欢、李爽、樊祎慧、常晓龙、王雅群、张琪、李廷婷、张利然、廖银环、白玉、宋俊峰、王瑞、罗洪帅、张茜、吕元军、石兴政、许晓烈、郝素玉、韩晓旭、栗峻峰、颜有晶

时　　间	2008年7月11日—7月18日
调查地区	调查人员
河北省衡水市、冀州	常晓龙、宋俊峰、毛亚琪、李爽、王海龙、曹原强
河北省邢台市巨鹿、南和	李莎莎、贾元龙、王瑞、张艳
河北省邯郸市临漳、磁县	张伟、焦婷、薛伟、张娟
河北省邯郸市广平、成安	李琳、陈东辉、张铭、苏国龙
河南省濮阳市、山东省聊城市莘县、范县	谢学说、栗峻峰、刘欢、王静

时　　间	2008年8月31日—9月4日
调查地区	调查人员
河北省邢台市临西县	韩晓旭、韩硕、陈庆庆、薛伟、吕元军、刘彩霞、高海涛、孟静、李纪坤、张琪、刘勇、杨彩梅、胡月、牛庆良、石赛玉、王晶晶、张伟、陈媛媛
河北省邯郸市馆陶县	王占奎、刘欢、陈艳、石兴政、高灵灵、樊祎慧、朱洪文、刘文月、孟祥周、于璠、江余祺、李波

时　　间	2008年9月30日—10月4日
调查地区	调查人员
山东省聊城市东昌府区	谢学说、张伟、胡琳、薛伟、柳亚平、杨文静、李莎莎、王瑞、王青、刘欢、何科、曹元强、宋执政、钟冠男、焦婷、祝芳华、何草然、王海龙
山东省聊城市冠县	王占奎、刘付庆生、陈艳、牟剑锋、张吉星、王晶晶

时　　间	2009年1月18日—1月22日
调查地区	调查人员
河北省邢台市清河县黄金庄村	张伟、张鑫、朱田丰、栾晶晶、薛伟、毛倩雨、董艺宁、高路、于哲、李小玮、胡月、白丽珍、赵勇辉、王青、邱红艳、王学亮
河北省邢台市清河县赵店村	谢学说、贺希淦、矫志欢、刘欢、孙海圣、赵怡楠、张吉星、赵盼、赵曼曼

时　　间	2009年8月30日—9月3日
调查地区	调查人员
河北省邢台市巨鹿县	谢学说、董艺宁、杨萍、张云鹏、矫志欢、孙维帅、李晨阳、陈绪行、杜凯、潘多丽、王青、姜玲玲、张吉星、葛丽娜、普敏、赵曼曼、郑文娟、常乐、白丽珍、陈颖颖、张鹏程、栾晶晶、夏世念、赵媛媛

时　　间	2010年7月15日—7月26日
调查地区	调查人员
山东省聊城市冠县南油坊村	常晓龙、沈业隆、邹志敬、戴龙飞、谢学说、王延波

附录4：历次资料整理记录

时间	2007年8月25日—9月3日	地点	上海
人员	常晓龙、李龙、刘鹏程、李莎莎、付尚民		
内容	1. 建立资料系统； 2. 收回地图，标注关键信息，统计数字； 3. 通稿整理临西、馆陶、东昌府笔录； 4. 统计各县人数、村庄数等。		

时间	2007年10月1日—10月7日	地点	上海
人员	常晓龙、李莎莎、祝芳华、李龙		
内容	1. 完成所有目前为止资料系统的建立； 2. 整理完暑假各组搜集回来的档案，并给协会、王选老师、徐畅老师各复印一套； 3. 更新各县人数、村庄数等； 4. 整理以往笔录中的错别字； 5. 制作以县为单位所调查过村子的Excel表格； 6. 补充鸡泽县手绘地图。		

时间	2008年2月16日—2月22日	地点	上海
人员	常晓龙、张伟、祝芳华、李莎莎		
内容	1．整理鸡泽剩余的资料； 2．将手绘地图扫描；同高强一起制作电子版地图； 3．制作各县口述重点归纳表； 4．制作各县行政区划表（图）。		

时间	2008年8月25日—9月5日	地点	上海
人员	常晓龙、李莎莎、王焱、沈莉莎、薛伟、张琪		
内容	1．所有录音磁带已全部核对信息，制成录音索引，小时数近千； 2．“口述历史资料系统”基本建成，以行政区划为线索，以省、市、县、乡顺序建立了文件夹，最低一级以老人姓名命名的文件夹包含口述和照片； 3．所有口述文本的具体格式如字号、开头等修改完成，已进行了第一遍的错别字修改； 4．所有文史资料和档案等建立完成了索引； 5．省、市、县、乡各级行政单位都有了“重点信息归纳表”，由此表演化而来有关洪水、霍乱、其他灾害的三张表制作完成。		

时间	2008年9月29日—10月4日	地点	上海
人员	常晓龙、李爽、刘欢、张琪		
内容	1．将手绘地图改为电子版； 2．细化现有表格，如霍乱情况统计表再分为雨后霍乱和雨前霍乱的人数统计，理清大雨和洪水关系的统计； 3．为被采访者编号，放入表格中； 4．制作最终版的笔录全文，插入图片、表格、制作目录； 5．修改整理的错误之处、核查基本信息。		

时间	2009年1月17日—1月20日	地点	济南
人员	杜先超、葛镔龙、沈丽莎、孙维帅、滕世威、王丹丹、张迪迪、张琪		
内容	修改东昌府、冠县、临西、馆陶、曲周、邱县、清河、威县笔录中的错别字。		

时间	2009 年 4 月 30 日—5 月 1 日	地点	济南
人员	常晓龙、张琪……		
内容	不详		

时间	2009 年 7 月 6 日—7 月 10 日	地点	济南
人员	常乐、常晓龙、乔珺、乔军凯、邱红艳、王晓娟、解孝帅、薛伟、徐维林、薛爱兵、於建平、张伟、张琪、张冉冉、张颂雅、张云鹏		
内容	完成 9 县区所有表格的修补，分工如下：东昌府（张琪、王晓娟）、冠县（常乐、张冉冉）、馆陶（徐维林、潘多丽）、鸡泽（王上上、张云鹏）、临西（常晓龙、王晓娟）、清河（薛爱兵、於建平）、邱县（邱红艳、解孝帅）、曲周（乔珺、乔军凯）、威县（常乐、张冉冉、徐维林、潘多丽）。完成洪水表一部分，自然灾害前六个乡镇，霍乱未做。		

时间	2009 年 8 月 17 日—9 月 3 日	地点	上海
人员	常晓龙、杜先超、王晓娟、张琪		
内容	1. 对 6 个县区的调查地图进行了修改。其中有 3 个县区由于没有更好的地图模板此次未完成修改。 2. 重新对笔录和表格进行了调整修改。其中，重点包括： （1）所有口述历史的发生地与调查地不符的情况进行了标注； （2）所有 1943 年当年不在当地被访者情况进行了标注。 3. 重新对系统中的笔录进行了查找和补充，一些没有找到采访地的老人归到了系统中，更新了系统。		

时间	2010 年 1 月 19 日—1 月 30 日	地点	济南
人员	沈业隆、张准、杜辉、邹志进、赵坤、刘中兴、刘小东、戴龙飞、方丽琼、江昌、常晓龙、王晓娟、杜先超、常乐、薛伟		
内容	1. 除冠县的一部分和摸底调查的县区外，其余 10 个地区的录音，已经全部完成了分割，并添加到了系统当中； 2. 根据寒假前的录音核对情况的统计，将需要核对的 431 篇笔录同录音进行了核对，修改 303 篇，保留 128 篇； 3. 在录音的分割和核对过程中，发现了 120 位受访者有录音没笔录，已经全部按录音打出笔录电子稿，并添加到了系统中； 4. 协会所得的档案资料索引，由原来以馆藏地为线索的目录，重新更新为档案内容为线索的目录，并做了整理。		

时间	2010年5月1日—5月3日	地点	济南
人员	常晓龙、张琪、张伟、王晓娟、江昌、刘中兴、刘付庆生、李琳、李莎莎、李龙、刘嘉莉		
内容	1．冠县录音、摸底调查转录、分割； 2．笔录内容变动的303篇笔录同表格的核对； 3．新录入120人统计表的制作； 4．各县笔录总稿、采访笔录总稿； 5．各县重点信息表； 6．各县调查资料数目的统计（采访村庄、人数、照片、笔录、录音等）； 7．各县调查情况统计的图和柱状图。		

时间	2011年6月28日—7月20日	地点	上海
人员	李莎莎、刘欢、谢学说、薛伟、张琪		
内容	1．重点信息表的标注。把表中叙述地点和采访地点不一致和不能确定是否一致的人分别标出；把降雨时间不是1943年夏秋或者阴历六至九月的叙述内容标出；把洪水和霍乱时间不是1943年的叙述内容标出。 2．制作"1943年夏秋村庄情况统计表"。每县一个表格，根据笔录，统计每个村庄在1943年夏秋是否发生过大雨、洪水、霍乱，以及霍乱与前两者的时间关系。 3．以村庄情况统计表为基础，为每个乡镇制作村庄调查结果表，记录该乡镇雨、洪水、霍乱三种灾害"有""无""未提及""记不清"的村庄数，并制成雨、洪水、霍乱三个饼状图，展示"有""无"等调查结果的比例。 4．为每个县绘制霍乱与大雨时间关系的饼状图。展示霍乱发生在雨前、雨中、雨后村庄数的分布。 5．为每个县绘制调查结果地图，精确到乡镇，展示霍乱、雨、洪水在该县的分布。		

时间	2011年10月1日—10月6日	地点	上海
人员	常晓龙、刘鹏程、张琪、张伟		
内容	不详		

时间	2012年1月31日—2月10日	地点	上海
人员	戴龙飞、杜先超、董艺宁、刘欢、谢学说、薛伟、张琪、邹志进		
内容	1. 核对卫河西岸八个县的三种重点信息表（雨和洪水、霍乱、其他自然灾害）。这三种表格是把老人叙述中，关于以上三个方面的内容，摘录、整理得到的，最后要用到书里。 2. 核对八个县的村庄情况表：依照重点信息表和笔录，几个整理人员讨论，判断老人所讲的本村1943年雨、洪水和霍乱的发生情况及时间关系，为书中的讨论和分析提供参考。 3. 更新八个县的霍乱流行情况图：在县级地图上，标出本县各乡镇1943年雨、洪水和霍乱的发生情况。 4. 讨论出版前仍需进行的收尾工作，如统计所有老人的资料完整情况（是否缺失手写笔录、录音、照片和电子笔录），统一笔录和各种表格的格式等等。		

时间	2012年10月2日—10月5日	地点	上海
人员	刘欢、薛伟、张琪、邱红艳		
内容	1. 将五一时按照纸版笔录补充的被采访人添加到重点信息表和笔录里（除馆陶外卫河西岸七县），并完成了村庄情况统计表的修改； 2. 完成了邱县、鸡泽、馆陶三个县的家庭染病情况检查（根据笔录）； 3. 完成了邱县、鸡泽、馆陶三个县的笔录与表格顺序核对。		

时间	2013年2月18日—2月20日	地点	上海
人员	常晓龙、薛伟、张琪、刘欢		
内容	1. 完成了馆陶模板的制作。 2. 完成了鸡泽、巨鹿、临西、清河、邱县的表格修改，剩余曲周、威县表格未做修改。修改方法如下：把时间栏中有情况的空格认作民国32年补充上，无情况的空格不处理，记不清的空格填记不清，未提及的空格填未提及。		

<table>
<tr><td>时间</td><td>2013年7月—8月</td><td>地点</td><td>上海</td></tr>
<tr><td>人员</td><td colspan="3">常晓龙、薛伟、张琪、刘欢、江昌</td></tr>
<tr><td>内容</td><td colspan="3">1. 东昌府的村庄信息表。
2. 所有的调查结果统计图都做完了。
3. 为了统一格式，删除了一些信息：老人身份证号码、采访的具体时间（几点几分）、除了性别、年龄、属相之外的其他信息（如大队会计、小学毕业、家庭电话、入党时间等）、采访者自己的旁白（如“没有什么有价值的”“说了一堆听不懂的话”等等）、协助采访者的家庭住址等的个人信息（如邻居的电话、儿子的单位等）、整理者的个人信息（如李龙整理字样、某某老人签名字样）。
4. 挑拣出不知道乡镇和村庄的笔录，归至笔录末。
5. 按照老人在笔录中实际讲述的地址，将老人的笔录和表格移动到相应的地址，重新统计了各项数字。
6. 油坊、黄金庄、赵店的基本素材已经齐全，需要补上一张位置图；油坊的资料补上了调查时的一些情况。
7. 制作了摸底调查区域图。
8. 在笔录中插入了所有老人的照片（刘欢、薛伟）。
9. 在笔录中插入了调查结果。
10. 按照属相核对了所有被采访老人的年龄。</td></tr>
</table>

<table>
<tr><td>时间</td><td>2013年8月—2015年12月</td><td>地点</td><td>上海</td></tr>
<tr><td>人员</td><td colspan="3">王选、常晓龙</td></tr>
<tr><td>内容</td><td colspan="3">1. 重新更新了统计图、统计表。
2. 对地图上的数据进行了重新修改、确认。
3. 补充了一些只有录音的笔录。
4. 完成了黄金庄、赵店、南油坊三个村调查报告的修改。
5. 对笔录进行了最后的修订，包括错别字的修改、语句的通顺、将同一内容的语句调整顺序，判断前后矛盾、表述不一致的地方。
6. 修订了所有笔录中的人名、地名。
7. 对照片的系统按照笔录重新进行了调整。</td></tr>
</table>

卷卷初心

常晓龙

我是山东大学社会学系社会学专业2006级的学生，2007年至2008年，担任山东大学“鲁西细菌战历史真相调查会”秘书处处长、资料部部长。

我们的调查已经于2010年结束，此后在校的协会会员和一些已经毕业的老会员，在王选老师的带领下一直在进行资料整理。我于2013年初到上海专职担任王选老师助手，主要整理协会的调查资料。这篇调查后记，是我代表山东大学“鲁西细菌战历史真相调查会”所有参与调查以及资料整理的同学写的，里面有我们会员的感想，也有我个人的一些体验，希望能够表达我们大家的心声。

一、加入协会

2007年秋天的一个傍晚，我骑车从山大新校区赶到洪家楼校区，在文史楼下的海报栏里看到王选老师在历史学院的演讲布告，于是就匆匆跑过去，会场里人满满的，门口的人都被挤了出来。我没能进去，但是知道了学校有一个叫“鲁西细菌战历史真相调查会”的学生社团。我是社会学专业的，对此很感兴趣，回去就上网搜索，找到了物理学院姚一村学长的联络方式，发邮件报名加入了协会。当年寒假，就报名参加了聊城市东昌府区的调查，带队的是建会会长姚一村，东昌府人。担任2007届财务部长的李龙回忆说，前来面试申请参加协会的同学在物理学院排起了长长的队伍。

姚一村回忆了2006年创建协会时的初衷：那年春夏之交，他在宿舍楼下的宣传栏里看到徐畅老师招募鲁西细菌战调查志愿者的广告，马上决定要参与这个调查。他说："我这个人其实是比较懒散的，但当时一下子产生了强烈的使命感，这是发生在我家乡的事情，而且关系到那么多人的生命，居然埋没在历史的烟尘里，我觉得我们年轻人有责任去挖掘、去保护这段历史，而且这是和时间赛跑的事情，越快开展越好，我当即就报名参加了徐畅老师组织的调查。"姚一村是2006年暑假调查志愿者里少数的几个本科生之一，调查中，他感觉到研究生的参与大多出于专业的具体目的，或者在利用调查完成导师和自己的研究课题，不一定能持续地投入，根据王选老师培训中说明的整体调查的规划，需要组织更多学生，持续地进行调查。回来后，他就在同学中联系到了一群志同道合的朋友，一起把协会办了起来。

我们这个协会的同学，来自学校各个专业，医学院的比较多一点，可能是因为学医的缘故，对细菌战这个专题有一些兴趣；也有来自山东师范大学、山东艺术学院、聊城大学的几位同学，志愿参加了我们调查，还有历史学院徐畅教授的几位研究生。

2008届副会长刘欢还是在念初中的时候看到山东电视台有王选老师参加的一个节目，节目中王老师讲到浙江农村烂脚老人的生活状况，没钱治疗，用塑料袋子裹烂腿的创面，提到可能是日本军队使用细菌武器造成的伤害。从这个节目里，刘欢第一次听说了"细菌战"。2007年刘欢考入山大医学院，秋天协会开始招募新会员，她一看到"细菌战"这个词就凑上去问，看到协会的宣传栏里还有会员和电视节目里那位王老师的合影。师兄师姐告知：在假期组织去外地农村调查，还有机会跟王老师一起整理调查资料。刘欢来自山东梁山一个小村子，没有去过多少地方，当时才

17 岁，对“名人”王老师还有一种憧憬，还想到调查大部分都在寒暑假，不会影响平时的学习考试，特别开心地填上了报名表。

2008 届资料部部长张琪说：“一直期望能做出点可以长久保留的东西。2007 年大一，秋天学生社团纳新季上，看到协会的传单‘历史真相调查会’，勾起不少兴趣，尤其还标明‘田野采访’，正中心怀，不试不快。常晓龙侃侃而谈的架势让我在协会的摊位前来回了好一阵，又担心调查太专业，一个学物理的不能胜任，万一因为专业不对口，被常晓龙当场拒收怎么办。最后下狠心才上前报了名。没想进了协会，发现建会会长姚一村也是学物理的。”

协会隶属学校团委管理，是大学生的社团组织，每次外出调查，都需要向团委提出申请后批准，这些手续的办理一般都有徐畅老师给力。协会在成立之初，设立了秘书处、宣传部、网络部，2007 年将宣传部改为宣组部，增加了资料部。山东大学有七个校区，为了方便各校区单独活动，协会设会长一名，分别在东区新校区、洪家楼校区、西校区，各设立一名副会长。会长实行推选制，各部部长以自荐竞选的方式公开竞选。2007 年开始，会长也实行了公开竞选。先后担任会长的有物理系姚一村、新闻系张伟、药学系薛伟。

二、下乡调查

我们的调查，由香港启志教育基金会赞助，刚开始没有录音设备，基金会的干事李诚辉先生给我们寄来了 20 多台二手采访机，磁带是中央新闻电影纪录制片厂编导郭岭梅老师找熟人用批发价在北京给我们买了寄过来的。相机从新校区西门对面的相机租赁店里租用，一天 15 元，虽然像素很低，但也能基本满足需求。

从 2005 年开始，我们利用暑假、寒假、五一、国庆这些假期，组织了对卫河沿岸 3 省 10 县（区）进行的口述历史调查，对 30 余个县区进行了摸底调查。每次调查都很辛苦，同学们都坚持了下来。我们那一届的会长张伟，每一次调查他都带头参加，没有一次落下。

姚一村也说："调查很辛苦，一大早出发，下午五六点才回来，晚上稍事休息后，开会交换信息，安排第二天的行程。很少有人抱怨，大家都没有懈怠。可能这就是青春吧，现在再给我们一次这样的机会，不知是否还有同样的热情和耐心，但当时就没有想到辛苦，只想到和时间赛跑，能多采访到一个老人就多采访一个，生怕漏掉一点儿信息。当时有那么股子劲，觉得辛苦是有意义的，有种自豪感。一帮志趣相投的年轻人聚在一起，成为朋友，也感觉到很开心，是毕生难忘的经历。"

下去调查大家过的是集体生活，同吃同住，因为经费有限，都是住的小旅馆，但是大家在一起，也没有觉得特别苦。来自农村的同学一般不觉得苦，说比念高中时候的条件还好一些。可是有些城市里来的同学，后来聊起来，就说条件太差了，很考验人。记得有一次我和张伟出去，两个人住的旅馆一个房间一晚上10块钱，之后这些年再也没有遇到过这么便宜的住处，条件是很简陋的。2008年那年冬天特别冷，因为采访的时候要记录，戴着手套不方便记，参加调查的同学回来手冻得都肿了起来。卫河一带农村地区老人家里，屋里就没什么热气，就是干冻着。暑假的调查，有时候下午在村子里，大太阳烤着，就怕中暑，热得受不了的时候，就找个墙根儿歇会儿，多喝点带的水。

口述历史调查是三个人一组，一个人负责同老人聊，问问题，另一个负责记笔录，还有一个人负责录音和拍照。平时一天一队人马早上出去，基本上都是下午五六点回来，一天大约要走三个村，晚上吃了饭就要开会，整理录音带，给设备充电，有时候睡得很晚。有一次在冠县南油坊村调查，有一个同学坐在板凳上竟然睡着了，鼾声如雷，把大家吓了一跳。

刘欢回忆："经常是晚上一两点钟才结束。这个工作时间现在无法接受，因为现在更注意健康，不敢熬夜。那时候年龄小，想挑战自己的韧性，加上刚刚高考结束，还想模仿同学中的'工作狂'，拼一把，所以下乡调查的一周里，都会打鸡血式地连轴转。每次调查结束后，还为自己拼搏能力点赞，觉得自己又到达了新的高度。"

2008年初的寒假，张琪田野调查去的是清河——武大郎的故乡，也是张姓发源地。他说："我是城乡结合部长大的人，所以在村里采访感到很亲切。大家住在县城，清早出发赶车下乡，一天走七八个村子。河北的二月，走在冻硬的土路上，大家凑在一块儿，胳膊挨着胳膊，好歹挡住侧面吹来的风。回去之后不少同学冻伤，有的女生直接就被家长明令禁止再来调查。"

采访中还有一件困难的事情，要听懂老人的方言。卫河一带各地方言的差异还是挺大的，比如2008届会长薛伟是临西县人，但他就听不懂邻县馆陶的方言，南方来的同学，就更听不懂了。有时候老人滔滔不绝说半天，可能就能理解三分之一，错过了好多细节。还有的同学缺乏与乡间老人沟通的能力，比如一上来就问："大爷，1943年你们村有没霍乱吗？"有的老人一下子给问蒙了，太突然了，老人连"1943年"是哪一年都还没想起来呢，闹了不少笑话。在后来的培训里，我们就有意识地说了这样的问题。

我们的调查也存在一些不足和遗憾。有一次我和张琪、薛伟、刘欢在王老师家整理资料，在凤凰卫视上看到一个纪录片，看到一位老人在讲中条山战役的经历，是我们调查的那一带的，一查调查记录，果然这个老人我们采访过，但是我们只问了1943年关于灾荒霍乱的问题，与这位老人人生经历中其他精彩的部分失之交臂。这一方面是因为我们调查限定范围，当时也缺乏这方面的历史背景知识，任务重，时间又紧，一天当中要去至少两个以上的村子，做不到每个老人都问那么详细。

三、资料整理

除了调查，资料整理是一个大头，首先要将笔记本上的笔录整理成电子版，那时候我们条件有限，很多同学自己没电脑，就得跑到学校的公共机房去边听录音打笔录。

核对录音的工作也很耗费时间精力，口述历史调查现场毕竟是人在记，不可能完全将谈话中的内容全都现场记下来，还因为好多同学听不懂老人讲的话，有的老人语速很快，同学们的理解和记录都没跟上，后期听录音的效果也不理想，老人讲的有些内容就没有体现在笔录中。所以要再将现场录音重新听一遍，补充现场笔录的内容。老人语速快、口音重的，要来回反复听好几遍，有时候听一个人的录音就要大半天。

2009年，我们花钱统一将调查录音的磁带拿到济南的赛博科技广场里，将所有录音全部转化成了电子的MP3格式，这样录音就能在电脑上播放了。我们同时发现有一些组在打笔录的过程中，有一些他们认为没有价值的口述历史笔录没有做电子版，又花了一个“五一”的假期，集中将这些120人左右的老人的口述记录整理成了电子版的文本。多出120人来，所有的数据也不得不重新调整。

山东大学的学生，平时课业都很重，尤其是理工科专业，大家时间都很紧张，很多同学要修双学位，双休日也要上课，协会只能利用长假集中进行资料整理。要是周末或者小假期，就在学校整理，找不到空教室，就到学校附近找一家宾馆租几个房间，大家集中几天在一起整理，王选老师有时就从上海赶过来，同我们一起整理。有一次王老师看到宾馆房间的桌子太小，我们一大帮人不够使，就带着几个同学到洪楼西路上的小商品批发市场，买回一张简易书桌和一些小板凳，给协会添了一笔固定资产。

每年寒暑假，我们都要到王老师上海的家中去整资料，我现在还能想起来几个人拖着王老师的巨无霸的大箱子，里面装满摸底调查搜集来的文献资料，在上海火车站满头大汗地爬楼梯的场景。到上海整理资料，一去就是至少十来天，从早到晚坐着，一动不动。2009届资料部部长王晓娟长得很清瘦，她真能一天坐到晚不动弹，王老师看着心痛，老是说：“小姑娘，你不要紧吧?”

现在想起来，冬天，我们一窝人钻在王老师家的半地下书库里，边整理资料边听王老师给我们讲人生谈理想，也是一段美好的回忆。

有一个最炎热的夏天，张琪他们整整待了一个月，他说：一坐下来看到笔录，就进到另一个时代，跟近来流行的民国情调可不同，遍地凄苦，一条人命有时只是简单一句话，“我娘没扎（针）过来，死了”，“见（整）天向外抬（尸体），饿得抬不动”等等。整理了一段时间之后，人都麻木了，一坐到电脑前面对着笔录和表格就感到枯燥难言，这种状态持续了一年，但为了“保护历史”，也因为肩负的责任不得不闷头干。突然有一天，我开始重新感觉到，每个老人的口述的不同，短短几百字中有他们的人生百态，一篇口述笔录就是一份精彩的人生故事。碰到一些生动的描述也会觉得新奇而有趣，比如说，闹蝗灾的时候，“在墙底一撮一簸箕蚂蚱”，“在街上走，脚底下都咯嘣咯嘣的”。老人好说日本人飞机上印的是“红月亮”，我们也会拍掌大笑。

按照口述文本内容整理出重点信息，再制作图表，更是费时费力，从设计到定稿，不知修改多少遍。有一年寒假在上海整理资料，张伟负责制作地图，从头到尾就是在不断地修改。王老师总是能挑出毛病，提出新的要求，她说数据整理就是一个不断提炼的过程。

我们常常在王老师家遇到宁波大学细菌战调查会、浙江工商大学细菌战问题研究会的同学，他们来整理在浙江调查的细菌战口述资料，有时一房子里有 20 多个学生，各个房间都坐满了。那时候，王老师还会给大家做她拿手的牛肉蔬菜咖喱饭，真是香，把我们都吃撑了。夏天，我们都喜欢喝王老师煮的冰糖绿豆百合汤，她用的是她家乡产的上好的黄冰糖。所以张琪说，王老师家好福利，把我们都养得白白胖胖。

2013 年，王老师找到了中国文史出版社的王文运主任，王主任对我们调查记录的一个个普通农民的记忆很看重，热情地表示愿意出版我们这套书，并从编辑的角度，对我们出版前的文字整理提出了新的要求。

在采访过程中，老人们都是想哪说哪，有时候采访者发现一个问题没有问清楚，还会再问一遍，或者老人在刚开始聊的时候不记得，聊着聊着，过去的事情又慢慢回忆了起来，有时候就会出现前后矛盾或者内容凌乱重复，需要将文字从头到尾重新整理一遍，才能出版。

于是，我们把口述文本中内容相同的部分调至一处，删除重复的句子，再将所有的地名查一遍，统一方言的内容，再次修订错别字，确认地名，再配上被采访者的照片。我整理的部分，王老师还要再过一遍，然后定稿。所有口述文本中的老人的照片，都是在上海读研究生的薛伟、刘欢插进去的。那也是不得了的工作量。

我们现在已经形成了从县到村包含3070位老人采访文字、照片、录音的一套系统。通过我们对文本内容的梳理，每个县绘制了一张1943年雨、洪水、霍乱的乡镇分布图，我们还对每个乡镇进行了初步的统计，对一个县城范围内雨、洪水、霍乱进行分析。

王老师说：也许100年以后，有人想来做灾荒年和鲁西细菌战的研究，我们记录的老人们的口述历史将成为了解亲历者的唯一参考。但是限于调查条件、资料保存、后期整理上的一些失误，有个别老人没能留下照片或是录音，有些录音则听不清楚，有些采访文字的整理过于简单。虽然这些都是在调查前培训中的基本注意事项，还是未能避免。

四、我们的体会

张琪认为：如果把社会比作一个人，几千年来流传下来的书籍和知识就是社会的记忆，那些历史大都是精英的历史，他们在社会上层，被人记住，受人瞻仰。我们这个调查记录的是生息于华北平原像那块土地上的泥土一样普通的农民。

为了做这个调查，我们一群大学生从大学校园走进了农村社会，从地理上来说，农村就在我们周围，离我们那么近，但是那里的人似乎离我们很远，他们生活的社会空间和城市里的有很大差异，我们看到农村里有很多空巢老人，孤苦伶仃，需要家人、社会的关爱。可以说，参加过调查的同学都多了一份对农村的了解，心里头都有了那些被采访老人的背影。我们难以忘记老人一张张饱经风霜的面孔，在我们的调查中，有的老人丢了儿子哭瞎了双眼，有的老人在济南新华院经历了可怕的日与夜，有的老人被抓到日本做劳工，至今孑然一身，有的老人在数天内家破人亡。这样的故事太多了，虽然在笔录里他们谈起那些往事只有一两句话，但是我们能够想象他们当时的悲惨遭遇，在调查中，有的老人说着说着会失声痛哭。从他们脸上的皱纹、泪水里，我们读到了这些华北平原上的农民在战争中所经历的苦难，这块土地上的历史不就是他们每个人的经历构成的吗？2008级孙维帅同学说："我们更是用心在记录。"

2005级公共卫生学院刘鹏程认为：那些被采访的老人才是历史的书写者，我们今生或许再也见不到这些老人了，但是我们把他们苦难的经历用文字记录下来了。那些流行病的社会调研的经验和方法，一直影响着他后来进入博士课程的学习，调查在他的人生中刻下了深深的一笔。

在调查中，来自不同专业的，甚至不同院校，本不相识的同学们，共同经历严寒酷暑的辛劳，铸下了真正的友谊。现在，有的同学已经成家立业，有的负笈海外，有的在博士课程深造，大部分同学都在各行各业施展才华。我们无一例外地为我们有幸参与这个调查而感到自豪。

"以史为鉴"，磨亮这面镜子，是我们"鲁西细菌战历史真相调查会"会员们的拳拳初心，回首往事，我们无一不为我们有幸参与这个调查感到自豪，我们集体为之付出十年努力的1943年卫河沿岸霍乱等灾害调查，已经成为我们人生的一部分，我们难以忘却的记忆。

同学们，可还记得老人家院子里的槐花香吗？

调查活动掠影

2002 年 2 月 20 日，赴山东考察合影。前排（从左至右）：荣维木女儿、王选、井富贵、沙福堂、徐畅、井扬；后排（从左至右）：李诚辉、当地干部、李勤辉（摄于临清市临清镇大桥村）

2002 年 12 月，王选（左七）与郭岭梅（左五）、崔维志（左八）等在聊城大学考察

2002 年 12 月 24 日，王选、郭岭梅（右）在聊城大学做报告

2005 年 9 月 10 日，在冠县桑阿镇南油坊村调查合影。前排（从左至右）：唐秀娥、一濑敬一郎、王选、郭岭梅、崔维志

2006年2月24日，协会会员同王选（左十一）、徐畅（左四）、李诚辉（左十二）等指导老师合影（摄于山大东新校区文史楼）

2006年3月23日，王选、近藤昭二（左一）在临清调查

2007 年 1 月 29 日，调查小组成员齐飞（左一）、常晓龙（右一）与郎佃文老人合影（摄于东昌府区道口铺镇北臧村）

2007 年 1 月 29 日，讨论各组调查区域划分（摄于东昌府区某旅馆）

2007 年 5 月 2 日，调查小组成员参观邱城惨案纪念碑（摄于邱县南街村南门里路西古井边）

2007 年 5 月 3 日，调查小组成员与老人合影。从左至右：付尚民、郭岭梅、王选、孟庆玉、王穆岩、刘晓燕（摄于邱县邱城镇后尹庄）

2007 年 5 月 6 日，调查小组成员在路边等车，从左至右：刘颖、王选、石兴政、常晓龙（摄于曲周县侯村镇北陈庄）

2007 年 10 月 1 日，调查小组成员周俊（左一）、于璠午间吃饭、休息（摄于鸡泽县）

2007 年 10 月 2 日，调查小组成员参观申园滏阳河决口地点（摄于鸡泽县吴官营乡申园村）

2007 年 10 月 3 日，李莎莎、李龙同学在王选家中整理资料

2007 年 10 月 4 日，鸡泽调查小组全体聚餐

2008 年 1 月 19 日，调查小组全体成员培训后在山大东新校区文史楼前合影（二排右二为王选、右一为徐畅、左一为郭岭梅）

2008 年 8 月 28 日，调查小组成员在馆陶县城合影

2008 年 8 月 31 日，调查小组在馆陶县进行口述历史访谈（右一为王占奎）

2008 年 9 月 1 日，调查小组在馆陶县进行口述历史访谈（手握采访机者为刘欢）

2010 年 6 月 2 日，调查小组在冠县进行口述历史访谈（右一为张伟）

2010 年 7 月 18 日，调查小组成员饭后午休（摄于冠县南油坊村）

2010 年 7 月 18 日，调查小组成员与冠县南油坊村被采访者合影

二、日本方面资料

山东“霍乱作战”日方资料分析

王　选

关于1943年卫河流域霍乱大流行与日军山东“霍乱作战”，也即日军称“方面军鲁西十八秋作战”的关系，本卷中收入副主编徐畅、特邀编委崔维志详细的研究，此外谢忠厚、陈致远等人的专著中也有讨论。本文仅就本卷收入日本方面资料，其中主要部分为日军1943年“鲁西十八秋”参战部队第五十九师团战俘供述的内容，提出几点予以讨论：

日军“鲁西十八秋”作战代号中的“十八”指的是日本年号昭和十八年，即1943年。日军在1943年“鲁西十八秋”实施“霍乱作战”的日军战俘属第五十九师团，为日军北支那方面军第十二军所辖三个师团之一，其主力部队于1945年7月调遣朝鲜。日本投降后，被苏军俘获，关押在西伯利亚战俘营，1950年遣送中国，关押于抚顺战犯管理所。1954年3月，中央人民政府最高人民检察署开始对他们进行调查，逐个审讯，他们在调查中做出有关供述，时间顺序见表1。

表2为日军第五十九师团战俘有关“山东霍乱作战”供述内容中事情经过的概要整理，可对照本卷收入供述全文，予以参考。

表1 日军第五十九师团战俘供述时间

序号	供述时间			姓　名	军内职务
	年	月	日		
1	1954	6	2	菊池义邦	第59师团第54旅团独立步兵第111大队机关枪分队分队长
2			18	芳信雅之	情报系
3		7	17	林茂美	第59师团防疫给水班细菌室检查助手、书记，卫生曹长
（3）			28	林茂美	同上
4		8	4	长田友吉	第59师团第54旅团第110大队本部医务卫生系卫生军曹
5		8	15	菊地近次	第59师团第53旅团第44大队机枪中队分队队员
6			16	广濑三郎	第59师团高级副官
7			17	片桐济三郎	第59师团特别训练队医务室伍长、第59师团防疫本部联络系，下士官
8			31	藤田茂	1945年6月起，第43军第59师团师团长，中将；1944年3月起，第12军骑兵第4旅团旅团长
9		10	3	相川松司	第59师团第54旅团第111大队第3中队
（3）			7	林茂美	第59师团防疫给水班细菌室检查助手、书记，卫生曹长
10			18	大石熊二郎	第59师团第53旅团独立步兵第44大队第3中队第1小队第2分队队员，一等兵
11			21	金子安次	第59师团第53旅团独立步兵第44大队机关枪重机枪分队，上等兵
（4）		11	1	长田友吉	第59师团第54旅团第110大队本部医务卫生系卫生军曹
12		11		小岛隆男	第59师团第53旅团独立步兵第44大队重机枪小队小队长
（12）				同上	同上
13		12	27	难波博	第59师团第53旅团情报主任
14				矢崎贤三	第59师团第53旅团独立步兵44大队步兵炮中队值班士官、见习士官
（14）				同上	同上
（14）				同上	同上
15	1955	5	30	长岛勤	第59师团第54旅团少将旅团长

注：1. 表格内日军番号采用的是阿拉伯数字标示，下同。

2. 以上15名战俘中，矢崎贤三的三次主供均无具体日期。其他14名最早做出供述的日期为1954年6月，最后一名为1955年5月，前后相距达一年时间。

表2　日军第五十九师团战俘供述中有关1943年“山东霍乱作战”

时间	发　生	供述人	供述时间
1月	1943年1月，第12军医部部长、军医大佐川岛清巡视检查第59师团防疫给水班。（第59师团防疫给水班由第59师团军医部领导；对外称“第2350冈田部队”。）	林茂美 第59师团防疫给水班细菌室检查助手、书记，卫生曹长	1954年7月17日
此后	第59师团师团长、中将细川忠康命令师团军医部部长中佐铃木康夫、防疫给水班班长冈田春树于1943年8月以前，作好下列准备，参与执行命令。 对卫生下士官进行霍乱细菌战训练； 师团防疫给水补为细菌战所进行的准备工作：1—8月间为发动霍乱细菌战进行了下列准备（参考以下内容）：	同上	同上
	师团军医部部长铃木敏夫和师团防疫给水班班长冈田春树命令：“霍乱流行期间即将到来，要特别做好准备，防止人们对霍乱检验的反感”	同上	同上
	铃木敏夫下达公文，指示所属各大队：“鉴于即将进入霍乱流行期，应注意军内卫生和中国人民出现霍乱的情况。一旦发现霍乱疑似患者，应立即报告。”	同上	同上
6月	曾赴北京协和医院内北支那方面军防疫给水部，甲1855部队，学习一个星期。	同上	同上
6、7月	1943年6、7月，细川忠康命令铃木康夫，下达文件，在军内，彻底进行霍乱的预防接种。	同上	同上
7月	赴北京北支那方面军防疫给水部1855细菌部队，与约230名候补卫生下士官，接受两个星期霍乱、伤寒、赤痢的检索训练。	长田友吉 第59师团第54旅团第110大队本部医务卫生系卫生军曹	1954年8月4日
8月上旬	与以上约230名候补卫生下士官，该部队，及第二陆军医院人员50名，在霍乱流行的北京，对中国人进行霍乱菌检查。	同上	同上
8月	作战计划由参谋起草，本人参加研究，并提出有关派遣部队与作战日期的具体意见。作战在鲁西地区，目的是试验细菌武器的效力，同时也是为了试验日军在霍乱传播地区进行作战时的防疫力与耐久力。	广濑三郎 第59师团高级副官中佐	1954年8月16日

续表

时间	发　生	供述人	供述时间
8月初	在泰安县时，师团长细川忠康下令：“在泰安县万德发现霍乱疑似患者。师团防疫给水班班长立即对该部落进行霍乱检验。”当日，以冈田中尉为首的15人做好霍乱验便和消毒的准备，侵入万德村。	林茂美 第59师团防疫给水班细菌室检查助手、书记，卫生曹长	1954年7月17日
8月上旬	细菌（霍乱菌）是由我交给第44大队军医中尉柿添忍，再派人散布的。 （注：据日本研究者山边悠喜子提供林茂美1954年8月24日本人手书日文原文笔供：8月上旬，第59师团防疫给水班长中尉冈田春树命令林茂美将霍乱原菌给柿添中尉，林将2管霍乱原菌让细菌室加藤兵长包装起来，用红笔写上危险，和100管蛋白质水溶液一起交给独立步兵第44大队军医中尉柿添忍和与他同行的1名卫生兵。柿添忍与第59师团军医部长中佐铃木敏夫、防疫给水班长中尉冈田春树在军医部长室会谈1小时。按林本人的供述，每管原菌应为1—2cc。除此以外，林的供述中，均未有提及将细菌交付柿添忍一事。关于“再派人散布的”，为林做出的推测。）	同上	1954年10月7日
8月末	卫河水涨水时，制定了防止石德、津浦铁路冲毁，及毁灭八路军根据地的“一举两得”的阴谋计划，以旅团情报主任的身份，参与了这个计划，选择了掘毁卫河堤的地点为馆陶至临清中间的弯曲处。 经旅团长认可后，我向第44大队下达了掘堤的命令。	难波博 第59师团第53旅团情报主任	1954年12月27日
8月27日	于临清县小焦家庄，受日军第44大队大队长、中佐广濑利善的命令，破坏卫河河堤，淹没解放区和散布霍乱细菌。用铁锹挖开了50米长的河堤。	金子安次 第59师团第53旅团独立步兵第44大队重机枪分队上等兵	1954年10月21日
8月下旬	日军第44大队大队长广濑利善中佐，指挥本部军官以下10名，第5中队中队长以下20名，机枪中队中队长以下20名，利用卫河涨水期，将临清县城附近，馆陶县尖塚镇及南馆陶附近的卫河堤掘开。	菊地近次 第59师团第53旅团独立步兵第44大队机枪中队分队员	1954年8月15日

续表

时间	发　生	供述人	供述时间
8月29日	于山东省馆陶县南馆陶，与约30名小队队员，从南馆陶县至馆陶之间的卫河堤防上，走到了东北约4公里远的拐弯处，根据小队长岩田和夫少尉的命令，用铁锹和镐头挖了长4米的口子，将卫河泛滥的洪水放入北方地带。	大石熊二郎 第59师团第53旅团独立步兵44大队第3中队第1小队第2分队队员，一等兵	1954年10月18日
9月初	在山东范县、阳谷地区，方面军实施了撒布霍乱细菌的谋略。在其后进行的调查散布细菌后的效果时，我担任情报系工作，到达阳谷、寿张，利用红枪会组织进行调查，搜集发生霍乱的地区、病状等情况，将结果报告了军方。	芳信雅之 注：7月17日林茂美供述中提及第59师团情报班长中尉吉信雅之，可能为同一人。	
9月上旬	第59师团长细川忠康命师团情报班长吉信雅之、伍长岩切辰哉二人，通过盘踞在山东临清地区的独立步兵44大队（大队长中佐广濑利善）本部和第59师团情报谍报机关，调查鲁西地区一带八路军有生力量，然后报告师团长。	林茂美 第59师团防疫给水班细菌室检查助手、书记，卫生曹长	1954年7月17日
同上	在临清大桥附近决堤时，曾奉大队值班司令中野登的命令，视察卫河泛滥情况，并向大队长广濑利善报告：大桥附近因涨水即将决口。大队长便命令第5中队和机关枪中队出动，使河堤决口。我曾在机关枪中队出动时，命令中队管理武器的下士官，供给铁锹、十字镐等器材。	矢崎贤三 第59师团第53旅团独立步兵第44大队步兵炮中队军官值班士官、见习士官	1954年
同上 约1个星期的时间	以小队长的身份，率部下25名，参加大队在临清、馆陶、堂邑等地区进行的“霍乱作战”，以锻炼日军士兵在霍乱流行地区进行作战的能力，在攻击村庄时，迫使患霍乱病的人四处奔逃，引起霍乱传播蔓延，这次行动，后来由于日军内部染上霍乱，暂时停止。	小岛隆男 第59师团第53旅团第44大队重机枪小队小队长，少尉	1954年11月
9月13日前后	山东省南馆陶独立步兵44大队一个小队驻地，有通信一等兵某某到附近村内吃饭，后来发病。	林茂美 第59师团防疫给水班细菌室检查助手、书记，卫生曹长	1954年7月17日

续表

时间	发　生	供述人	供述时间
9月14日	第59师团长中将细川忠康在山东泰安县泰安第59师团司令部，向我下达了命令：在第59师团警备地区内发现疑似霍乱患者，师团为采取防疫对策，师团防疫给水班向当地派出卫生下士官等5人进行防疫和调查。同时，华北防疫给水部济南支队也将派出检查班，望与之合作。有关细节问题由第59师团军医部长下达指示。	同上	同上
同上	第59师团军医部长中佐铃木敏夫指示：到达临清后，首先调查初发患者及其发病原因。在济南同济南防疫给水支部派出的黑川军医中尉等15人会合，共同合作，迅速查明初发患者的病源。	同上	同上
同上	第59师团防疫班班长中尉冈田春树命令我，携带验便用采便管500支，霍乱用蛋白质水溶液500支、霍乱培养器100个、消毒药若干、消毒器1个，以及其他霍乱检查所需材料。他说：首先在济南同济南防疫给水部的黑川中尉取得联系，到达临清后，迅速对霍乱疑似患者验便，调查原因，确诊为初发患者后立即告诉师团长。	同上	同上
9月15日	率领4名卫生兵，按上述命令携带卫生材料，从泰安出发。在济南，同防疫给水济南支部的黑川检查班一行15人会合。到达临清44大队驻地，为了在发现初发霍乱患者的南馆陶进行验便和调查，又向南馆陶进发，途中在馆陶发现初发患者已被送至该地，立即验便。由我等5人和另外1个分队将其送至临清独立步兵44大队驻地（患者为日军一等兵，密码员）。	同上	同上
同上	独立步兵111大队（大队长中佐坂本嘉四郎）奉第54旅团长少将长岛勤命令，将坂本大队长为首的350人组成坂本甲支队，全体接受预防接种和有关霍乱的训练，经常实行预防药品的使用法和餐具消毒法的教育，强调必须严守规定。	同上	同上
9月15日—18日	坂本甲支队以济南是原日军医院旧址为根据地，夜间乘汽车开始行动，渡旧黄河，到达阳谷。白天乘汽车，夜间徒步行军，侵入中国人村庄，军防疫给水支部通过该支队调查中国人因霍乱受害的情况，并向该支队供水。3天后返回济南，进行验便，实施在霍乱流行地区行动后的抵制试验，就地隔离一周。	同上	同上

续表

时间	发　生	供述人	供述时间
9月17日	经黑川检查班检验结果，初发患者确定为霍乱菌阳性。我将已确定军内发现真性霍乱初发患者的情况用电报报告师团长细川忠康。	同上	同上
同上	确定发生真性霍乱后，南馆陶、馆陶和临清独立步兵44大队内陆续发现霍乱患者，达200名（死亡1—3名），全部由第59师团野战医院临清患者疗养所收容治疗。	同上	同上
此后10天	一直留在独立44大队队部，对该大队全体人员验便。黑川检查班检查霍乱菌。当地对于中国人检查所发现的100名真性患者的细菌完全一致。	同上	同上
在此期间9月中旬	他们（第53旅团长少将田坂八十八、第59师团军医部长中佐铃木敏夫）又在临清第44大队本部，用了两天的时间，视察了各中队的伙房、马厩、厕所灯，对霍乱细菌抵制试验进行直接指导。同时，还在师团野战医院临清患者疗养所，对入院患者进行了直接调查。我对第44大队队部全体人员进行了3次验便。10天后，将全部工作移交给黑川检查班，率4名卫生兵返回泰安师团防疫给水班驻地。	同上	同上
9月中旬	盘踞于山东省临清的第59师团第53旅团第44大队，趁卫河涨水破坏堤防。由广濑利善大队长亲自指挥士兵50名，前往临清县小焦庄附近决卫河堤。我作为小队长率领部下参加。根据广濑利善的命令，我和中队长中村隆次、久保川助指挥部下4名，选定在水流最急的弯曲处，用铁锹掘开堤身，我并亲自动手决堤。另外40多名士兵则散在周围警戒，阻止前来反抗决堤的群众。	小岛隆男 第59师团第53旅团第44大队重机枪小队小队长，少尉	1954年11月
9月中旬后，决口后一周	奉大队长命令视察决堤现场，报告临清大桥有三分之一被毁，堤坝约150米被冲毁。	矢崎贤三 第59师团第53旅团独立步兵第44大队步兵炮中队军官值班士官、见习士官	1954年

续表

时间	发　生	供述人	供述时间
9月中旬至下旬，约两周时间	军防疫给水部济南支队黑川军医中尉等15人和第59师团防疫给水班班长林曹长等5人，赴临清和馆陶出差，为大队全体人员验便，采取防疫措施。同时，也为中国人验便，目的是为了调查霍乱发病和蔓延的情况。在这一阶段中，除各中队军队对士兵进行有关传染病的教育外，军医柿添忍及卫生下士官等海岛各中队进行巡回教育。 在上述防疫期间，我曾协助进行防疫给水班的验便和调查。指挥部下将中队粪便全部运往队外掩埋；还进行了有关石井式滤水器使用和霍乱防疫知识的教育。	同上	同上
9月20日左右	在山东省临清县第44大队驻地，在为该大队队员做霍乱抵制试验而进行采便时，第59师团长中将细川忠康命令我前去调查霍乱初发地南馆陶驻地及其附近中国居民情况。我带领防疫给水班3名卫生兵和另1小队赴军内最早发现患者的南馆陶，侵入10户居民家检查，发现有20名中年男女完全呈现霍乱症状，惨不忍睹。在该地，我对疑似霍乱患者进行了直接采便，并从吐泻物中取出10件可检物，当日返回临清驻地，经黑川检查班检验结果，证明全部为霍乱阳性菌。	林茂美 第59师团防疫给水班细菌室检查助手、书记，卫生曹长	1954年7月17日
9月20日	第59师团长细川忠康在山东省泰安县泰安第59师团司令部内设“防疫本部”。 期限：1943年9月20日开始约1个月； 编制：防疫本部长——第59师团参谋长大佐江田稔； 部员——第59师团高级副官中佐广濑三郎、第59师团军医部长中佐铃木敏夫、第59师团防疫给水班长冈田春树、第59师团军医部勤务·卫生材料负责人泽内药剂少尉，此外1名第59师团经理部军官。	同上	同上
同上	师团长细川忠康命令防疫给水班班长冈田春树：防疫给水班组成检查组，对“方面军12军十八秋鲁西作战”的参加人员进行验便，在临清对作战通过部队进行彻底的霍乱检查。根据上述命令，冈田春树等15人（包括我个人）携带全部霍乱菌检查材料赴第44大队驻地。我直接奉冈田中尉的命令，指挥13名卫生兵对“方面军12军十八秋鲁西作战”的部分参加人员共3000名进行了直接采便。约以5天时间，进行了霍乱作战参加人员的霍乱抵制试验。发现约10人是霍乱菌阳性，全部收容到临清患者疗养所。	同上	同上

续表

时间	发　生	供述人	供述时间
9月20日前后	第53旅团长田坂八十八同第59师团军医部长铃木中佐到达临清，进行防疫视察。同时，铃木军医中佐亲自指挥军队，将大队内的粪便运出并埋掉。还召集大队全体人员讲授石井式滤水器和净水剂的用法，进行有关霍乱病的教育。	矢崎贤三 第59师团第53旅团独立步兵第44大队步兵炮中队军官值班士官、见习士官	1954年
9月下旬	在山东省泰安县第59师团司令部，第59师团长中将细川忠康命令，第59师团军医部长中佐铃木敏夫，和第59师团防疫给水班长中尉冈田春树，前往山东省临清县独立步兵44大队驻地，利用两天时间对该大队300名士兵和军官进行3小时的训练，铃木军医部长以《关于凶猛的传染病——霍乱》为题，进行了一个小时的讲话。他强调必须严守纪律，接受预防接种。中尉冈田春树用2小时讲授了98式卫生滤水机的使用方法和效能，及净水液和净水片的使用方法。	林茂美 第59师团防疫给水班细菌室检查助手、书记，卫生曹长	1954年7月17日
同上	在山东省临清独立步兵44大队，我等5人为大队官兵进行验便时，奉师团长中将细川忠康命令，侵入临清驻地周围中国人住宅，调查中国人患霍乱的情况。	同上	同上
同上	奉“防疫本部”命令，第59师团野战医院卫生伍长片桐济三郎和葛西伍长作为防疫本部的联络下士官，从泰安出发，分别前往独立步兵第44大队驻地临清和东昌，搜集两地霍乱发生情况（包括中国人和军内），用电报向第59师团长中将细川忠康报告。	同上	同上
9月25日起10月7日止	奉师团军医部长命令，将临清等地的霍乱流行情况（丘县方面700名，馆陶1000名，南馆陶3名患者），用紧急电报报告给师团参谋长江田稔大佐。	片桐济三郎 第59师团特别训练队医务室伍长、第59师团防疫本部联络系，下士官	1954年8月17日
9月下旬至10月上旬期间	奉中队长中野登之命，率部下30名参加“讨伐”，每天步行16至20公里，驱使中国的和平农民中的霍乱患者迁往他处逃难，以便使霍乱在中国人中间进一步蔓延。大队军医柿添忍身穿便衣，与尖兵共同行动，调查霍乱的蔓延情况。在向师团军医部提供资料时，我积极协助其行动。	矢崎贤三 第59师团第53旅团独立步兵第44大队步兵炮中队军官值班士官、见习士官	同上

续表

时间	发　　生	供述人	供述时间
同上	（第44）大队继续进行“霍乱作战”，更促使霍乱蔓延。我听大队本部军医柿添忍说，他在南馆陶检验大便的100名居民均患霍乱。当时，几乎每个村庄都有霍乱患者，每天都有死亡的。	小岛隆男 第59师团第53旅团第44大队重机枪小队小队长，少尉	1954年11月
9月20日至10月20日	第59师团对山东省东昌县、阳谷县、大名县和范县一带发动了所谓的“霍乱菌搜索作战”。对大批中国人实行强制验便，并进行了大掠夺（主要是粮食）。在这次作战中，第59师团卫生机关（师团防疫给水部和师团野战医院）实行总动员。 这次作战期间，独立步兵111大队主力（中佐坂本嘉四郎等约600人），划归第53旅团长田坂八十八少将指挥，协助卫生机关，对中国人民实行强制验便。我作为111大队机关枪分队长，参加了这次行动。	菊池义邦 第59师团第54旅团独立步兵111大队机关枪分队分队长	1954年6月2日
9月25日夜	坂本甲支队再次按以上编制开始夜间侵略行动，经阳谷，在莘县、堂邑、朝城、濮县等地，夜间沿距公路20公里处的村庄行动，白天乘汽车行动。坂本支队长命令：不经许可禁止掠夺食品和饮水。发现霍乱者时立即报告军医和军官，按其指示采取措施。在村庄宿营时，每户房屋都须经军医和军官批准方可住进，严禁在发生霍乱患者的房屋内部宿营。	林茂美 第59师团防疫给水班细菌室检查助手、书记，卫生曹长	1954年7月17日
9月30日左右	（坂本甲支队）到达山东省范县黄河第二堤坝以北的村庄。在该村庄，大队长下达命令：范县这一带附近是霍乱的发源地，要严格消毒，一切饮料水必须按防疫给水部的指示饮用。（第12军防疫给水部隶属坂本甲支队，用汽车装载98式卫生滤水机，在军内实行过滤供水。）	同上	同上
9月30日	坂本甲支队在聊城东昌集结，接受第12军防疫给水部的验便和检查。	同上	同上
11月上旬	在济南第12军军医部，就9月鲁西地区发生霍乱问题开会讨论，会期两天。与会者：第12军军医部长大佐川岛清、部员渥美军医中佐，第59师团军医部长中佐铃木敏夫、部员大尉增田孝，第59师团防疫给水班长中尉冈田春树。会后，冈田春树曾向我简单地透露了会议内容，主要是就霍乱发生的原因进行了探讨。	同上	同上

续表

时间	发　生	供述人	供述时间
同上	在山东省泰安县第59师团司令部军医部，第59师团军医部部长中佐铃木敏夫命令我和师团军医部卫生曹长誊清《关于霍乱停止发生的报告》。这份报告由第59师团军医部长中佐铃木敏夫、军医部部员大尉增田孝和第59师团防疫给水班长中尉冈田春树共同起草，又经第59师团长中将细川忠康、第59师团参谋长大佐江田稔、第59师团高级副官中佐广濑三郎审查签署。约50页，2万字。在报告中，对于最为重要的问题：即霍乱发生的原因毫未涉及。关于发病的原因作了反科学的分析，出现了没有原因的结果，其目的就是要隐瞒散布霍乱菌的事实。这一报告共印40份，呈报上级部队，送交有关师旅团。	同上	同上
1944年5月	在济南第59师团防疫给水班办公室，防疫给水班班长冈田春树曾对我说："日本帝国到了最后关头，说不定要撒布细菌。"	同上	同上
1945年5月下旬	我到第43军司令部处去报告"秀岭一号作战"的情况时，军司令官细川中将向我表示将来对美国作战要实施细菌战的意图。我根据司令官的意图，产生了使用防疫给水班进行霍乱细菌战的构想。	藤田茂 1945年6月任第43军第59师团长中将	1954年8月31日
6月上旬	我命令村上参谋去和防疫给水班长协商，做好细菌战的准备。准备的情况我没有检查过。	同上	同上

就以上表1和表2介绍的日军第五十九师团战俘相关供述内容，讨论如下：

1．1943年初起，日军七三一部队生产部部长川岛清任日军第五十九师团所属日军北支那方面军第十二军军医部部长

1954年7月17日，第五十九师团防疫给水班细菌室检查助手及书记、卫生曹长林茂美供述如下："1943年1月，第十二军军医部部长、军医大佐川岛清（细菌战犯）对第五十九师团防疫给水班进行了约四个小时的巡视检查。"林茂美在同一供述中又称："1943年9月发动霍乱作战时，曾任第十二军军医部部长的军医大佐川岛清（战败时晋级为少将）于战败后在苏联供认了制造这一阴谋的事实，并因此作为细菌战犯被逮捕受到处分。曾在

伯力第二十分所的宪兵大佐立花说：‘华北霍乱细菌战是日本帝国主义发动的，目的是为了屠杀中国人民和准备进攻苏联。’（古贺正人在苏联听到的）”

川岛清确为苏联于1949年12月在伯力举行的“对于前日本陆军军人因准备和使用细菌武器被控案审判”（以下简称“伯力审判”）12名被告之一，但是据苏联公开出版的该审判材料：《前日本陆军军人因准备和使用细菌武器被控案审判材料》（以下简称《伯力审判材料》）[①]，在对被告川岛清的审讯中，未有一字提及山东“霍乱作战”，整个法庭审讯过程中，也未有一处提及。法庭上，川岛清供述在七三一部队担任部长至1943年3月止，法庭并未继续对其后的情况作任何询问，似乎审讯范围仅限于被告于七三一部队任职期间的行为。

川岛清本人在伯力审判时有关七三一部队任职“至1943年3月止”的供述基本符合日本资料《帝国陆军编制总览》[②]的记述。如果林茂美供述的文本正确，记忆无误，根据当时日军部队的情况，川岛清暂时短期兼职是可能的。

参见以下根据资料与本卷日本方面资料中15名日军北支那方面军第十二军第五十九师团战俘供述内容制作的日军北支那方面军部队系统图（见下页）。

据日本《帝国陆军编制总览》：日军七三一细菌部队长石井四郎于1942年8月1日—1943年8月17日，任北支那方面军第一军军医部长；1943年3月1日—1944年12月12日，历任日军七三一细菌部队部长川岛清任第十二军军医部长。

日军北支那方面军所辖主要部队为第一、十二军，其余为驻蒙军（1个师团）、方面军直辖部队（2个师团）。1943年，两军军医部长均由来自日军七三一细菌部队的高级指挥官担任，他们走出专业部队实验室，作为

---

① 《前日军陆军军人因准备和使用细菌武器被控案审判材料》，外国文书籍出版局印行，1950年，莫斯科。

② ［日］《帝国陸軍編制総覧第2巻・近代日本軍事組織・人事資料総覧》，芙蓉書房1993年特别保存版，第982、986页。

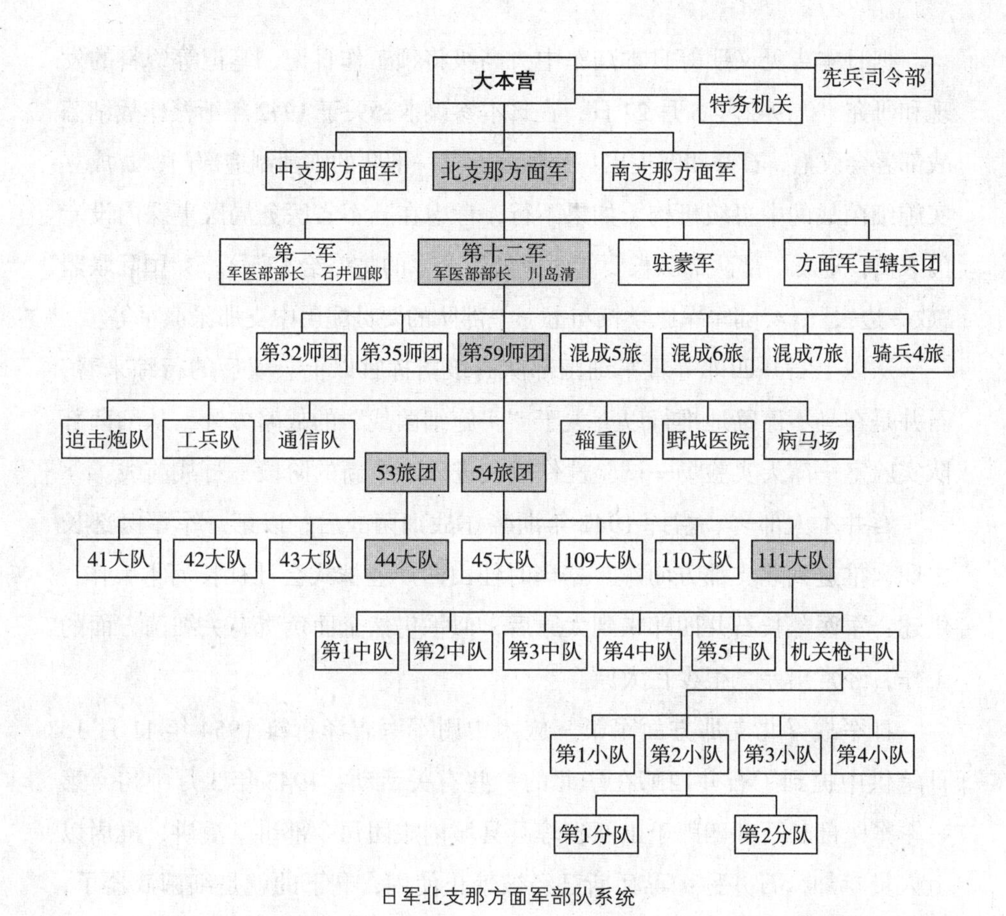

日军北支那方面军部队系统

日军防疫给水/细菌战的军事专家，来到日军常规陆军部队，必有其相关的军事战略上的目的。1942年浙赣会战期间日军大规模使用细菌武器后，进入污染地区的日军参战部队染疫人数激增近20倍。在野战中把握细菌武器的性能，提高日军部队的免疫力已成为推进细菌战的当务之须。值得注意的是，石井四郎细菌战战略最得力的追随者——日军中支那派遣军防疫给水部部长，即南京一六四四细菌部队部队长增田知贞，该部队曾协同七三一部队南下远征队，于1940、1941、1942年，在浙江、湖南各地实施尚具有试验性质的细菌武器攻击，也于1943年3月赴缅甸，成为滇缅战场前线日军第三十一师团军医部长，同年8月，任职于日军缅甸方面军司令部所属特殊防疫班。

据日本吉见义明等日本陆军中央高级将领工作日记、笔记等资料的发现和研究[①]：1942年5月27日，在日本参谋本部关于1942年浙赣作战细菌战部署会议上，石井四郎提出：1. 加强七三一部队的细菌制造部门；2. 成立实施细菌战的中央级机构（如果不行，考虑在陆军省医务局医事课内设专门人员，七三一部队部队长要能对应处置全军的防疫给水部）；3. 国际联盟“放一边去”；4. 陆军军医学校与七三一部队的要员配属中支那派遣军等。

从以上石井四郎等日军细菌部队高级指挥官以上会议后的行踪来看，石井是在马不停蹄地推行以上关于“实施细菌战”的战略方针，从细菌部队实验室—露天实验场—试验性作战，进入一个新的阶段—野战前线。

石井本人部署、指挥1942年浙赣作战细菌战后，以第一军军医部长之职，推进到北支那方面军。据当时任山西产业株式会社社长河本大作[②]供述：军医部长石井四郎来到太原后，似乎仍然全面负责有关细菌方面的工作，经常出差，很少在太原。[③]

日军战俘北支那方面军第三旅团中尉军医吉泽行雄1954年11月15日笔供中提到了石井四郎在华北的一些有关活动：1943年3月中旬，第一军军医部长石井四郎于山西省崞县县城内旅团司令部讲堂演讲，准尉以上人员参加，石井称：毒瓦斯已经被禁止使用，剩下的就是细菌武器了，日本要进行细菌武器的研究。4月，石井四郎又到崞县，在旅团司令部讲堂放映幻灯影片，下士官以上人员参加，内容涉及疟疾传播及各战场有关情况，有1939年诺门坎事件防疫给水部队集结海拉尔的场面，还有上海作战时日军感染霍乱及死亡的场面。

---

① ［日］吉见义明、伊香俊哉：《日本军的细菌战》，刊载于［日］《战争责任研究季刊》1993年第2期冬季号，第17页。相关内容可参考解学诗、［日］松村高夫等：《战争与恶疫——日军对华细菌战》，人民出版社2014年版；陈致远：《日本侵华细菌战》，社会科学文献出版社2014年版。

② 河本大作曾担任关东军高级参谋，为制造1928年6月4日“皇姑屯事件”、炸死张作霖的主谋。

③ 中央档案馆、中国第二历史档案馆、吉林省社会科学院编：《日本帝国主义侵华档案资料选编：细菌战与毒气战》，中华书局1989年版，第46页。

6月或7月，吉泽又参加了石井四郎在太原召开的关于军医在“十八春太行作战”中的经验交流会。会上，石井提到在太原防疫给水班，用中国俘虏实验斑疹伤寒传染途径的情况。①

根据本卷收入的日本方面文献资料：1943年8月21日《关于华北防疫强化对策的报告》也涉及石井四郎在华北地区的活动，文件提及：“北京地区不断地零散地发生”霍乱，患者总计已达188名（内死亡126名），由“石井部队长”（“部队长”即指七三一部队部队长）报告自8月23日起实施的“华北防疫强化对策”。根据这份文件，1943年8月下旬当时，石井四郎尚在华北方面参与霍乱防疫对策，身份已经是“部队长”（七三一部队）。如前文所述，石井在1942年5月27日日本参谋本部1942年浙赣作战细菌战部署会议上提出：成立实施细菌战的中央级机构（如果不行，考虑在陆军省医务局医事课内设专门人员，七三一部队部队长要能对应处置全军的防疫给水部）。从以上看来，石井确是作为七三一部队“部队长”在华北“处置”与北支那方面军相关的“防疫”。

2．1943年夏北平的霍乱流行与卫河沿岸地区的霍乱流行

根据资料与研究（《战争与恶疫》中文第二版，2014）②：石井四郎为首的日军七三一等细菌部队，从1940年起，1941年、1942年，逐年对于日军所称“中支那”一带各战略要地：1940年对浙江省衢州、宁波、金华；1941年对湖南省常德；1942年对浙赣铁路沿线及浙江、江西两省境内中国方面机场所在地区，实行了尚带有试验性质的细菌作战。在各地用不同的方法撒播多种细菌，进行攻击后，采集数据，制作调查报告，分析论证细菌武器的效果，有部分报告于1943年末提交细菌部队系统内部发表。

前文提及据日本吉见义明等日军高层将校军官资料的发现和研究③：

---

① 中央档案馆、中国第二历史档案馆、吉林省社会科学院编:《日本帝国主义侵华档案资料选编：细菌战与毒气战》，中华书局1989年版，第86页。

② 解学诗、[日]松村高夫等:《战争与恶疫——日军对华细菌战》，人民出版社2014年版。

③ [日]吉见义明、伊香俊哉:《日本军的细菌战》，刊载于[日]《战争责任研究季刊》1993年第2期冬季号。相关内容可参考解学诗、[日]松村高夫等:《战争与恶疫——日军对华细菌战》，人民出版社2014年版；陈致远:《日本侵华细菌战》，社会科学文献出版社2014年版。

1943年8月后，石井四郎一直不断地在推行和准备日军实施细菌战，并于1944年、1945年，向高层提出实施细菌作战的计划，以挽救日本的战局。这是1943年8月后，所谓山东“霍乱作战”发生时的战争局势。

以上提及文献《关于华北防疫强化对策的报告》(1943年8月21日)第六条:“禁止白河、子牙河、滏阳河、南运河、卫河的航行”，其防疫范围已经包括了离北京数百里以外的，本调查相关的地区。日军战俘的供述，特别是第五十九师团防疫给水班林茂美供述中提到：该师团自1943年1月第十二军军医部部长川岛清巡视第五十九师团防疫给水班后，即开始部队霍乱防疫的准备，6、7月，师团长命令军医部长向下属部门下达文件：要求在军内彻底进行霍乱的预防接种。7、8月，师团军医部长发文件指示“即将进入霍乱流行期,(略)”。第五十九师团对于1943年“鲁西十八秋”作战地区此后的大规模霍乱爆发流行是有备在先，此外，据第五十九师团战俘供述，8月末、9月中旬，第五十九师团的部队又数次在不同地点决开卫河河堤，制造洪水泛滥。

可参见以上表2整理的第59师团防疫给水班细菌室检查助手、书记，卫生曹长林茂美1954年7月17日、10月7日供述，及第五十九师团第五十四旅团第一一〇大队本部医务卫生系卫生曹长长田友吉1954年8月4日、11月1日供述概要，有关1943年1—8月，第五十九师团“霍乱作战”的具体准备与行动。

据以上长田友吉供述内容：1943年7月，他参加了河北省北京[①]西华园华北卫生部候补下士教育队受训，同时受训的约有200人，其间，曾赴北京天坛北方面军防疫给水部/甲一八五五部队，即西村防疫给水部，参加细菌检索训练，由西村防疫给水部/甲一八五五部队及第二陆军医院数名军医对培训人员进行了霍乱等细菌的检索教育。8月上旬，即与同受培训的同事，及北京第二陆军医院北方面军防疫给水部军医、卫生下士官、

① 1928年6月后北京改称北平。北平沦陷后，日伪政府将北平改为北京，中国政府和人民并不承认。1945年日本战败投降后，恢复原名北平。1949年9月，中国人民政治协商会议第一届全体会议召开，会议通过了中华人民共和国首都设于北平市，同时将北平市改名为北京市。

卫生兵等50人，共250人，到北京市内对中国人进行霍乱菌检查。长田称：当时在北京市内外蔓延的霍乱，是西村防疫给水部撒布霍乱菌引起的。

长田供述中未具体提及与他同时接受培训的200多名日军卫生下士候补者的所属部队，但是两次称“同事”。长田为第五十九师团第五十四旅团第一一〇大队本部医务卫生系卫生曹长，以“卫生兵长”身份参加培训，其他受训“同事”也有可能包括第五十九师团与他同级的各大队本部卫生曹长/兵长。6月，林茂美曾赴北京甲一八五五部队培训一周，但供述中未提及培训的具体内容。日军第一军战俘汤浅谦曾在山西省日军潞安陆军医院传染病室、病理实验室及教育队任职，据其1954年11月20日供述：1942年5—9月，对三十六师团新卫生兵及潞安医院卫生兵230名，进行过关于细菌的繁殖、撒布、消毒法的教育；1943年4—9月，又对三十六师团及潞安医院新卫生兵200名，进行了同样的训练，以适应进行细菌战的需要。[①] 同为北方面军所属部队的日军第一军汤浅谦所在部队卫生兵培训内容中包括：“细菌的繁殖、撒布、消毒法”。

另据林茂美供述：1943年9月中旬，第五十九师团防疫给水班林茂美等与北支那方面军防疫给水部队一八五五部队济南支队一八七五部队黑川检查班于南馆陶发现并确认日军第五十九师团第五十三旅团第四十四大队一名初发霍乱感染者后，南馆陶、馆陶、临清第四十四大队人员中陆续发现200名霍乱患者（死亡1—3名），可见霍乱流行之迅猛。可是，林同时供述：1943年10月下旬或11月上旬，日军第五十九师团司令部军医部部长铃木敏夫，部员增田孝，部员、防疫给水班班长冈田春树已经共同起草了《关于霍乱停止发生的报告》，由师团长细川忠康、参谋长江田稔、高级副官广濑三郎签署。

据日军第五十九师团“霍乱停止发生”的报告，本调查涉及的卫河流域一带10县区的霍乱流行，仅仅在2个月以内，遍及几乎所有乡镇后停止。本调查亲历者大多数的回忆是：霍乱随着大雨、洪水发生。看来，流

---

① 中央档案馆、中国第二历史档案馆、吉林省社会科学院编：《日本帝国主义侵华档案资料选编：细菌战与毒气战》，中华书局1989年版，第373页。

行的停止是在蔓延的载体“洪水”及“大雨”带来的积水的影响过去以后。

以上长田友吉参与“检查”的1943年夏北京市内霍乱流行情况，据伪北京地区防疫委员会《民国三十二年霍乱预防工作报告书》：当年6、7月份，全市仅3例霍乱病例，没有病例死亡报告；8月份发现52例，其中45人死亡；9月份激增至843例，其中633人死亡；10月上、中旬，病例继续激增达1238例，其中1194人死亡；10月22日后，没有新发病例，防疫检疫工作遂宣告结束。①

这里需要指出的是：前文讨论的1943年8月21日日军“华北方面”《关于华北防疫强化对策的报告》中，1943年8月21日时至，北京地区霍乱患者总计188名，其中死亡126名。日本方面的这两个数字比中国方面伪北京地区防疫委员会防疫课《民国三十二年霍乱预防工作报告书》中的数字大许多，近3倍左右。

以上长田等日军200多名卫生人员在北京市内发现少数霍乱病例的7月接受培训，8月初即投入在北京市内对中国人进行的霍乱菌检查，紧随以上日、中两份报告中的北京市内霍乱流行的势头，又在1943年8月21日，日军“华北方面”午夜3点半起，召集领事馆、华北交通、华北政务委员会、北京市卫生局、警察局有关人员会议，由石井部队长报告8月23日起实施华北防疫强化对策之前。

据以上《关于华北防疫强化对策的报告》，日军北方面军召集本次会议，是为北京地区的“霍乱”对今后作战的影响，石井报告的“华北防疫强化政策”是针对华北地区的霍乱防疫，以及由“病源地带”的传入。

据长田友吉供述，日军在1943年8月21日会议之前，已经在北京进行霍乱防疫等的“培训”、实行“霍乱菌检查”，时期与当时第五十九师团在驻扎地山东对部队进行的霍乱防疫等作战准备，在时间上也是同步的。从上文讨论的两地的霍乱有关报告来看：北京市内的霍乱流行与鲁西卫河沿岸一带霍乱流行的病例激增，以及停止的日期也几乎同步。

① 伪北京地区防疫委员会防疫课：《霍乱预防工作报告书》，1943年，北京档案馆藏，档号J005-001-00768。

3．日军在华北地区的细菌武器使用与山东“霍乱作战”

本文根据已公开出版并经谢忠厚、陈致远整理发表的中央档案馆所藏文献资料，包括日军战俘供述及证词[①]，整理了一份列表:《日军在华北地区的细菌武器使用》，收入本卷“日军在华北的细菌战”部分。列表中未收入本调查研究涉及的1943年“鲁西十八秋”/山东“霍乱作战”及上述北京地区的霍乱。

列表中的资料显示，在华北地区，中国方面最早的有关日军使用细菌武器的指控为1938年3月29日《新华日报》发布的八路军总司令朱德的通电：呼吁全国、全世界人民抗议日军使用细菌、化学武器。最早指出日军在华北地区散布“霍乱菌”的，为1938年9月22日《新华日报》报道：华北各铁道公路沿线敌人，于重要村镇饮水井内大量散布霍乱、伤寒等菌，“8月份一个月内，民众染疫者达四五万人”。日军战俘种村文三于1954年8月31日的供述中也提及：1938年8—9月，在河南商丘瓜地里，将霍乱菌用注射器打入瓜内。值得注意的是，这种直接将霍乱菌注射入水果中的细菌撒播手段，据以上吉见等1993年发现的日本陆军中央干部井本熊男1942年8月18日日记内容，日军在浙赣作战期间，对浙江省江山的霍乱攻击中也使用了。以上种村供述是在井本日记发现的近40年前。

据列表：此后，1940年、1941年、1942年，中国方面均发现日军散布霍乱菌，以及伤寒菌和鼠疫。据中国人民解放军步兵二〇五卫生部人员石桥1950年揭发材料[②]：1942年春季，在冀中捕获日军在华特务机关长大本清，他说：“日军在华北的北平、天津、大同等地，都有制造细菌的场所；日军中经常配属有携带大量鼠疫、伤寒、霍乱等菌种的专门人员，只要有命令就可以施放。当时冀中形势是敌我犬牙交错，所以只是一些试

① 中央档案馆、中国第二历史档案馆、吉林省社会科学院编:《日本帝国主义侵华档案资料选编：细菌战与毒气战》，中华书局1989年版；谢忠厚等编:《日本侵略华北罪行史稿》，社会科学文献出版社2005年版；陈致远:《日本侵华细菌战》，社会科学文献出版社2014年版。

② 中央档案馆、中国第二历史档案馆、吉林省社会科学院编:《日本帝国主义侵华档案资料选编：细菌战与毒气战》，中华书局1989年版，第362页。

验，不能大量使用，只等把八路军压缩到山地或日军撤退时，才大规模地采用细菌战术。"列表中记录了日军在撤退时撒布细菌的事例，如日军战俘供述：1944年10月，日军北支那方面军第十二军一一七师团长命令，由第十二军配属来的军防疫给水班在河南林县撒布霍乱菌。当时第五十九师团已改编为日军北支那方面军直辖师团。撤退时撒布细菌，也是浙赣会战中日军实施细菌攻击时期的特征。

列表中中国方面文献记录，包括日军战俘的供述和证词，日军在华北地区多次撒布霍乱等各种细菌的事例，是本文关于1943年夏北京地区霍乱及卫河沿岸地区霍乱流行与"鲁西十八秋"/"山东霍乱作战"关系分析的重要背景参考。

列表内容显示日军在华北地区撒布细菌的方法和手段，与已经确证的日军在南方地区，浙江省、湖南省等地的事例相似。值得注意的是，列表中日军开始在华北地区实施空中鼠疫菌投放的事例，是在1941年11月日军七三一部队报告支那派遣军司令部，其11月4日对湖南省常德的空中鼠疫菌投放取得显著效果之后。①

4．1932年8月石井四郎的满洲霍乱调查

据日本NPO法人七三一部队细菌战资料中心理事奈须重雄研究发表②：1932年8月8日，日本陆军军医学校防疫研究室设立后，日本陆军省即派遣石井四郎等防疫研究室员四人赴满洲调查霍乱，石井担任班长，调查班成员中即有上文提及继石井四郎后，担任日军南京一六四四部队长的增田知贞。调查班直接接受关东军军医部长指示，调查引起霍乱的原因：自然的，或人为的，及其防疫措施。当时已涉及引起霍乱的人为原因。

据石井调查班满洲霍乱调查报告（刊载于:《陆军军医学校防疫研究报告第2部第291号》）：1932年夏，松花江河堤决口，造成大洪水，8

① 解学诗、[日]松村高夫等:《战争与恶疫——日军对华细菌战·第五章　湖南常德细菌战》，人民出版社2014年版。

② 奈须重雄:《1932年防疫研究室设立同时，石井等即涉足满洲》，刊载于《NPO法人731资料中心会报第13号》，2015年10月。

月2日发现第一名霍乱患者，此后哈尔滨市内霍乱流行，感染者621名，死者达248任，10月6日流行停止。石井调查班共进行了有关人为散布的证据搜寻、流行状况观察、初发患者的感染原因、菌种采集、生物学方面的检查等26项调查与活动，其中包括类似日军第五十九师团战俘供述中提到的“霍乱菌的检索”。

当时驻哈尔滨的日军第十师团，为防止霍乱蔓延至军队，8月15日，即建立哈尔滨联合防疫委员会，成员包括军政各界，组合了一个主要机构部门的总动员机制，并统一指挥霍乱防疫，积极开展活动。这个以军队主导的霍乱流行防疫体制，类似于上文讨论的日方文献《关于华北防疫强化对策的报告》的记录，1943年8月21日，也是由日军“华北方面”召集了领事馆、华北交通、华北政务委员会、北京市卫生局、警察局有关人员参加会议。据该文献，日军北方面军召集会议的目的，“是为北京地区的‘霍乱’对今后作战的影响”。

石井调查班的霍乱调查从哈尔滨一路往南，经吉林至辽宁各地，于9月末分别回东京。调查采集了558菌种，由石井四郎担任主任，分三个课题进行研究。

奈须的研究对石井等的满洲霍乱调查的目的提出质疑，认为除了为提高刚刚建立的防疫研究室的地位和政绩以外，怀疑是以细菌战研究为目的的防疫体制的调查，霍乱菌菌种的采集，有关霍乱流行的流行病学数据的采集，大规模的流行病学调查实践等等。

1937年卢沟桥事变以来，日军陆续在华北各地的霍乱菌散布（参见本卷第五部分《日军在华北地区的细菌武器使用》一表），特别是1943年夏，北平市内以及鲁西卫河沿岸一带发生霍乱流行，日军从当年1月起，即采取的对于霍乱流行的各种准备，包括部队人员的专业培训，有计划有步骤地在部队内实行的各项防疫措施。据以上日军第五十九师团高级副官广濑三郎等供述：1943年鲁西地区作战，目的是试验细菌武器的效力，同时也是为了试验日军在霍乱传播地区地形作战时的防疫力与耐久力。“山东霍乱作战”期间，日军在相关霍乱流行地区对当地中国居民中霍乱流行情况的广泛调查，也显示上文所指出的：日军石井等细菌战的战略，从细菌部队实验室—露天实验场—试验性作战，进入一个新的阶段—野战前线。

以上奈须研究对于1932年8—9月末石井四郎、增田知贞等东北各地霍乱调查目的提出的质疑具有重要的意义，指出了一个今后的研究方面——即对日军各细菌部队、机构及其历史上诸种活动，进行整体的、系统的观察，分析其规律性和关联性。

据表2中1945年6月任第四十三军第五十九师团长中将藤田茂供述，1945年5月下旬，军司令官中将细川曾向他表示将来对美国作战要实施细菌战的意图。1943年当时，细川曾任第五十九师团长，指挥了其部队，以上广濑等供述的"试验细菌武器的效力，日军在霍乱传播地区地形作战时的防疫力与耐久力"的"山东霍乱作战"。

根据细川的意图，6月上旬，正式上任第五十九师团师团长的藤田即命令村上参谋去和防疫给水班班长协商，做好细菌战的准备。如果藤田此供述内容属实，说明当时其指挥的第五十九师团已经具备细菌战作战能力。

以上日军第五十九师团从对战场霍乱流行的"准备"，野战"试验"细菌武器的效力、部队的防疫力与耐久力，到"意图"，"计划"实施细菌战，均按部就班，顺理成章，一旦实施，第五十九师团经野战训练，可立即进入准备状态。

5. 林茂美证词中提到的一个重要情况

日军北支那方面军防疫给水部（即一八五五细菌部队）驻济南支队（亦称一八七五部队），参加了1943年秋鲁西作战。关于该部队的情况请参见本卷"日军在华北的细菌战"部分收入的徐勇教授论文以及该部队战俘的供述。

日本防卫厅防卫研修所战史室编《战史丛书》为日本官方战史，第50卷《北支治安战（2）》中关于1943年9月20日开始的"十八秋鲁西作战（武号作战）"的记述仅寥寥数行，提及参战部队为第三十二师团、第五十九师团步兵9个大队，骑兵第四旅团等，一字未提及第五十九师团战俘供述汇中提及的作战期间"霍乱"的大规模发生，及该部队从1943

年初起种种相关活动，当然也未提及北支那方面军防疫给水部队济南支队一八七五部队的具体参与。[①]

6. 关于第五十九师团15名战俘的供述

如上文介绍，1950年苏联遣送中国的战犯共969名，其中五十九师团人员约200名，关押在抚顺战犯管理所。朝鲜战争期间，曾被转移他地，1952年3月重新送回抚顺战犯管理所。1954年3月，中央人民政府最高人民检察署开始对他们进行调查、审讯。

本卷收入的与本调查相关的15名日军五十九师团战俘的供述，内容极为重要，本文按供述时间的先后及其内容经过，做了梳理与分析。如有当时每一个战俘的详细审讯记录，可作为本卷中公开的供述内容的分析参考。特别是有关战俘军内职务高，为事件关键人，而且是本人日文原文笔供，但目前公开的供述内容却非常简单，也无具体细节。此外，战俘供述中提到当时日军部队对驻地的霍乱流行情况调查以及死亡人数的统计等，如果有当时调查的文献记录，将成为重要的参考。

15名战俘中，除以上提及防疫给水班细菌室检查助手及书记、卫生曹长林茂美的供述外，该师团所属五十三旅团独立步兵第四十四大队步兵炮中队军官值班士官、连队炮小队长、见习士官矢崎贤三的笔供内容较为详细，但三次均无具体日期。其他14名日军战俘中最早作出供述的日期为1954年6月，最后的一位为1955年5月，前后相隔一年时间。日军战俘的供述时间的先后，也是供述内容分析必要的参考。

7. 结语

（1）根据各地的文献记载，包括日军第五十九师团战俘供述以及我们的摸底调查，1943年夏季以来，除我们调查至乡一级的卫河流域10县以外，山东、河北、河南、山西省的许多县也发生了霍乱。期待今后的相关研究，对以上各地1943年夏季以来卫河流域一带为中心的霍乱流行情况有一个全面的把握，以作为分析鲁西卫河流域霍乱流行与日军山东“霍乱

① ［日］《战史丛书》第50卷《北支治安战（2）》，日本防卫厅防卫研修所战史室编，朝云新闻社1971年版，第406页。

作战”关系的重要参考。

（2）关于卫河沿岸一带霍乱流行与日军称“十八秋鲁西作战（武号作战）”的关系，尚有很大的史料发掘空间，包括日本方面的资料：比如日军战俘供述中提及的日军第五十九师团在卫河流域一带实施的霍乱调查报告，内容包括各地的感染霍乱及死亡人数、霍乱停止发生的报告，1943年当年日军有关部队在山东、河北、山西等一带各个作战的“战斗详报”等。

（3）本调查，包括本卷收入的调查，涉及的仅仅是1943年当时霍乱流行地区的一部分。关于本卷列表《日军在华北地区的细菌武器使用》中日军散布细菌的事例，个案的社会调查与实证研究，实为厘清真相所必须。1940、1941、1942年，日军在浙江、湖南两省数地实施的细菌武器攻击，包括鼠疫和霍乱的散布，经中日两国各界合作调查研究，通过在日本法院的诉讼，两省各受害地原告方提出的相关日军细菌战加害、中国受害的事实，均获得日本法庭的判决认定，成为历史性的定案，日军在中国战场实施细菌战的历史也进入了日本的教科书。

华北地区一调查实例为1994秋至1995年春，日本社会活动家、教育家、历史作家仁木富贵子（已故）对河北省境内长城沿线日军制造的“无人区”重点地区——兴隆县的走访调查，其调查报告《无人区：长城线上的大屠杀——兴隆惨案》（黑龙江美术出版社2000年中文版）中收入70多位当地老人的口述采访，并收编了日本方面的一些资料，相互印证分析，据此提出，当地一些“瘟疫”的流行可能为日军阴谋所致。

（4）日本历史学者波多野澄雄在《细菌战研究进入新阶段：金子顺一论文集中的“ホ号作战”》中提出：日军的细菌战研究及细菌作战是日军重要战略之一已被日益确证[①]。对于日军细菌武器使用的个例，需放到当时战争的局势，日军的战略、战役的背景中，予以观察分析，包括其个例间的关联性；对日军各细菌部队、机构以及历史上诸种活动，进行整体系统的考察，观察分析其规律性和关联性。

① 波多野澄雄：《细菌战研究进入新阶段：金子顺一论文集中的“ホ号作战”》，《战争与恶疫——日军对华细菌战》，人民出版社2014年版，第297页。

关于华北防疫强化对策的报告

（1943 年 8 月 21 日）

“北京 21 日发国通”：北京地区发生虎列拉（霍乱——编者注）状况，虽然日华当局不断实施防疫对策，但仍然是不断地零散地发生。19、20 两日发生 11 名（内死亡 6 名）新患者。由此计算，自发生虎列拉以来的患者总计达到 188 名（内死亡 126 名）。华北方面以此推测，鉴于对作战上影响很大，要绝对处置。21 日午夜 3 点半起，华北军召集使馆、领事馆、华北交通、华北政务委员会、北京市卫生局、警察局的有关人员会议，由石井部队长报告如下：

华北防疫强化对策规定，自 23 日起实施：

一、随着加强防疫华北虎列拉的同时，并防止由虎列拉病源地带的传染。

二、果物不得当地军的许可，禁止向外地域输送。

三、禁止在石门—新乡（不在内）、石门—德县、济南—德县（不在内）之间的各站及北京、张家口、大同、包头、怀来各站乘车。

四、石门—新乡、大同（沿着铁道路线的道路以南）、卫河以西的汽车禁止通行。

五、禁止在华北铁路各站贩卖果物、野（蔬）菜。

六、禁止白河、子牙河、滏阳河、南运河、卫河的航行。

中档 119-2—5-12（二）-5

（河北省社会科学院谢忠厚同志提供）

日军第五十九师团战俘供述

我参加了最为野蛮的细菌战

菊池义邦笔供[①]

（1954年6月2日）

我参加霍乱菌搜索作战（十八秋鲁西作战）的罪行：

第五十九师团从1943年9月20日至10月20日期间，对山东省东昌县、阳谷县、大名县和范县一带发动了所谓的“霍乱菌搜索作战”。对大批中国人实行强制验便，并进行了大掠夺（主要是粮食）。

在此次作战中，第五十九师团卫生机关（师团防疫给水部和师团野战医院）实行总动员，这是一次对石井部队（细菌战研究部队）进行配合和支持的作战，目的在于了解霍乱菌是如何蔓延的，杀人的作用如何。从而在大批中国和平居民的头上撒布霍乱菌，试验其效能。

在此次作战期间，独立步兵第一一一大队主力（中佐坂本嘉四郎等约600人），划归第五十三旅团旅团长田坂八十八少将指挥，协助卫生机关，对中国人民实行强制验便。我作为第一一一大队机关枪分队长参加了此次

① 菊池义邦，时任日军第五十九师团第五十四旅团独立步兵第一一一大队机关枪分队分队长。

行动，帮助日本帝国主义军队实施了最为野蛮的细菌战，现承认这一罪行，并表示认罪。

中档（一）119–2，919，2，第3号

利用红枪会调查细菌战效果

芳信雅之笔供

（1954年6月18日）

1943年9月初，在山东省范县、阳谷地区，方面军实施了散布霍乱细菌的谋略。在其后进行的调查散布细菌后的效果时，我担任情报系工作，到达阳谷、寿张，利用红枪会的组织进行调查，搜集发生霍乱的地区、病状等情报，将结果报告了军方。

中档（一）119–2，869，1，第5号

"十八秋鲁西作战"实施详情

——检举长岛勤、广濑三郎材料

林茂美证言①

（1954年7月17日）

关于1943年9月发动霍乱细菌战的证言：

一、第五十九师团防疫给水班准备霍乱作战的罪行

1943年1月，第十二军军医部部长、军医大佐川岛清（细菌战犯）对第五十九师团防疫给水班进行了约4小时的巡视检查。检查内容包括卫生文件、防疫给水班现有的细菌检验能力，以及器材和培养器的配备等。

① 林茂美，时任日军第五十九师团防疫给水班细菌室检查助手及书记，卫生曹长。

我（曹长）接受了这次检查。事后，第五十九师团师团长、中将细川忠康命令师团军医部部长、中佐铃木敏夫和师团防疫给水班班长冈田春树，在1943年8月以前做好下列准备，我曾参与执行此项命令。

1. 对卫生下士官进行霍乱细菌战训练

2月，山东省泰安五十九师团司令部防疫给水班，奉师团长细川忠康的命令（训练负责人为师团军医部部长铃木敏夫，教官为防疫给水班班长冈田春树），对师团所属21名卫生下士官进行了为期7天（每天7小时）的训练。内容有霍乱、伤寒、赤痢、斑疹伤寒等科目，还有细菌检查法，主要是霍乱菌检查法等5种检查法，以及细菌培养基的制作、灭菌消毒法、培养霍乱菌的蛋白质水溶液的制作法和显微镜检查法等实习课。我作为助教参加了这次训练。

4月，根据细川忠康的命令（训练负责人为铃木敏夫，教官为冈田春树），在师团司令部，我曾对师团所属20名卫生下士官进行了为期一天（8小时）的训练。内容有九八式卫生滤水机的使用和分解方法、被细菌污染作战地带的给水法、净水剂的用法等。其中讲课和实习各占一半。

2. 师团防疫给水部为细菌战所进行的准备工作

从1月至8月为发动霍乱细菌战进行了下列准备工作：

（1）在卫生材料方面，申请将细菌战必备的检验用试管，从现在的1000个增加到2000个；玻璃皿从1000个增加到2000个（试管每人一个，玻璃皿可以两人用一个进行检验）；培养细菌和制作培养基所需试剂，从现有数量基础上再增加一倍。以上卫生材料均从师团军医部领回。申请增加的理由是佯称夏季即将来临，将进入霍乱流行期，需要做好准备。我命令冈田上等兵进行准备。在6、7、8、9月，经常备齐5捆“紧急霍乱检验材料”，以便一旦接到命令，便可立即携带材料，参加霍乱细菌战。

（2）在上述期间，我奉师团防疫给水班班长冈田春树之命，以时值霍乱流行季节，卫生兵有必要增员为理由，将卫生兵由原有的15名增加至20名。在师团防疫给水班，我对上述卫生兵进行了实地训练，以备投入霍乱作战。

（3）师团军医部部长铃木敏夫和师团防疫给水班班长冈田春树命令："霍乱流行期即将到来，要特别做好准备，防止人们对霍乱检验的反感。"铃木敏夫还下达公文，指示所属各大队鉴于即将进入霍乱流行期，应注意军内卫生和中国人民出现霍乱的情况。一旦发现霍乱疑似患者，应立即报告。

（4）铃木敏夫向师团所属各大队发出文件（时间为1943年7、8月），命令："即将进入霍乱流行期，师团必须全面进行霍乱预防接种，尤其注意切勿出现遗漏。预防接种完毕后，须将情况报告给师团军医部长。"师团军医部卫生材料负责人、药剂少尉泽内向师团所属各单位分发了预防接种液。

（5）8月初，盘踞在泰安县时，师团长细川忠康下令在泰安县万德发现霍乱疑似患者，师团防疫给水班班长立即对该部落进行霍乱检验。当日，以冈田中尉为首的15人做好霍乱验便和消毒的准备，侵入万德村。我指挥卫生兵逐户闯入，对表面上完全无可疑之处的中国人民进行强制验便。将全村人集中到一处，对300名男女农民进行直接验便。实际上这是奴役中国人民，为发动9月的霍乱细菌战进行的一次准备演习。

二、1943年9月中旬的霍乱作战（代号：方面军十二军十八秋鲁西作战）

1．作战目的

（1）大量杀戮中国人民；

（2）派日本帝国主义军队在撒布霍乱菌的鲁西地区一带行动，进行在霍乱菌撒布地区行动可能性的抵制试验。同时也是一次侦察中国人民被杀戮情况的作战行动。

2．阴谋策划并实行霍乱细菌战的上层分子如下

华北方面军司令官、大将冈村宁次

关东军防疫给水部部长、军医中将石井四郎

华北防疫给水部部长、军医少将西村某

华北防疫给水部济南支部支部长（姓名忘记）

第十二军司令官、中将喜多诚一

第十二军军医部部长、军医大佐川岛清

第五十九师团师团长、中将细川忠康

第五十九师团参谋长、大佐江田稔

第五十三旅团旅团长、少将田坂八十八

第五十四旅团旅团长、少将长岛勤

第五十九师团高级副官、中佐广濑三郎

第五十九师团军医部部长、中佐铃木敏夫

第五十九师团军医部部员、大尉增田孝

第五十九师团军医部部员、师团防疫给水班班长、中尉冈田春树（医学博士，细菌学权威）

3. 参加霍乱细菌战的兵力

第五十九师团司令部在泰安县指挥此次作战。参加作战的有第五十三旅团司令部120人、独立步兵第四十一大队300人、独立步兵第四十二大队600人、独立步兵第四十四大队500人、独立步兵第一〇九大队600人、独立步兵第一一〇大队500人、独立步兵第一一一大队350人、师团工兵队25人、华北防疫给水部济南支部15人、师团防疫给水班10人，共计3020人。

此外，还有第三十二师团的一部，第十二军防疫给水部、第十二军直辖汽车联队、野战重炮联队的一部，蒙疆坦克部队、航空部队的一部，保定陆军医院的一部，是一次大规模的作战行动。

4. 作战行动地区

在鲁西地区行动，进行侵略。包括阳谷县、莘县、堂邑县、范县、朝城县、濮县、观城县、东昌县、临清县、夏津县和馆陶县附近一带。

5. 作战时间

自1943年9月中旬开始行动，至1943年10月末结束作战。

6. 作战准备及其行动情况

9月上旬，第五十九师团师团长细川忠康命师团情报班长、中尉吉信雅之、伍长岩切辰哉二人，通过盘踞在山东省临清地区的独立步兵第四十四大队（大队长、中佐广濑利善）本部和第五十九师团情报课报机关，调查鲁西地区一带八路军的有生力量，然后报告给师团长。

第五十四旅团旅团长长岛勤在行动前，于9月中旬，向集结在山东省济南原日本军队医院旧址的独立步兵第一一一大队官兵发表如下训示："第一一一大队是全旅团纪律最严明的大队，在此次作战中以坂本支队的代号行动。为完成重要的任务，在大队长率领下，要严守纪律，不染疾病。如有违犯纪律者，必将严加处罚。"然后又命令军官集合，具体下达指示和命令（大友甚市揭发）。

第五十九师团工兵队山下守邦少尉指挥的一个小队，在山东省临清至南馆陶间调查卫河的水深、流量、河宽和地质等情况，制成此次作战所需要的兵要地志（齐藤银松揭发）。

师团长细川忠康命令独立步兵四十四大队大队长广濑利善决开卫河河堤。第四十四大队少尉小岛隆雄奉广濑利善之命，同其他6人，在距临清县城500米一座桥的50米上游处，将卫河决口，将河水引向临清西北武清县及河北省方向，使八路军及该地区的中国人民蒙受极大灾害。此次受害的中国人约达10万人。卫河决口时间为9月上旬（小岛隆雄揭发）。

9月15日，第一一一大队（大队长、中佐坂本嘉四郎）奉第五十四旅团旅团长长岛勤的命令，将坂本大队长为首的350人组成坂本甲支队，全体接受预防接种和有关霍乱的训练，经常实行预防药品的使用法和餐具消毒法的教育，强调必须严守规定，有违犯者，不仅个人受罚，还要株及负责人。

从9月15日至18日3天内，坂本甲支队以济南市原日本军队医院旧址为根据地，夜间乘汽车开始行动，渡旧黄河，到达阳谷。白天乘汽车，夜间徒步行军，侵入中国人村庄，军防疫给水支部通过该支队调查中国人因霍乱受害的情况，并向该支队供水。3天后返回济南，进行验便，实施在霍乱流行地区行动后的抵制试验，就地隔离一周。

9月25日夜，再次按上述编制开始夜间侵略行动。从济南出发，经阳谷，在莘县、堂邑、朝城、濮县等地，夜间沿距公路20公里处的村庄行动，白天乘汽车行动。9月30日左右，到达山东省范县黄河第二堤防以北的村庄。在该村庄，大队长下达命令："范县的这一带附近是霍乱的发源地，要严格消毒，一切饮水必须按防疫给水部的指示饮用。"第十二军防疫给水部隶属坂本甲支队，用汽车装载九八式卫生滤水机，在军内实行过滤供水。

在行动过程中，由军医调查中国人感染霍乱的情况，对村民实行强制验便。坂本甲支队长就9月25日以后的行动下达如下命令："不经许可禁止掠夺食品和饮水。发现霍乱者时立即报告军医和军官，按其指示采取措施。另外，在村庄宿营时，每户房屋都须经军医和军官批准方可住进，严禁在发生霍乱患者的房屋内宿营。"9月30日在聊城县东昌集结，接受第十二军防疫给水部的验便和检查。

在结束行动地区的抵制试验后，从10月上旬起，为了对莘县、范县、濮县、观城、大名一带的八路军发起攻击和掠夺粮食而开始作战。结果，掠夺粮草2000吨以上，集结在济南货场内。10月14日霍乱细菌战的全部作战宣告结束（证人：大友甚市）。

9月中旬，以第四十四大队大队长广濑利善为首的500人，从驻地临清出发，在东昌、梁水镇一带进行侵略行动。在梁水镇进攻国民党军队（约200人），打死50人。在梁水镇附近有大批中国人的霍乱患者和死者。

由此可见，这附近一带几乎全部成为霍乱细菌战的牺牲品了。临清县临清留守部队的矢崎贤三听到一名中国农民说："有30名中国人患了霍乱。"在此次第四十四大队的细菌抵制试验和中国人受害情况调查的侵略行动中，大队自身携带九八式卫生滤水机丙、丁、戊，用以供水。在霍乱发生地区严禁吃生的食物和饮用生水，每人携带净水液和杂酚油各一瓶参加行动。在临清、聊城、堂邑、冠县附近活动一周后，返回临清第四十四大队驻地，师团防疫给水班和华北防疫给水部为了进行在撒布霍乱菌地区行动后的抵制试验，对全体参加行动的人员进行了验便（证人：在押的小岛隆男、宫本升、矢崎贤三）。

三、在临清、馆陶两县进行霍乱抵制试验的罪行

9月14日，师团长细川忠康在泰安师团司令部向我下达了师团作战命令。命令指出:“在师团警备地区内发现疑似霍乱患者，师团为采取防疫对策，防疫给水班向当地派出卫生下士官等5人进行防疫和调查。同时，华北防疫给水部济南支部也将派出检查班，望与之合作。有关细节问题由师团军医部部长下达指示。”

师团军医部部长铃木敏夫指示:“到临清后，首先调查初发患者及其发病原因。在济南同济南防疫给水支部派出的黑川军医中尉等15人会合，共同合作，迅速查明初发患者的病源。”师团防疫给水班班长冈田春树命令我，携带验便用的采便管500支、霍乱用蛋白质水溶液500支、霍乱培养器100个、消毒药若干、消毒器一个，以及其他霍乱检查所需材料。他说首先在济南同黑川中尉取得联系，到达临清后，迅速对霍乱疑似患者验便，调查原因，确诊为初发患者后立即报告师团长。

我于9月15日率领4名卫生兵，按上述命令携带卫生材料，从泰安出发。在济南，同防疫给水济南支部的黑川检查班一行15人会合。到达临清第四十四大队驻地，我等5人为了在发现初发霍乱患者的南馆陶进行验便和调查，又向南馆陶进发，途中在馆陶发现初发患者已被送至该地，立即验便，由我等5人和另外一个分队将其送至临清第四十四大队驻地（患者为日本军某一等兵、密码员）。经黑川检查班检验结果，于9月17日9时确定为霍乱菌阳性。我将已确定军内发现真性霍乱初发患者的情况，用电报报告给师团长细川忠康。此后的10天内，我们一直留在第四十四大队队部，对该大队全体人员进行验便。黑川检查班检查霍乱菌。

自9月17日确定发生真性霍乱后，南馆陶、馆陶和临清第四十四大队内陆续发现霍乱患者，达200名（死亡1至3名），全部由第五十九师团野战医院临清患者疗养所收容治疗。在此期间，第四十四大队进行了彻底的细菌抵制试验。第五十三旅团旅团长田坂八十八、第五十九师团军医部部长铃木敏夫，把这次疫情说成是自然发生的，借以欺骗士兵。

9月中旬，他们又在临清四十四大队本部，用两天的时间，巡视了各中队的伙房、马厩、厕所等，对霍乱细菌抵制试验进行直接指导。同时，还在师团野战医院临清患者疗养所，对入院患者进行了直接调查。调查内容包括何时何地患病，何时接受预防接种，共几次，目前病状如何，以前有无传染病史等，对照患者和病床日记一一进行调查。我对第四十四大队队部全体人员进行3次验便，10天后将全部工作移交给黑川检查班，率4名卫生兵返回泰安师团防疫给水班驻地。

9月下旬，在泰安，师团长细川忠康命令防疫给水班班长冈田春树："防疫给水班组成检查班，对'方面军十二军十八秋鲁西作战'的参加人员进行验便，在临清对作战通过部队进行彻底的霍乱检查。"根据上述命令，冈田春树等15人（包括我个人）携带全部霍乱菌检查材料赴第四十四大队驻地。我直接奉冈田中尉的命令，指挥13名卫生兵，对"方面军十二军十八秋鲁西作战"的部分参加人员共3000名进行了直接采便，采用以采便袋各人采便的方法检查霍乱菌。约以5天的时间，进行了霍乱作战参加人员的霍乱抵制试验。结果发现约有10人是霍乱菌阳性，全部收容到临清患者疗养所。

9月下旬至10月上旬，师团长细川忠康命令军医部部长铃木敏夫和防疫给水班班长冈田春树，前往临清第四十四大队驻地，利用两天时间，对该大队300名士兵和军官进行3个小时的训练。铃木以《关于凶猛的传染病——霍乱》为题，进行了一个小时的讲话。他强调霍乱是一种极为凶猛而且死亡率极高的传染病；为了消灭这种传染病，必须严守纪律，接受预防接种。他在讲话中完全隐瞒了这次霍乱菌抵制试验的事实真相。

讲话后，冈田春树利用两个小时，讲授了九八式卫生滤水机的使用方法和效能以及净水液和净水片的使用方法。我作为冈田的助手准备讲课用器材，做九八式卫生滤水机和净水液（片）的效能试验（将污水过滤成清水，演示净水液的杀菌力等）（证人：在押的708号小岛隆男）。

9月下旬，师团长细川忠康将在泰安县的师团司令部，作为直接指导霍乱作战的机构，在师团司令部内设"防疫本部"，以指导霍乱作战。

1．任务：表面上声称是："对师团内猖獗已极的霍乱采取正确的对策，进行切实的指导，以期迅速扑灭。"然而，实质上是了解在撒布霍乱菌后，中国人民被杀害的情况，指导在霍乱作战中利用霍乱菌进行的侵略活动，以及指挥在霍乱菌撒布地区所进行的抵制试验，是一个罪大恶极的机构。

2．期限及编制情况：从9月20日开始约一个月。主要成员有："防疫本部"部长、第五十九师团参谋长江田稔，部员是师团高级副官广濑三郎，师团军医部部长铃木敏夫，师团军医部部员增田孝，师团防疫给水班班长冈田春树，师团军医部勤务、卫生材料负责人泽内药剂少尉。此外还有师团经理部军官一名。

师团野战医院卫生伍长片桐济三郎和葛西伍长作为"防疫本部"的联络下士官，奉"防疫本部"命令，于9月下旬从泰安出发，分别前往第四十四大队驻地临清和东昌，搜集两地霍乱发生情况（包括中国人和军内），然后用电报向师团长细川忠康报告。约于10月8日，片桐及葛西两伍长奉细川忠康之命返回师团野战医院（证人：在押的403号片桐济三郎）。

四、因撒布霍乱细菌中国人受害情况

1943年9月20日前后，在临清县第四十四大队驻地，在为该大队队员做霍乱抵制试验而进行采便时，师团长细川忠康命令我前去调查霍乱初发地南馆陶驻地及其附近的中国居民情况。于是，我带领防疫给水班的3名卫生兵和另一小队，赴军内最早发现患者的南馆陶，侵入10户居民家检查，发现有20名中年男女受害，上吐下泻，严重脱水，完全呈现霍乱症状，其状惨不忍睹。得不到任何治疗的这些中国人无疑将全部死去。在该地，我对疑似霍乱患者进行了直接采便，并从吐泻物中取出10件可检物，当日返回临清驻地，经黑川检查班检验结果，证明全部为霍乱阳性菌。

9月下旬，在临清第四十四大队，我等5人为大队官兵的霍乱菌感染率试验而进行验便时，奉师团长细川忠康的命令，侵入临清驻地周围中国人住宅，调查中国人患霍乱的情况。对20户居民调查的结果，发现了中国的中年男女30名霍乱患者。这些病人排出米汤样的粪便，剧烈呕吐，身体极度衰弱，骨瘦如柴，十分痛苦。中国人生活困难，衣食无着，更谈不到支付医药费。他们对于传染力极强又难以预防的霍乱毫无抵抗力。可以肯定这些患者必将全部死于抵制试验。

9月中旬，在临清驻地，第四十四大队大队长广濑利善组织500人发动霍乱作战。在梁水镇附近，小岛隆男（在押）曾目睹40名中国的中年男女死于霍乱。他还直接听到有人讲，在梁水镇附近的所有村庄，都有很多中国人患霍乱或因霍乱死去。宫本升（在押950号）在聊城县梁水镇附近行动中，曾亲眼见到一名三十五六岁的男性中国人因霍乱死去。矢崎贤三（在押914号）在临清附近听说，村子里有30名中国人感染了霍乱。

在此次作战行动中，于冠县、堂邑县和聊城行动时，第四十四大队队部军医柿添忍总是走在部队的先头，了解霍乱的发生和中国人受害的情况，向大队长广濑利善报告。据柿添忍军医说："这一带地区无论走到哪个村子都在流行霍乱，连宿营的地方都找不到。"这就足以证明中国人受害人数之多了（证人：在押的小岛隆男、矢崎贤三）。

9月下旬，武一文（在押796号）在临清附近，参加第五十九师团工兵队山下少尉指挥的小队进行霍乱作战时，在临清城内曾目睹一中国农民约55岁左右患霍乱，瘦弱不堪，后来死去。

9月中旬，在山东省高村驻地（参加霍乱作战前夕），宫本升曾在驻地附近目睹5名伪军因霍乱死去。

<table>
<tr><td rowspan="4">受害者</td><td>南馆陶</td><td>20名</td></tr>
<tr><td>临清</td><td>31名</td></tr>
<tr><td>聊城县梁水镇</td><td>41名</td></tr>
<tr><td>高村</td><td>5名</td></tr>
<tr><td colspan="2">合 计</td><td>97名</td></tr>
</table>

以上是4名霍乱作战参加者目睹的受害者。据柿添忍军医所说和矢崎贤三所听到的，中国人的实际受害者人数还多，这里所供述的仅是其中的一部分。

五、关于霍乱停止发生的报告

1943年10月下旬至11月上旬，在泰安第五十九师团司令部军医部，军医部部长铃木敏夫命令我（防疫给水班曹长）和军医部卫生曹长丸山正库负责誊清《关于霍乱停止发生的报告》。这份报告是由铃木敏夫、增田孝和冈田春树共同起草，又经师团长细川忠康、师团参谋长江田稔和师团高级副官广濑三郎审查签署的。约50页、2万字。报告完全是一派谎言，将在第五十九师团驻地鲁西地区军队内所作的抵制试验，说成是自然发生的霍乱，毫不涉及日本军撒布霍乱细菌问题。

1．发行份数：40份。

2．主送机关：

华北方面军司令部

华北防疫给水部

第十二军司令部

华北防疫给水部济南支部

第三十二师团第五旅团

济南陆军病院

第五十九师团参谋部、副官部、兵器部、经理部、管理部、兽医部

第五十三旅团司令部

独立步兵第四十一、第四十二、第四十三、第四十四大队

第五十四旅团司令部

独立步兵第一〇九、第一一〇、第一一一大队

师团通信队、工兵队、辎重队、野战病院、特别训练队

3．报告内容：

发生情况、患者情况、防疫情况、卫生材料使用情况、今后对策、其他。

（1）发生情况：

在山东省南馆陶独立步兵第四十四大队一个小队驻地，于1943年9月13日前后，有通信一等兵某某到附近村内吃饭，后来发病。报告中把发病原因说成是从中国人那里感染的，隐瞒了由于日军撒布霍乱菌而发病这一事实。

（2）患者的情况：

制作一系列如下号码表，报告军内霍乱患者的情况。

病类别号码表	部队	等级	姓名	发病地点	发病时间	病情	入院时间	出院时间	归队	预防接种时间、数量、次数
真1 疑1 带菌1	× 部队	现役 ××	××	山东省 × 县 ××	× 月 × 日	重、中、轻	× 月 × 日	× 月 × 日	治愈 死亡	× 次 × 毫升
"真"表示真性霍乱，"疑"表示疑似霍乱，"带菌"表示带有霍乱菌者。										

（3）防疫措施：

在报告中阐述了第四十四大队从霍乱发生到平息所采取的一系列措施。诸如前文已提到的第五十三旅团旅团长田坂八十八、师团军医部部长铃木敏夫关于霍乱所进行的训练和指导；铃木敏夫和师团防疫给水班班长冈田春树关于九八式卫生滤水机和霍乱的训练及指导（当时我作为助手曾参加该次训练）；以及霍乱抵制试验的直接领导机构"防疫本部"的设置等等。同时还指出，由于进行及时和正确的指导并采取措施，致使霍乱及早被扑灭。

（4）卫生材料使用情况：

在报告中统计了此次霍乱作战中所用卫生材料的品种和数量；计算了1943年9月霍乱作战中消耗的卫生材料数量，从而推算出在未来的霍乱作战中每人平均所需卫生材料的标准量。

（5）关于今后发生霍乱时对策：

①由于此次发生霍乱，"方面军十二军十八秋鲁西作战"被迫停止，

全力以赴预防传染病；

②彻底进行霍乱的预防接种十分必要，虽曾下达指示，但做得不够充分；

③霍乱发生后，第五十九师团司令部为了正确地进行领导和及时采取对策，在司令部内设专门机构“防疫本部”，这对于扑灭霍乱贡献极大，对于领导和采取防疫对策方面发挥了巨大作用。

在报告中，对于最为重要的问题即霍乱发生的原因毫未涉及，隐瞒了事实真相。

（6）其他：忘记了。

如上所述，把军内发生的霍乱，说成是自然发生的，完全是一份欺骗性的报告。

六、霍乱细菌战的证据

1．1943年9月发动霍乱作战时，曾任第十二军军医部部长的军医大佐川岛清（战败时晋级少将）于战败后在苏联供认了制造这一阴谋的事实，并因此作为细菌战犯被逮捕受到处分。曾在伯力第二十分所的宪兵大佐立花说：“华北霍乱细菌战是日本帝国主义者发动的，目的是为了屠杀中国人民和准备进攻苏联。”（古贺正人在苏联听到的）从1943年初至同年8月，由第五十九师团防疫给水班所进行的霍乱检疫准备，证明是在周密的准备和计划下实行的。

2．1943年6、7月，师团长细川忠康命令军医部部长铃木敏夫，向所属各部队下达文件，要求在军内彻底进行霍乱的预防接种。铃木敏夫通过书面材料和临清患者疗养所的实际情况，在患者中调查接受预防接种和未接受预防接种的人数。这实际是调查霍乱抵制试验中预防接种的效果。

3．1943年11月上旬在济南第十二军军医部，就9月鲁西地区发生霍乱问题开会讨论，会期两天。与会者有川岛清、渥美、铃木敏夫、增田孝、冈田春树。会后，冈田春树曾向我简单地透露了会议内容，主要是就霍乱发生的原因进行探讨。会议认为，一是由于当时厦门和香港流行霍乱，从南方传来此地；其二是因为霍乱菌可以越冬，原来此地就有霍乱菌。这些说法都是毫无根据，矛盾百出，而且是反科学的，说明他们是处心积虑地企图掩盖事实真相。

4. 自从1943年9月17日，第四十四大队驻南馆陶某一等兵被确诊为真性霍乱后，军内又连续发现真性霍乱。它同通过对南馆陶、临清等地中国人验便和霍乱菌检查所发现的100个霍乱阳性患者的细菌完全一致。证明这些中国人是由于日本帝国主义者撒布细菌而染病死亡的。

5. 1943年11月上旬，根据铃木敏夫的直接命令，我同军医部的丸山军曹誊清了《关于霍乱停止发生的报告》。其中关于发病的原因作了反科学的分析，出现了没有原因的结果，其目的就是要隐瞒撒布霍乱菌的事实。而且这一报告共印40份，呈报上级部队，送交有关师团、旅团，以作为霍乱细菌战的资料。

6. 1944年5月，在济南第五十九师团防疫给水班办公室，防疫给水班班长冈田春树曾对我说："日本帝国到了最后关头，说不定要撒布细菌。"由于他清楚地了解1943年9月霍乱菌抵制试验的真相，才同我说这番话的。

综上所述，"方面军第十二军十八秋鲁西作战"的本质，不仅是以武器屠杀中国人民的作战，而且是在屠杀中国人民的同时进行的一次军队行动的抵制试验；是旨在进攻苏联的日本帝国主义分子的非人道的罪恶行径。目前在管理所内被关押的当时的上层分子、第五十四旅团旅团长长岛勤，就是向所属大队下达霍乱作战命令和领导作战的指挥官。第五十九师团高级副官广濑三郎当时作为师团幕僚之一，曾协助师团长细川忠康计划并指挥作战，也属上层分子之一，特此检举。

中档（一）119-2，5，9，第13号

卫河五处决堤，数十县遭灾，霍乱流行

林茂美证言

（1954年7月28日）

1943年8月至10月，日军第十二军在山东省鲁西地区实施霍乱作战（称为“北支方面军第十二军十八秋鲁西作战”），目的是撒布霍乱菌，大量杀戮中国人民和为准备攻击苏联作日军抵抗试验。

参战部队有：第十二军第五十九师团第五十三旅团独立步兵第四十一、第四十二、第四十三、第四十四大队；第五十四旅团第一〇九、第一一〇、第一一一大队；师团工兵；华北防疫给水部济南支部；师团防疫给水班，共3500余人。还有第十二军直辖汽车联队、野战重炮联队；蒙疆坦克部队、航空部队的一部分、保定陆军医院的一部分。

这是一次大规模的作战行动，将卫运河决堤五处，乘势撒放霍乱菌，造成山东、河北、河南数十县遭灾，霍乱流行。

（中档，河北省社会科学院谢忠厚同志提供）

我在华北防疫给水部受训的经过（一）

长田友吉笔供

（1954年8月4日）

1943年8月北京发生的霍乱，可以肯定为日军的谋略所致。其根据是，1943年7月，北京的西村防疫给水部及第二陆军医院分院的数名军医，对约230名卫生下士官候补者，进行了约两个星期的霍乱、伤寒、赤痢菌的检索教育。某军医曾说过，防疫部经常培养的霍乱菌，能消灭全世界的人口。

1943年8月上旬，根据防疫给水部部长西村军医大佐的命令，我与

约200名卫生下士官候补者，和在西村防疫给水部及第二陆军医院分院的病理试验室、细菌室服务的军医、卫生下士官、卫生兵约50名，在北京市内对中国人进行霍乱菌检查，将患霍乱病多的人封锁在家里，禁止出入，也不予治疗，就这样屠杀了300名和平人民。

中档（一）119-2，270，1，第5号

卫河三处决堤百万中国农民遭水灾

菊地近次笔供[①]

（1954年8月15日）

1943年8月下旬，日军第四十四大队大队长广濑利善中佐，指挥本部军官以下10名，第五中队中队长以下20名，机枪中队中队长以下20名，为了杀害八路军和人民，利用卫河涨水期，将临清县城附近、馆陶县尖冢镇及南馆陶附近的卫河堤掘开。当时我是机枪中队分队员，参加破坏临清县的卫河堤。这次掘卫河堤，使约100万人及广大地区遭受水灾，杀害了约两万中国人民。

中档（一）119-2，918，1，第5号

我参与制定了鲁西霍乱作战计划

广濑三郎口供[②]

（1954年8月16日）

问：第五十九师团在我国山东省的所有作战，你都参与策划过吗？

答：按高级副官的职权，是没有权力参与的，作战问题是由参谋部主

① 菊地近次，时任日军第五十九师团第五十三旅团独立步兵第四十四大队机枪中队分队员。

② 广濑三郎，时任日军第五十九师团高级副官。

管的。可是由于我在第五十九师团任职期较长，且该师团当时参谋人员又很少，所以，我参与了一部分作战计划的制定。

问：你把参与了哪些作战及作战情况讲一下！

答：1942年师团编成后马上就开始了“章丘”作战。由参谋长起草作战计划，我出席会议参加研究。作战开始后，我曾同师团长到前线视察过。1942年7月进行了封锁“徂徕山”作战，作战计划是我代参谋长拟定的，并同师团长到前线视察过。同年10月进行的“鲁中”作战，我除参加研究计划外，师团长及参谋长去前线，司令部的事情均由我负责。同年11月，由第十二军发动的“鲁东”作战，我出席研究作战计划。

1943年8月发动“霍乱”作战，作战计划是由参谋起草的，我参加研究，并提出了有关派遣部队与作战日期的具体意见。这次作战是在山东鲁西地区，目的是试验细菌武器的效力，同时也是为了试验日军在霍乱传播地区进行作战时的防疫力与耐久力。

中档（一）119-2，988，1，第5号

临清决堤，杀害中国人两万

片桐济三郎笔供[①]

（1954年8月17日）

1943年9月上旬左右，在日军第十二军鲁西作战中，在鲁西地区散布了霍乱菌。为了扩大散布后的效果，将临清附近的卫河堤扒开3处，杀害了两万多中国人（只是第四十四大队调查的数字）。当时我是第五十九师团特别训练队医务室伍长、师团“防疫本部”联络系下士官，奉师团军医部长的命令，自9月25日起到10月7日止，将临清等地的霍乱流行情况（邱县方面700名患者，馆陶1000名患者，南馆陶3名患者），用紧急电报

① 片桐济三郎，时任日军第五十九师团特别训练队医务室伍长、第五十九师团“防疫本部”联络系下士官。

报告给师团参谋长江田稔大佐，促使其下一步作战时扩大使用细菌的准备。

中档（一）119-2，206，1，第5号

五十九师团准备再次实施细菌战

藤田茂口供[①]

（1954年8月31日）

问：你把第五十九师团防疫给水班的性质和任务讲一讲！

答：防疫给水班的性质和任务除与字面相同外，还有培养细菌准备细菌战的任务。1945年5月下旬，我到第四十三军司令官处去报告"秀岭一号作战"的情况时，军司令官细川中将向我表示将来对美国作战要实施细菌战的意图。我根据司令官的意图，产生了使用防疫给水班进行霍乱细菌战的构想。于6月上旬，我命村上参谋去和防疫给水班班长协商，做好细菌战的准备。准备的情况我没有检查过，但我承认这一阴谋。

中档（一）119-2，2，1，第5号

结果是大批杀害了和平居民

相川松司笔供[②]

（1954年10月3日）

1943年9月，在山东省东昌县、临清县地区，第五十九师团进行"霍乱作战"，由师团防疫给水班，第五十三、第五十四旅团部队参加，于

① 藤田茂，1909年参加日军第十三师团骑兵第十七联队，1913年随师团进入中国东北。1933年至1939年任关东军骑兵集团高级副官、第二十师团骑兵第二十八联队联队长。1944年3月任第十二军骑兵第四旅团旅团长，1945年6月任第四十三军第五十九师团中将师团长，后被俘。

② 相川松司，时在日军第五十九师团第五十四旅团第一一一大队第三中队服役。

该地区放毒。第五十四旅团第一〇九大队规定，禁止食用该地的粮食，井水要过滤后饮用。在行动期间，还进行了预防注射。在村庄里到处可见居民的尸体和病人。以上是宫崎敏夫（当时是一等兵）在行动期间所看到的事实。第一一〇大队的横仓满曹长，为参加这次放毒，曾在济南受过训练。

这次放毒，第一一一大队坂本中佐以下的一部分人员也参加了，我所属的第三中队曾派坂本少尉以下一个小队（包括山田和）参加此次作战。

这次作战，是锻炼日军在放毒地带作战的能力，结果是大批杀害了和平居民。

中档（一）119-2，874，1，第5号

仅我所知道的地方就有2.5万和平居民死亡

林茂美口供

（1954年10月7日）

问：你从第四十一大队医务室转到什么机关，任何职务，是什么阶级？

答：1942年12月，我由第四十一大队转到第五十九师团防疫给水班，任检查助手及书记，阶级是卫生曹长。

问：防疫给水班有多少人员，分哪些部门？

答：防疫给水班有上尉班长一名，班附一名，下士官两名，卫生兵25名，共29名。防疫给水班内设事务室、药室、水质检查室、细菌室、培养器制造室。

问：防疫给水班的任务是什么，你担任哪个部门的工作？

答：防疫给水班表面上是防疫和检查水质，实际上是培养和散布细菌来杀害中国抗日军及和平居民。我在细菌室担任化验和培养细菌的任务。

问：你们都培养哪几种细菌，培养都经过哪些程序，在你任职期间共培养了多少细菌？

答：我们培养的细菌主要是霍乱菌、伤寒菌、赤痢菌、结核菌等，有时还培养流行性脑膜炎菌。培养细菌时，是把原菌和细菌培养基装入孵卵器内，温度37℃，霍乱菌经过24小时即可培养成功。我在防疫给水班时，共培养80玻璃管，计霍乱菌30管、结核菌10管、赤痢菌10管、伤寒菌30管，另外还培养了脑膜炎菌5管、流行时疹菌5管。

问：你所谈之原菌是从什么地方弄来的，每玻璃管能容纳多少细菌，它的杀伤力有多大？

答：我上边所谈的原菌是从山东济南同仁会防疫所拿来的。每玻璃管能容纳细菌1—2cc。它的杀伤力，拿霍乱菌来说，每一玻璃管细菌能杀害100人左右。

问：山东济南同仁会防疫所是一个什么机关？

答：同仁会防疫所，表面是慈善卫生救济机关，实际上是日本帝国主义以它为幌子来侵略中国的机关。

问：第五十九师团防疫给水班由哪里领导，与第七三一石井部队有什么关系？

答：由第五十九师团军医部领导。石井部队是关东军细菌部队，与我们没有直接关系。与石井细菌部队同样的细菌部队设在北京，叫华北防疫给水部，属于华北派遣军司令部，管下各军叫给水支部，师团的叫给水班。

问：你们的防疫给水班名称对外公开吗？

答：师团长为了保守秘密，曾下达命令，不让暴露给水班的名称，对外叫第二三五〇冈田部队。

问：你在什么地方学过培养细菌？

答：1937年12月到1938年5月，我在日本福冈久留米陆军医院受卫生下士官教育，学习过细菌的培养和保管。1940年12月在第三十二师团野战医院学习一个月，内有一个科目是关于细菌方面的。1943年6月，到北京防疫给水部（设在协和医院内）学习一个星期。

问：你们培养的细菌都在什么地方散布过，结果怎样？

答：第五十九师团防疫给水班，于1943年8至9月，在山东省馆陶、南馆陶、临清等地散布过一次霍乱菌。当时散布在卫河，再把河堤决开，使水流入各地，以便迅速蔓延。我参加了这次散布。细菌是由我交给第四十四大队军医中尉柿添忍，再派人散布的。散布细菌以后，仅我们所在地区我所知道的，就有25291名和平居民死亡。总的伤亡数字我不知道，因为当时是非常秘密的。

问：你们这次散布细菌的目的是什么？

答：目的是要大量杀害中国抗日军和和平居民，并实验霍乱菌的效力，以便准备对苏作战时使用。

问：除上述你供的以外，还用什么方法进行过细菌实验？

答：1943年2月，山东省泰安县发生天花，当时给水班派了3个人去，给两名患天花的注射了伤寒菌，两天以后这两名被注射的妇女都死了。

另外，为了检验细菌，于1943年7月，到泰安县小学校，强制从30名小学生及20名和平居民耳朵上，每人抽了约两克的血。又于同年8月，侵入泰安县万德村，进行检查大便实验，指挥部下侵入各户，不论男女，强制将便管插入肛门，进行直接采便。被强制采便的约300人。

中档（一）119-2，619，1，第4号

馆陶决堤，4.4万农民罹病

大石熊二郎笔供[①]

（1954年10月18日）

1943年8月29日，于山东省馆陶县南馆陶盘踞中，我是第五十九师团第五十三旅团四十四大队第三中队第一小队第二分队队员、一等兵，与约30名小队队员，从南馆陶县至馆陶之间的卫河堤防上，走到了东北约

① 大石熊二郎，时任日军第五十九师团第五十三旅团独立步兵第四十四大队第三中队第一小队第二分队队员，一等兵。

4公里远的拐弯处，根据小队长岩田和夫少尉的命令，用铁锹和镐头挖了长4米的口子，将卫河泛滥的洪水放入北方地带。

河水向卫河北岸流去，淹没了南馆陶方向长16公里、宽4公里的地方，破坏了这一带的耕地，使4.48万多名和平农民罹病，其中由于饥饿、水灾和被撒布的霍乱菌感染而患霍乱症致死的达4500多人。

中档（一）119-2，134，1，第5号

我们用铁锹扒开了小焦家庄河堤

金子安次供词[①]

（1954年10月21日）

1943年8月27日，于临清县小焦家庄，受日军第四十四大队大队长、中佐广濑利善的命令，破坏卫河河堤，淹没解放区和散布霍乱细菌。当时，由重机枪小队长小岛隆男少尉等8人进行破坏，另一部分人装作像是在守护堤防。当时我是重机枪分队上等兵，参加了这次破坏活动，用铁锹扒开了50公尺长的河堤。关于被害情况我不清楚。

中档（一）119-2，255，1，第4号

我在华北防疫给水部受训的经过（二）

长田友吉笔供

（1954年11月1日）

1943年7月，我以卫生兵长的身份参加了华北卫生部候补下士官教育队受训，同时受训的约有200人。根据教育队队长某军医中佐的命令，

① 金子安次，时任日军第五十九师团第五十三旅团独立步兵第四十四大队重机枪分队上等兵。

出差到北京天坛华北防疫给水部西村部队参加细菌检索训练。当时，西村防疫给水部设有细菌试验室，约有10个房间，其中有细菌培养室、灭菌室、显微镜检查室和材料室等。

一天，我和几名同事一起进入了霍乱菌培养室。室内有一个高2米、长1.5米、宽80厘米的大灭菌器，其中装着5个高30厘米、长50厘米、宽30厘米的铝制霍乱菌培养器。这时，正在细菌室值班的某军医中尉指着培养器向我们解释说："这里面培养着难以数计的霍乱菌，有了这些霍乱菌，就可以一次把全世界的人类杀光。"这一事实足以证明日本帝国主义在全中国的领土上培养撒布细菌，大量屠杀中国人民的严重罪行。

1943年8月，由于日本侵略军华北方面军西村防疫给水部撒布霍乱菌，霍乱在北京市内外发生蔓延。当时我以卫生兵长的身份参加华北卫生部候补下士官教育队和同事200名，以及北京第三陆军医院西村防疫给水都的军医、卫生下士官、卫生兵等50人，总共250人，侵入北京市内外，实验霍乱菌的繁殖力。

当时，我同西村防疫给水部的某军医中尉和一名翻译，闯入北京市内北安门附近的一个中国人洋车夫的家里。这家的男主人年约40岁左右，因患霍乱，倒在地上的吐泻物中，用微弱的声音求救。军医立即将可检物装入试管，并命令我们："他如果爬出去就会散布细菌，快把门关上！"我把这个痛苦万分、企图挣扎着站起来的中国人踢到一旁，用粗草绳把门从外面牢牢地绑上，把这个中国人关在家里，让他死去。

另一天，我为了搜索霍乱患者，闯入北京城东的一户民宅。这家也有一名40岁左右的中国男人因患霍乱倒在地上，用微弱的声音呼叫着、挣扎着。当我来到这个中国人的身边时，他一下拉住我的手，那只手冰冷冰冷的，我又是怕又是气，把他打倒在地，用放在门口的一条麻绳牢牢地把门绑上，让中国人死在房里。用上述方法，我自己杀害了两名中国的和平人民；集体屠杀了300名中国的和平人民。

中档（一）19-1，131，第70-72页

我率队参加了“霍乱作战”

小岛隆男口供[①]

（1954年11月）

问：你把参加“霍乱作战”的情况谈谈。

答：1943年9月上旬，约一个星期的时间，我以小队长的身份，率部下25名，参加大队在临清、馆陶、堂邑等地区进行的“霍乱作战”，以锻炼日军士兵在霍乱流行地区进行作战的能力。在攻击村庄时，迫使患霍乱病的人四处奔逃，引起霍乱传播蔓延。这次行动，后来由于日军内部染上霍乱，暂时停止。

同年9月下旬至10月上旬，大队继续进行“霍乱作战”，更促使霍乱蔓延。我亲眼看见堂邑县梁水镇40名霍乱患者的尸体，还有两名患者。我的部下在沿途看见40多名患者及60名患者的尸体。我听大队本部军医柿添忍说，他在南馆陶检验大便的100名居民均患霍乱。当时，几乎每个村庄都有霍乱患者，每天都有死亡的。

中档（一）119–2，780，1，第4号

小焦家庄决堤，中国居民死亡3万余

小岛隆男口供

（1954年11月）

问：你谈谈破坏卫河堤的经过。

答：1943年9月中旬，盘踞于山东省临清的第五十九师团第五十三旅团第四十四大队，趁卫河涨水破坏堤防。由广濑利善大队长亲自指挥士

① 小岛隆男，时任日军第五十九师团第五十三旅团独立步兵第四十四大队机枪中队重机枪小队小队长。

兵 50 名，前往临清县小焦家庄附近决卫河堤。我作为小队长率领部下参加。根据广濑利善的命令，我和中队长中村隆次、久保川助作指挥部下 4 名，选定在水流最急的弯曲处，用铁锹掘开堤身，我并亲自动手决堤。另外 40 多名士兵则散在周围警戒，阻止前来反抗决堤的群众。大水冲开决口约 150 米，造成卫河流域的临清、馆陶、丘县、武城等县的严重水灾，约有 11 万户 67 万余人遭受水患，破坏耕地约 9.6 万町步，由于水灾、饥饿、霍乱蔓延，死亡居民约 3 万多人。

问：破坏卫河堤防的目的是什么？

答：直接利用水灾和河水中之霍乱菌的蔓延，屠杀中国人民，镇压中国人民的反抗，消灭八路军及其根据地，巩固日本帝国主义对中国的统治。

问：你应负什么责任？

答：我应负参与指挥并亲自动手破坏堤防的责任。

中档（一）119–2，780，1，第 4 号

卫河两处决堤，杀害中国人民 5.25 万

难波博口供[1]

（1954 年 12 月 27 日）

问：关于破坏卫河堤你做了什么事？

答：我参加了计划并选择了破坏地点等事。

问：现在你讲一讲这件事的经过情况！

答：1943 年 8 月末，山东省卫河涨水时，制定了防止石德、津浦铁路被冲毁，及毁灭八路军根据地的“一举两得”的阴谋计划。我以旅团情报主任的身份，参与了这个阴谋计划，并选择了掘毁卫河堤的地点为馆陶

① 难波博，时任日军第五十九师团第五十三旅团情报主任。

至临清中间的弯曲处。

经旅团长认可后，我向第四十四大队下达了掘堤的命令。结果使馆陶北部的曲周县、丘县一部分，临清县河西地区、威县、清河县的一部分受到灾害，受害面积约900平方公里，受害居民约45万人。由于水灾被淹死、因决堤而流行霍乱病致死以及被水围困饿死的居民约有2.25万名。

第四十四大队除决溃上述地点外，又将临清大桥附近的卫河堤决溃，结果受害面积约达960平方公里，受害居民约有70万人，其中由于水灾而死亡的居民约有3万人。这个数字是事后由第四十四大队去调查的，我也乘飞机去视察过。

中档（一）119-2，1058，1，第4号

陆地霍乱作战，杀害鲁西18县无辜农民20万以上

矢崎贤三笔供[1]

（1954年）

关于霍乱作战问题作如下订正：

一、在第五十九师团第五十三旅团作战中对新兵进行的"讨伐"训练

1943年9月上旬在山东省临清、馆陶和堂邑等县，独立步兵第四十四大队在大队长广濑利善的指挥下进行第五十三旅团作战，历时约一周。此次作战主要是为了进攻上述地区的解放军和抗日的国民党军队；同时，由于当时日本侵略军所撒布的霍乱菌，已经在中国人民和无辜农民中广泛地蔓延，企图通过此次作战，使霍乱病人逃难，混入和平农民中，从而使霍乱进一步蔓延。

结果，在下一阶段作战（从9月下旬至10月上旬的大队"讨伐"）时期，所有的村庄都发现了霍乱病人。我（独立步兵第四十四大队步兵炮

① 矢崎贤三，鲁西细菌战期间先后任日军第十二军第五十九师团第五十三旅团独立步兵第四十四大队步兵炮中队军官值班士官、联队炮小队小队长、见习士官。

中队联队炮小队小队长、见习士官）奉中队长中野登之命，率部下35人参加了上述“讨伐”，在临清、馆陶、堂邑等县行动。在堂邑县某村向抗日的国民党军队约100人发起进攻，有12名国民党军被枪杀或炸死。同时，还迫使患霍乱的中国人逃往他处，从而使霍乱病菌进一步蔓延。

二、霍乱细菌战的准备训练和以扩散霍乱为目的的大队“讨伐”

1943年9月中旬至下旬，约以两周时间，驻鲁西地区的独立步兵第四十四大队开展霍乱防疫工作。进行了有关防疫对策和在霍乱流行地区“讨伐”的训练，借以为下一阶段作战做好准备。

1．军防疫给水部济南支部黑川军医中尉等15人和第五十九师团防疫给水班林曹长等5人，从9月中旬至下旬期间，赴临清和馆陶出差，为大队全体人员验便，采取防疫措施。同时，也为中国人验便，目的是为了调查霍乱发病和蔓延的情况。

第五十三旅团旅团长田坂八十八同第五十九师团军医部部长铃木中佐于9月20日前后到达临清，进行防疫视察。同时，铃木军医中佐亲自指挥军队，将大队内的粪便运出并埋掉。还召集大队全体人员讲授石井式滤水器和净水剂的用法，进行有关霍乱病的教育。

2．在这一阶段中，除各中队军官对士兵进行有关传染病的教育外，军医柿添忍及卫生下士官等还到各中队进行巡回教育。

在上述防疫期间内，我曾协助进行防疫给水班的验便和调查工作。在运出粪便时，曾指挥部下将中队粪便全部运往队外加以掩埋；还进行了有关石井式滤水器的使用和霍乱防疫知识的教育，目的是为下一阶段作战进行准备。

三、独立步兵第四十四大队为扩散霍乱所进行的“讨伐”

第四十四大队从1943年9月下旬至10月上旬期间，在山东省聊城、堂邑、馆陶、临清及冠县等地，为进一步使霍乱蔓延而进行“讨伐”，迫使霍乱病人逃往中国人中避难，从而使霍乱进一步扩散，以达到杀害中国人的目的。一方面调查霍乱菌撒布地区传染病的蔓延情况，同时在这一地区训练侵略军队。

我奉中队长中野登之命，率部下30名参加“讨伐”，每天行军16至20公里，驱使中国的和平农民中的霍乱患者迁往他处逃难，以便使霍乱在中国人中间进一步蔓延。大队军医柿添忍身穿便衣，与尖兵共同行动，调查霍乱的蔓延情况。在向师团军医部提供资料时，我拥护柿添忍的做法，并积极协助其行动。在堂邑县某村发现霍乱患者一名，直接同柿添忍取得联系，并提供资料。此次“讨伐”开始时，大队长广濑利善通过军医柿添忍向我提出下列注意事项：

1. 发现霍乱患者时，立即报告军医或卫生下士官，不许接触患者；

2. 食物必须全部经过100℃加热后方能食用，绝对不吃中国人做的生的食品，饭后必须吃咸梅数个；

3. 饮用水全部使用经滤水器滤过的水，滴入净水液，或烧沸100℃以上方可饮用；

4. 各分队由分队长负责挖地建厕所，出发时用土掩埋；

5. 发现有身体不适者时，立即向直属上级报告。

我将上述注意事项向中队士兵进行传达，同时，还命令小队携带石井式滤水器，供应饮用水；每个分队分给4把铁锹，以备挖厕所用；让卫生兵携带卫生背包；向分队长分发试验纸；命分队长负责进行监督。我亲自进行上述训练和在霍乱菌撒布地区的军队教育，为发动霍乱细菌战进行准备。

四、为加速霍乱蔓延而进行的“讨伐”——“十八秋鲁西作战”

从1943年10月上旬至中旬，五十九师团在鲁西地区发动了“十八秋鲁西作战”。当时在该地区早已由日军撒布霍乱菌，中国人因此而染病。日军通过此次“讨伐”，驱使病人逃往外地避难，以便使霍乱在中国人中间进一步蔓延。同时，在“讨伐”中还掠夺了大批物资，计小麦约1万袋（每袋60公斤）以上，棉花4.25万袋以上，牛约80头以上。我在这次“讨伐”中，派出了在上期“讨伐”中经过训练的30名部下参加，犯下了上述罪行。

通过以上3期“讨伐”行动，在中国人民中撒布的霍乱菌在鲁西一带（临清县、丘县、馆陶县、冠县、堂邑县、莘县、朝城县、范县、观城县、濮县、寿张县、阳谷县、聊城县、茌平县、博平县、清平县、夏津县、高唐县）蔓延，从1943年8月下旬至10月下旬间，有20万以上的中国人民和无辜农民被霍乱病菌所杀害。我直接指挥部下实行了这一杀人阴谋。

中档（一）119-2，561，1，第6号

卫河决堤，杀害冀南8县和平农民22.75万

矢崎贤三笔供

（1954年）

1943年8月至10月，日军在鲁西霍乱作战中，由第十二军第五十九师团第五十三旅团独立步兵第四十四大队将连日降雨因而泛滥的卫河西北岸堤防决溃。

第三中队将南馆陶北方约距5公里远的堤防决溃；第二中队将临清县尖家镇附近卫河北岸的堤防决溃；同时，第五中队和机枪中队又用铁锹将临清大桥附近的卫河北岸堤防破坏，掘开宽50公分、高50公分、长5米的口子，决堤后，由于泛滥洪水的冲撞，又将150米长的一段堤防决溃。并将霍乱菌撒放在卫河水里，利用泛滥的洪水扩展蔓延。因此，滔滔的洪水就奔向解放区了。

这样造成的结果，在南馆陶附近150平方公里，从临清县尖家镇附近到河北省威县、清河县一带225余平方公里，从临清县临清到武城县、故城县、德县、景县一带500余平方公里，总计875余平方公里的土地被洪水淹没，霍乱菌传播，从8月下旬到10月下旬之间，杀害了约22.75万名中国和平农民。

（中档，河北省社会科学院谢忠厚同志提供）

临清大桥决堤，杀害中国和平居民3.23万

矢崎贤三笔供

（1954年）

为残害中国人民而策划的阴谋

关于卫河决口问题作如下订正：

1943年8月下旬至9月中旬，盘踞在山东省鲁西地区的第五十九师团第五十三旅团独立步兵第四十四大队大队长广濑利善，奉旅团长田坂八十八的命令，将因连日降雨而正在泛滥的卫河西北岸堤坝决开，使浊水流向解放区，以封锁解放军的夏季攻势。同时，向卫河中撒布霍乱菌，利用正在泛滥的河水使之蔓延，从而杀害解放区的中国人民。

根据上述阴谋，命令驻馆陶县南馆陶的第三中队中队长福田武志，在南馆陶以北约5公里处决堤；又命驻馆陶县馆陶的第二中队中队长蓬尾又一，在临清县尖冢镇附近的卫河北岸决堤。

同时，9月中旬，驻临清县临清的第五中队和机关枪中队各派一个小队，总兵力约60人，向临清大桥出动，由大队长亲自指挥，命令第五中队中队长中村隆次、机关枪中队中队长久保川助作和小队长小岛隆男以及4名士兵，在临清大桥附近用铁锹将卫河北岸堤坝决开宽50公分、深50公分、长5米的口子，洪水从这里冲毁堤坝150米，流向解放区。结果960平方公里以上的地区浸水，约40万吨以上的农作物和9.6万公顷以上的耕地遭到破坏，6000户以上的中国人房屋倒塌。由于撒布霍乱菌而染病死亡，以及因饥饿、水灾等其他原因，被杀害的中国和平居民达3.23万人以上。

我（独立步兵第四十四大队步兵炮中队军官值班士官、见习士官）于9月上旬，在上述临清大桥附近决堤时，曾奉大队值班司令中野登的命令，视察卫河泛滥的情况，并向大队长广濑利善报告：大桥附近因涨水即将决口。结果，大队长便命令第五中队和机关枪中队出动，使河堤决口。

我于决口后一周，奉大队长命令视察决堤现场，报告临清大桥有1/3被毁，堤坝约150米被冲毁。我曾帮助这一阴谋实现，在机关枪中队出动时，我命令中队管理武器的下士官，供给铁锹、十字镐等器材。

中档（一）119-2，561，1，第6号

鲁西陆地霍乱战　我参与指挥了鲁西作战

长岛勤笔供[①]

（1955年5月30日）

1943年9月至10月，在观城、范县、阳谷、东昌、朝城等地区，我参加了第十二军策划的鲁西作战。我将第一一一大队配属于第十二军，将第一〇九、第一一〇、第四十五各大队配属于第五十三旅团参加作战。作战目的是：第一一一大队调查传染病（虎列拉），其他大队“扫荡”八路军及掠夺粮食。结果杀害抗日军70余名，掠夺粮食600余吨。

中档（一）119-2，5，1，第5号

资料来源：

中央档案馆、中国第二历史档案馆、吉林省社科院编：《细菌战与毒气战》，中华书局1989年版。

崔维志、唐秀娥主编：《鲁西细菌战大屠杀揭秘》（修订版），人民日报出版社2003年版。

① 长岛勤，1938年12月任日军华中派遣军特务部部员、苏州特务机关机关长，1940年返日。1942年4月第二次来华，任日军第五十九师团第五十四旅团少将旅团长。

《天皇的军队》摘选

第十章　1943年秋鲁西作战——霍乱作战

这一年（1943年）的10月，在山东省济南市一带，“衣”师团进行了一次奇妙的讨伐。这次作战的表面口号是“包围和歼灭中国共产党八路军”，实际上更主要的目标是大量掠夺以谷物为主的战争物资，以及实施细菌作战。在此之前，已侵占了“满洲国”的“关东军防疫给水部”（通称石井部队），已经制造了赤痢菌、霍乱菌、鼠疫菌，用中国人代替“土拨鼠”进行了实验。在石井部队那里，中国人是作为“剥了皮的原木”来计数的。

1943年的一天，山东省以范县、朝城县、阳谷县为中心的鲁西平原一带的解放区范围内，突然降下了一些由飞机扔下的罐头炸弹。罐头里装的就是霍乱菌。“衣”师团的这一作战，其目的就是调查霍乱菌对中国农民的影响。该部队的医生都穿了白大褂，戴了防毒面具，兵士们被告知说，除了自带水壶里的水，绝对不能喝当地的水。这就是“十八秋鲁西作战”，别名是“霍乱作战”（见图1）。

广大的中国，它的雨季因地方而有所差异。例如，四川的雨季与日本大体相同，是6月份；而北方的内蒙古、华北、东北则是7月和9月。在

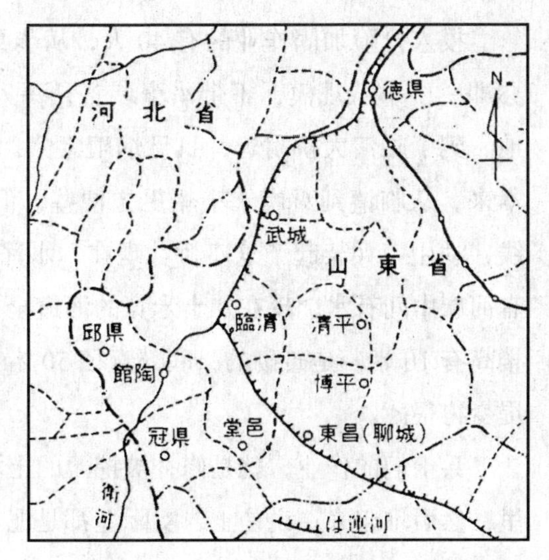

图 1 霍乱作战有关地图之一

临清，1943 年 9 月连降十几天大雨。为此，济南以西卫河的水甚至涨到平堤。卫河发源于河南省辉县西北，经河北流入山东，然后北上至天津进入大运河，全长 1000 多公里，是一条大河。

卫河在临清城以南分岔，其支流进而又与东部的马赖河、黄河相接。这一部分自中国秦始皇时代（公元前 3 世纪）以来，是人力开凿的运河。这条运河在流经之地又汇入湖水，从而在北方的天津和南方之间可以行船，成了山东、河北两省棉花、小麦交易的通路。临清就是作为这种交易的一个据点而繁荣起来的。也许与此有关，外来人一到临清，就会感到它与其他县城有些不同。山东的这一带，一般最热闹的地方是县城城内。县城大致都有四门，四门由十字路连接，路两旁是商店。而出城一步，就是广阔的田野和农家。

但临清不是这样。它的县城内也散有一些农家和田地，商店不多。毋宁说，在县城和卫河之间的两公里的地方，倒是最热闹的。这里人口很多，形成了一个仅次于济南的热闹城市。这是因为它是小麦、棉花交易的码头，有着类似于日本“驿站街”的特点。

9 月的一天，第五十九（“衣”）师团第五十三旅团独立步兵第四十四大队机枪中队的金子安次兵长（52 岁，当时 22 岁）接到命令，说卫河边上的日本军瞭望楼进水，很危险，需要加固，让他前去抢险。金子兵长等人当时正在县城，在第四十四大队总部，瞭望楼位于县城西北 2 公里处，在卫河对岸。那是驻扎在沿河繁华街的第五中队总部，为了更好地监视卫河对岸而建起来的，平时有七八名分遣队员监守。

投入抢险加固作业的有40人，从步兵炮中队、机枪中队各抽20人。亦即一个小队规模，不带军事装备，每人只扛一把铁锹，步行赶往目的地。到了临清大桥附近，只见烟雨蒙蒙，还是看不清岗楼。桥是木造的。本来，从临清到对岸乘小船更方便些，但日本军把迂回的路改成军用直线，动用工兵架起了这座桥。现在，水涨到离桥只有50英寸了。平时只有河床中间有水，现在几十米宽的河道全是浑黄的浊流。走近一看，瞭望楼高有10米，是砖砌的，底部直径50米，周围挖的壕切入了河堤，使河堤变得很薄。

兵士们的作业，就是修补被挖薄的土堤，他们从附近取土，装进草袋里，然后堆起来。说是土，实际上都是泥。兵士们全员脱掉军服，只戴一块兜裆布干活。

正在这时，忽然往上游一看，但见广濑利善大队长（中佐）等几个将校正在大堤上活动。那个地方正是卫河急转弯处，河堤容易坏。兵士们猜想，也许将校们特别不放心，才到那里去视察的。

从下午1点钟开始，也就是作业进行后三个小时的时候，同一部队的菊池武雄少尉高喊"噢咿——拿着东西到对岸去。"当兵士们正在过桥之时，忽听有的兵士和民众一齐呼叫"河水决堤了！"这时，大家都感到上游来的水很不一般（有些反常），只见拴在岸上的小舟急速冲向对岸，碰到什么东西又断成两截。茶色大水直向临清相反的方向冲去。初秋时节，棉花已经结出白色棉桃，大水像地毯样吞没了即将收获的棉田。

"到底是拐弯的地方决堤了。"有人毫无表情地说。"肚子饿了。"另一个人说。金子兵长等人附和说："是的，肚子饿了，快去吃饭吧。"大家离开了卫河。

"衣"第四十四大队机枪中队（队长是久保川助作中尉）的小岛隆男少尉，当日上午接到非常命令，被召集上了卫河大堤。水已涨满。听说日本兵出动，150多名中国农民带着忧虑的表情聚集到河边，他们穿着青色或白色的农民服。

"皇军，那样的岗楼要多少我们都可以修，千万别毁坏河堤呀。"他们不停地作揖、鞠躬，拼命地恳求着。

很早以前就有传闻说日本兵为了保住岗楼，很可能要毁坏大堤。农民们知道那样做害处有多大。几天前，农民们就通过日军建立的傀儡政权的人，向日本兵递上了请求书，今天听说日本兵终于出动了，便紧急赶到河边。为了“保卫”作业现场，一些日本兵已是荷枪实弹，他们挡住农民的去路，不许靠近，有的农民向前走，他们就用脚踢或者用枪把子打。

广濑利善大队长、久保川中队长等数名将校，一边注视满堤的运河，一边在堤上走来走去。

“好，就在这儿决口。”广濑大队长只说这么一句。一些日本兵正在下游加固河堤。在那附近，几个兵士正在把岸边的小船集中起来以备急用。广濑们似乎在想，这样一来，就会减轻岗楼附近大堤的水压，确保岗楼安然无恙。

久保川中队长接受大队长命令，小岛小队长担任具体指挥。大队长指挥决口的地点，正是卫河向右转弯的地方，它的右前方是临清。从那儿向前望去，岗楼正处在河水要猛然冲击的关键地段。小岛让五六个拿锹的兵士挖大堤的土。小岛氏说这个大堤的规模和样子，与东京多摩川的大堤相似。土堤上部宽约 8 米。这样的大堤难道那么容易挖开吗？

“那非常简单。五六个人干，10 分钟就干完了。”小岛回忆说。方法是这样的：首先，在堤坝上划一条线，线与河成直角，然后，从外侧向里侧挖一个深约 30 英寸的沟，沟的宽度只有一锹宽就行，也就是 30 公分左右。因为是红土，已被雨浇松，很好挖。在挖出的一道沟的最底部，用锹深挖一个小坑，这样，水一流进沟，后面就不用费什么事了，那道沟的宽度眼看着 50 公分，1 米，2 米扩大开去。最后，大堤崩毁，大水便像狂奔的野马一般进入左岸的田野。

对小岛他们来说并无危险。与河水冲击的速度相一致，立即撤下堤坝就可以了。不知哪儿传来了中国人的喊叫声，但是，很快被水声吞没。大水流速极快，平原上民房、土墙都像放进水里的砂糖块一般化掉了，消失了。水势毫不减弱，直向前冲去。

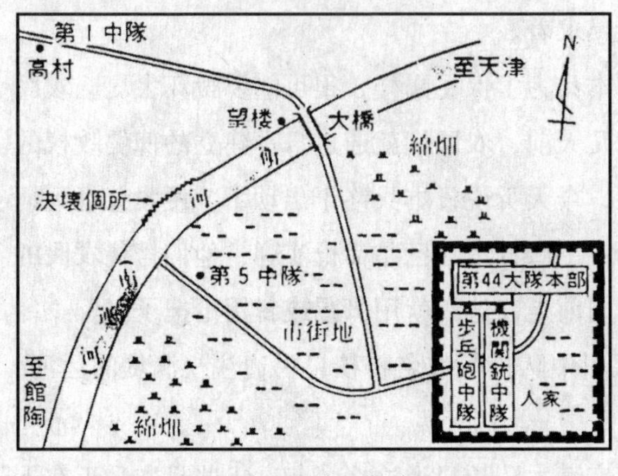

图2 毁坏卫河大堤鸟瞰图

各村一齐响起了锣鼓声。然而，20分钟之后，那些锣声也一个接一个的哑了下去。也许报警的人也一个个被水吞没了。

从小岛所在的位置看，进水的面积似乎没有多大。因为，棉田、玉米地都还同放水前一样看得见，大地一马平川似乎也没多大变化。但是，稍稍仔细看一下就会发现，露出水面的只是棉花或玉米的顶部，实际上平原已成一片汪洋。然而，将校们根本没注意到那洪水吞噬了多少中国人的生命。其实，他们本来就预料到了这样做会有人牺牲。据小岛氏讲，他们似乎认为“把这里的人连根消灭，让这里成为无人地带最好不过。”洪水所经之处，被日本军看作是敌对地区，现在淹成这个样子，将校们都有一种满足感。原来，卫河对岸中国八路军的势力很强，是所谓解放区。（见图2）

大队长、中队长及小岛少尉（小队长）等将校们，决堤后一直在那里待了两个钟头。此时，卫河对岸已经成了湖泊，堤坝决口已达几十米，正好与卫河一样宽。桥已经被大水冲毁，小岛等人乘小船悠然返回对岸。不久，雨也停了，将校们相互说：“这回可以放心睡个安稳觉了。”并且，还一致同意“今晚干一杯庆祝它一下吧。”驾着小船把他们摆渡过河的当然是中国人。小岛氏说，当时那个船夫的表情如何，一点儿没有留心。可以说，皇军的兵士们只关心自己的事情。

小岛氏旧地重游，再来看当时的决堤现场，是在12年之后，即1955年（昭和30年）。那不是以皇军兵士的身份，而是作为一个战犯被带到这里。在抚顺的战犯收容所里，小岛氏向中国方面如实供述了扒堤放水的罪行。“确实是原原本本地交代了。但是，心底里不能说没有这种意识——与杀人、强奸不同，好多人一起干的，责任可以大家分担。不管怎样，的确如实交代了。中国方面的老师说‘小岛你坦白得很好。’还同我握了手。”

然而在此之前，小岛氏从未想到，那时的事件在12年之后还给当地留下如此大的伤痕。中国方面给小岛看了大水冲过时的照片，据说是八路军记者拍的。有一张照片反映的是布满乱石的河床。仔细一看，这正是12年后决堤现场附近的面貌（见图3）。

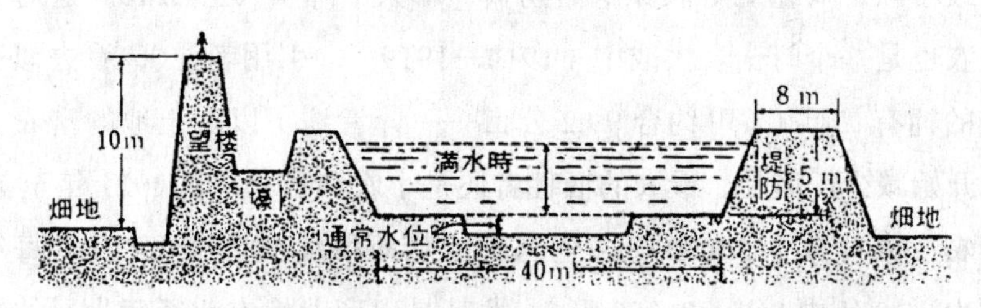

图3　卫河断面图

中国人民已经把乱石整理了一下，多少修出了一些田地，但基本上还很难种庄稼。中国方面的有关人员还拿出厚厚一摞材料，并且读了几份。那都是中国农民的控诉信。

“由于小岛少尉的罪行，我村当时从3岁的 ××，共 × 人被淹死，× 人下落不明。希望对小岛少尉给以严厉惩处。”中国方面没有详细公布当地的被害情况，但是，据说包括临清以北90公里的铁路石德线（石门—德县之间）在内，受害范围已涉及山东至河北的广大地区。

尼克松总统在越南曾经有组织地炸毁过红河大堤，这是多大的罪行！能够对北越政府的控诉产生实感的日本人现在也许还不少。

在这个地区，后来还有不少中国人陆续饿死或得霍乱而死。

※　　※　　※

这里稍稍介绍一下金子、小岛两人的经历。与当时为“天皇的军队”服务的其他兵一样，金子原来也是穷苦贫民。他们出生后的几年，正是日本资本主义暂时景气时期。虽然时间不长，佃户们倒也可以设法维持温饱。然而，还没等幼年时代结束，就出现了1930年（昭和五年）的经济恐慌，前一年从美国开始的大萧条也波及日本。钢铁等工业产品，生丝、棉纱等轻工业品，大米、蚕茧等农产品半年之内价格暴跌1/3，工人、农民收入锐减。当时日本经济的状况，井上靖等人写的《日本近代史》（合同出版）有如下记载——

“作为农家经济一大支柱的蚕茧，1919年夏秋是1121元，1920年降至512元。米价1920年1月是5001元，进入12月份降至2529元，并且继续暴跌。而化肥等农家所需物资，却只下降1/10至2/10。这对地主和富农也是一个打击。大战中（1914—1919——引用者注），看去似乎在发展的拥有二町（1町约合99.2公亩——译者注）以上土地的富农，收入也开始减少。但是，最大的牺牲者还是小农和贫农。从1921年至1922年，农业人口减少35000户。全国耕地总面积从1920至1929年每年都在减少（10年中减少226000町）。尤其是以商业性农业经营为目的的土地大为减少，这说明农业恐慌已经慢性化。”

街上到处都是失业者，农村里闹事现象时有发生，为了改变国内的不景气状况，也为了分散国民的视线，转移不满情绪，皇国日本便发动了对中国的侵略，而正是在萧条阴影下长大的这些少年，成长后被送到中国大陆，成了侵略的工具。

在他们之中，小岛隆男少尉是一个例外。他的少年时代是优裕的，家住东京神田，父辈开了一个大米零售店，当时大米还未采取配给制，收入颇为可观。不过尽管如此，米店老板的小崽子还是没有几个能进中学的。小岛氏自己也认为小学毕业理应出去干活，父亲也是这个打算。父亲出身农民，基本没受过教育。但母亲学历较高，对教育很热心，祖母也主张他上学，于是小岛进了中学。那是东京市立第一中学，即现在的都立九段高中。谈起市立一中，那是有权者的“少年版”。小岛的同学之中，就有警察总监、帝展审查员、大审院（现在的最高法院）审判员、市议员、陆军大将等大人物的儿子。

那是卫河大堤决口两周以后，9月中旬，金子兵长又回到大队总部，接受了新的任务，这时他把两周前的事情已经忘得一干二净了。新的任务是调理军马。调理军马的任务何等严格，前面已经作过介绍。

9月中旬的一天晚上，上级给金子兵长等人的机枪中队下达命令，要他们派五个人带枪出发，目的地是南馆陶。包括临清、馆陶在内，到上一年底为止，这一带由“衣”第四十二大队负责，大队总部设在临清，其第五中队队部设在临清西南48公里的馆陶。第五中队发生馆陶事件之后，这一带改由第四十四大队负责。大队总部仍然设在临清，各中队的配置是：第一中队——高村，第二中队——馆陶，第三中队——南馆陶，第四中队——邱县，第五中队——临清市街，步兵炮中队以及机关枪中队——临清县城内。

以非常命令召集起来的金子兵长等5人之中，有一个卫生兵也坐在卡车里。所谓卫生兵，与军医不同，他们只是经过一定期间的训练，在行军中背一个救急包而已。据他说，在南馆陶的中队里出现一个盲肠炎患者。果然，在馆陶附近靠卫河的沿街上，放着一个用担架抬来的士兵。把士兵抬上车后，卡车又沿原路折回了临清。

那是一个奇特的患者，虽说是盲肠炎，但没有痛苦的样子。毯子盖在脸上，全身一动不动。中途，卫生兵说了一句“已经死了”。但大家只看了卫生兵一眼，谁也没想去揭开毯子看一看死者。到达临清时已是后半夜3点。金子兵长等人把尸体抬到医务室之后，立即回到营房，上床便睡。天明时被同僚叫起，说需要隔离。原来，昨晚那个死者是霍乱第一号。

5个人突然被关进大队总部院内的一个空空荡荡的房间里，个个呆若木鸡。不过，下午就被放了出来，允许他们返回机枪中队的营房。代之而来的，是在营房四周拦起了绳子。这就是说，曾经接近过霍乱患者的这5个人，因为已经回过兵营，仅仅把5个人隔离起来已没有用处，现在要把整个机枪中队（约120人）都隔离起来。免于隔离的只有一个人，是中队长，因为他住在别的将校宿舍。三天里什么事情也没有，十分无聊。只有饮食从外面送进来。三天之后，济南的第五十九（“衣”）师团总部派来了军医和卫生兵，开始对隔离者进行大便检查。结果，发现了几个带菌者，又将他们隔离起来。其余的人，包括金子兵长都获得了自由。此后，第四十四大队也发现了二三个重症霍乱患者，据说都死亡了。

1943年秋季以后，日本兵对临清县城内所有的居民都强行做了大便检查。包括所有到县城来的外地人，不论男女，被召集起来，脱光下身，用玻璃棒进行肛门检查。大队内不少人甚至羡慕卫生兵，说起下流话，什么"卫生兵可以看大姑娘的屁股啦"等等。

9月中旬的一天，部队出发到临清西南"讨伐"。这次似乎是大规模讨伐，出动大约1000人。临清东北已被洪水冲垮，在此之前，那里八路军的势力很强，日本军很难侵入。这次的旅团讨伐，目标是"准治安地区"，皇军已确保了点和线，因此，不像"敌情地区"那样见村就烧，只有遇到抵抗时才放火、杀人。但强奸、抢掠仍是家常便饭。家畜也都被抢来吃掉。但是，出发二三天之后，在一个村子里好像出现了患霍乱的农民。部队奉命立即返回了大队。归队后仍是全员检便。这时，1000人之中发现100名带菌者，其中3人死亡。出发前接种过疫苗，死亡的3人没有接种就出发了。

"即使如此，还是费解。"小岛少尉当时曾经这样想过。因为，根据他的经验，皇军外出"讨伐"时，一旦发现村里有人得了传染病，必定立即撤回。这是常理。而当年9月的一天，大队长却发出了反常的训话："我大日本皇军，无论在任何事态之下，治安行动都不能有一时的停止和放松，如果发生传染病，那么，为了预防，更应出动。"

从那天开始，在军营中开展了新的行军基础训练。以机枪中队为例，这一训练包括从马上装卸机枪，用甲酚消毒液给机枪、马鞍、马的全身消毒。步兵的整个枪都要消毒。在行军和休息中也反反复复地进行这种训练。这就是所谓的防疫训练。"讨伐"出发之前：①在宿营地不能使用中国人的便所，要将其埋掉，自己重新挖坑作厕所。②不喝生水，每一只水壶都用一滴过锰酸钾消毒；③各自必须带上梅干和杂酚油。行军途中，一般卫生兵都要扛两个过滤器。并且，为了让兵士能立即判断霍乱患者，还教一个新词儿"霍乱脸色"，解释了其中的含义：脸呈土色，脸颊塌陷，即为霍乱患者。

9月下旬开始了真正的"讨伐"。兵士中间不知不觉开始把讨伐叫作"霍乱作战"，或者再具体一点儿，叫"霍乱菌探索作战"，正式名称叫"十八秋鲁西作战"。"衣"第一一一大队机枪中队的菊池义邦军曹这样解释这次作战的目的：①包围歼灭中国共产党八路军；②大量掠夺以粮食为主的战争物资；③石井细菌部队投放霍乱菌之后，检查解放区农民患病、死亡情况。多么可怕的证词！菊池军曹本人于10月份以后也积极地参加了"霍乱作战"。

※　　※　　※

在9月下旬开始的"行军"中，兵士们碰到许多中国的霍乱患者。平时作战，部队总是用大队（四五百人）主力包围村庄，然后派尖兵小队（约20人）首先进村；而这次行军，首先进村的不是一般的尖兵小队，是军医团。

七级镇在临清以南约30公里的运河边上，有一个很热闹的小街，金子兵长等人常去此处"讨伐"。由于日军骚扰，街市已经变得十分冷清。但农民们仍然来此交换物品。军医团先进去看了看，不知为什么，回来说没发现霍乱患者。于是，兵士们一下子来了精神。从时间上看，七级镇必是当夜的宿营地。村人似乎已经得到日军来袭的消息，早已逃得无影无踪，街上毫无生气。兵士们想这下子可以放手掠夺了。有的兵士开始追赶小鸡和猪。金子兵长想，"比起吃，还是先找女人。"自己行动有些担心，便叫了一个伙伴。村里基本没什么人，偶尔也能看到个别小脚走不动的妇女和老太太。找不到年轻妇女，不少日本兵就拿老太太开心。

金子二人踢开一家农户的门，闯进去一看，两人不禁大吃一惊：只见这户人家的炕上一动不动躺着一个"老太太"，她见来人，只把头稍稍向这边转了一下。那种可怕的脸！！"老太太"？也许是中年妇女。青色或者叫草色的脸，上面甚至长了薄薄一层青苔。

"有霍乱啦！"两人大喊大叫逃出门外。军医赶来，立即判明是霍乱。部队马上改变宿营地点，开到了下一个村子。

小岛少尉等人在其他村子挨家破门而入，结果发现，在八路军的指导下，村里已经实行了“空室清野”。凡是皇军能抢的、能用的，中国人用自己的手亲自把它们砸得粉碎，没给日本兵留下一件完整的东西。锅釜是农民的主要财产，他们都把它砸坏，然后逃走了。其他财产，如窗框、瓢之类，日本兵来后也把它们当燃料用了，因为那些东西好烧。

小岛少尉等人发现村里有不少霍乱患者。一进入10月，无论哪一个村子都可以找到四五个有霍乱病人的家庭。有的病人只是等死，他们身上爬满了苍蝇，整个身体都成了黑的。有的病人脑袋整个埋在自己吐出的污物中死去，有的尸体甚至还有体温。皇军在这里人工制造了一座地狱。

这一带是产棉区，可想而知，这里的人们是以摘棉为生。然而，现在他们尸体下面铺的，只有又薄又硬的板子，有的仅仅是一领高粱席。他们种的棉花，早被屯驻临清的日本商人“收购”一空。到这一带收取棉花的日本商社，有兼松（现兼松江商的前身）和东洋棉花（现在的东棉）。以前兼松是以收购羊毛为主，随着日本对中国的侵略，也正式收购起棉花来。也是在1943年，该社兼并了昭和棉花株式会社和太平洋贸易株式会社。在临清，他们不顾一切地积累着资本。

直到前一年，皇军的力量还能压得住中国八路军，棉花收购进行得还算顺手。但是，从这一年开始，八路军开始指导农民藏棉，日本商社再也不能如愿以偿了。在这种时候，日本兵便出来为商社效力。他们的做法前面已有记述。

对于商社与天皇军队的这种关系，商人和将校们是很清楚的。将校们很关心商社人员的安全，不惜牺牲兵士的性命来帮助他们强购棉花、小麦。商人们在金钱上则对将校十分慷慨。他们不仅常常招待将校，平时将校们吃喝的开销也由他们出钱。

小岛少尉的账由兼松支付。小岛说：“不论在哪个饭馆吃喝，兼松都会悄悄地把钱给你付了。我们去济南出差，兼松方面也会往兜里给塞个三四千元。”当时小岛一个月才挣120元，可以想象兼松拿出的是一个多大的数目。

皇军进行的“讨伐”，在“霍乱作战”上并非势如破竹。一般作战的期限是一个月至数月，而“霍乱作战”则是出去两周，休息三天，用来对兵士进行健康管理。而且一天的行军距离也很短，稍微行进一点就休息，因此，时间便拖得很长。之所以这样做，似乎是怕兵士太累容易发病的缘故。但是，却没有一个兵士见到日本兵治疗过中国人的霍乱患者。

如果说“破竹之势”，那么，用它来形容皇军挖堤放水、形容他们散播霍乱细菌毒害中国老百姓，是最恰当不过的了。在大洪水和霍乱菌的双重侵害之下，解放区农村的惨象真是目不忍睹。

这样，侵略军对“天皇的赤子”皇军兵士的健康似乎还可以说是注意的。但是，也有人不同意这种看法。小岛氏现在就这样认为：

我们要去的村落里出现了霍乱这是事实。不过，有时兵士们在那之前就已经被感染上了。特别是在初期，皇军下级兵士像土拨鼠一样接连死亡，这是为什么？也许，他们把下级兵士当成了散播霍乱菌的机器人。

这种情况的背后隐藏着什么，现在还没有完全弄清楚，暂时录以备考。现在还有几个当年的兵士对霍乱作战积极地提供了证言，把这些证言综合起来，便可得出这样的结论：打开卫河大堤放出洪水，根本不是保卫岗楼，用洪水彻底毁坏解放区的耕地，是最初的企图。与此同时，日本军要以受灾地区为中心，使霍乱大面积蔓延开去，把中国人作为大规模细菌试验的土拨鼠来利用。进而从证言中可以得知，指挥这一连串行动的，正是以“满洲国”哈尔滨为大本营的“关东军防疫给水部”（俗称“石井细菌部队”）。下面让我们来听听他们的具体证言吧。

※　　※　　※

下文出处：1949 年 12 月，苏联在哈巴罗夫斯科对日军进行军事审判的公判记录。

Δ（石井部队）是根据 1939 年发出的天皇裕仁的特别密令，于 1939—1940 年间由“第七三一部队”重新编成的。我是在 1940 年 2 月，在关东军司令部读到密令的，并在上面盖了印。……准备细菌战的提案者是石井。石井四郎于 1893 年生于千叶县一个富裕的地主家庭，1919—

1920年间从京都帝国大学医学部毕业……先学病理学，后从事细菌学研究。（引自塚隆二的讯问调查记录。另据川岛清的讯问调查，天皇密令发自1936年。）

Δ石井中将于1941年夏，在自己的办公室召开部队干部会上，会上，关于为何成立第七三一部队这样的研究机构，他解释说，用来制造武器所必需的金属及其他原料，日本没有充分埋藏量，因此，日本必须开发新的武器。而细菌武器当时就被看作是这种新武器的一种。为了最充分地研究细菌对人体的作用，为了尽快研究制造细菌武器的方法，以便必要时用于实战，在第七三一部队里，对活人进行了所有各种杀人细菌的效果试验。从这个杀人工厂，没有一个人能活着出去。（引自川岛清讯问记录。）

Δ1940、1941及1942年，由七三一部队对中国中部各地进行的攻击，其危险性极大，这是由它所使用的细菌种类（危险的流行病的病原菌）、攻击时使用的传播细菌的方法所决定的。（引自鉴定书）

Δ（问）：一个培养器能装多少霍乱菌？

（答）：50克左右。

（问）：向中国居民散播细菌时，那些细菌是怎样包装的？

（答）：把50克左右的细菌装入特制的小型罐里，再将其放入金属制的小型袋子里，若干个金属袋子装入一个大箱子，箱子内侧用冰围住。（同前）

第五十九（“衣”）师团第五十四旅团独立步兵第一一一大队机枪中队第二小队的菊池义邦分队长等人，于1943年10月初，参加了“讨伐扫荡作战”，地点是济南市西南约100公里以外，面积波及几个县。这就是前面所说的“十八秋鲁西作战”，别名“霍乱作战”。鲁是周代（公元前1122—前249年）的一个国家，都城建于山东曲阜，是孔子的出生地，也是山东的简称。鲁西即山东省西部。一般来说，黄河以北沃野不多，但鲁西一带土地比较肥沃，被称为粮仓地带。从这里向北，主要种高粱、玉米等等。在鲁西平原，除了高粱、玉米之外，还有谷子、小麦、大豆、小豆、棉花。不过，这个地区八路军的力量很强，是解放区（从皇军角度看是敌性地区）。

这次作战的目的前面已经说到了。为此，出发之前，给全体兵士配备了消毒液和杂酚油，命令兵士“绝对不许喝生水”。担任作战任务的，是由“衣”师团第五十三、第五十四两个旅团编成的部队。第五十三旅团参加的部队是田坂八十八旅团长（少将）指挥下的各独立步兵大队，共800人，从第五十四旅团抽出的是独立步兵第一一一大队和坂本讨伐队（坂本喜四郎中佐指挥的一个独立步兵大队），全部人马加起来，称作田坂支队，总共约2000人。

菊池军曹等人从济南出发，乘辎重队的大卡车到了西南方向大约100公里的东昌，在那里展开了作战（见图4）。在出发前的训话中，部队长明确地说“这次作战的地区是霍乱蔓延的地带”。菊池军曹想，一般情况下，为了防止兵士发生动摇，霍乱流行的事是保密的。实际上，从这时开始曾多次到霍乱发生地作战，但像这次这样，在训话中明确告诉兵士，是空前绝后的。

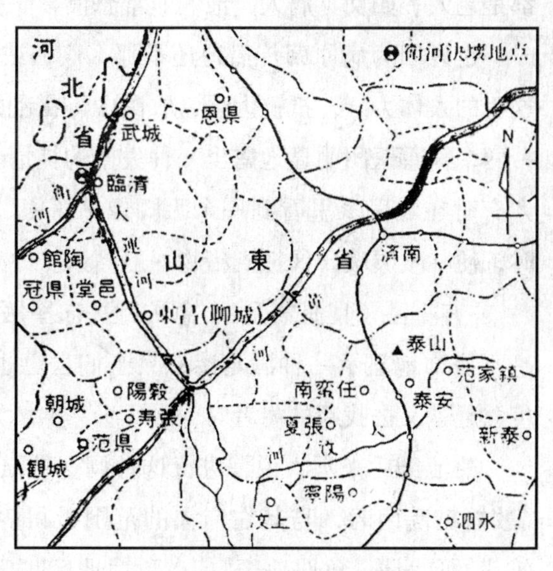

图4　霍乱作战有关地图之二

从这时起到11月，在一个月之内，皇军骚扰了鲁西平原的阳谷县、寿张县、朝城县、范县、观城县。做法是第五十三师团主力，作为战斗部队先行出击，企图“歼灭八路军”；随后，第一一一大队的菊池分队长等随同白衣军医团一道进入村庄。菊池等十个人为一个分队，前面扫荡一完，他们便进村，把留在村里的人不分老幼，全部带到村中央的空场。皇军们甚至不给那些瘦弱的病人一点穿鞋的时间，光着脚就把他们赶到空场集中。村民集中完毕之后，皇军命令他们全都脱掉裤子。农民们没有衬裤和短裤，唯一的裤子脱下来下身只有全裸。在众多的天皇士兵面前，他们被迫四肢着地露出臀部。这时军医团的男人便将40英寸细长的玻璃棒插入村人的肛门，将带出的黏液放入试管，每天有几十名中国农民受到这种检查。也有些农民不想脱裤子，日本兵便上前连踢带打，把他们打倒在地。虽说如此，有力气同皇军对抗的人，在日本兵进村之前早已逃走，留下来的要么是老人、缠足妇女，要么就是不能动的患者。菊池他们曾经看到过中国的年轻人被日本兵抓住后，怒目而视；但这次被带出来的农民，都是老人、妇女、病人，他们非常恐惧，一脸绝望的表情。

也许因为病原菌传播得还不那么广，或者，与发洪水地区的人不同，这里的人体力好，抵抗力强，农民中得霍乱的不多，转几个村子才能发现一两个。军医团明显地露出一种失望的神情。正因为这样，当菊池军曹等人有时在农民家里看到一个手脚像枯树根、皮肤像枯草一般的霍乱患者时，便吵吵嚷嚷，像抓到猎物一般高兴。

“有霍乱了！是霍乱！”急忙跑去向军医团报告。看到“皇军的医生”毫不掩饰地显示一种满足感，兵士们自己也好像获得嘉奖一样，喜形于色，赶紧又去找新的患者。

菊池氏后来听人说，进行这种调查的结果，石井部队得出的结论是，“散播霍乱菌时，与其在广大的范围撒得少，不如集中在特定地区更有效。”那就是“敌性地区”。在敌性地区，皇军可以随心所欲地烧光、杀光、抢光，进行“三光”作战。每到一地，便把家具彻底毁掉，将鸡、猪、牛，将找得到的谷物都拿到手，能吃就吃，吃不完就带走。

皇军多少天不洗澡，进入农家便生火烧水，杀掉农民的牛，喝抢来的酒。在这大吃大喝时，偶尔也会遭到小规模的偷袭。

菊池氏谈到当时的体验说：“即使如此，因为皇军在军事上还处于优势，中国方面的攻击是零星的，一个月之内近距离接触也不过一两次。但是，一旦出现这种情况，我们进入下一个村子时肯定要更加残酷地杀人、强奸、掠夺，用来进行报复。看到一户人家，仅仅想，这家倒挺干净啊，就放火烧掉它。”

发现还能干活的男子，就把他们带走。1942 年秋，第三次鲁东作战以来，“衣”师团每到一地必定完成这个任务。

被抓走的男人，先在济南的“俘虏收容所”集中，随后就被送往日本或“满洲国”做苦力。这一年间，抓劳工（另称抓兔子）成绩很大；加上不少人投奔了八路军，所以皇军能抓到的人数不断减少。即使如此，这次作战，800 人组成的坂本部队，还是抓到了几百名劳工，仅菊池氏所在的中队就抓到了 20 多人。

作战一个月结束时，皇军掠得大量牛、驴、小米、高粱。这些抢来的“战利品”都用抢来的大车，用抓来的中国农民，连拉带扛往回运，但还是运不完。这种时候菊池氏等这些天皇的赤子们，便往小米、高粱上拉屎撒尿，把锅碗瓢盆砸个粉碎，然后同全村所有的房子一起，以火焚之，扬长而去。

※　※　※

除了抓劳工之外，皇军还把中国少年带走，让他们在兵营供自己使唤，或者让他们为皇军带路。关于私自使用中国少年，并没有什么特别的规定，但队长是默认的。队长们即使为了抬高身份，也习惯于抓几个中国少年来侍候自己。菊池分队长在这次霍乱菌搜索作战中，也从范县抓了一个中国少年，不仅在作战期间让少年为自己服务，还把他带回新泰县使用了一段时间。

因为是在范县抓到的，菊池军曹就顺口给少年起了个名字叫“范太郎”，其他分队长也都有私人奴隶，他们也随便把少年们叫做“石松”“毛助”“仁介”“勘太郎”等等，中国人自己的名字完全被皇军抹杀了。

那个少年看去有十一二岁，长得很精神，有一副所谓“聪明相”。自从被抓来之后，少年没有抵抗。手里拿枪，腰别两颗手榴弹，带着刺刀和双筒望远镜，在这样一个分队长面前，少年怎敢反抗？只好老老实实干活。白天行军时，菊池分队长把很重的东西、把水壶都交给少年背着，不让少年离开一步。

"喂，拿水来！"菊池一招手，少年立即就把水递过来。到吃午饭时，少年便将饭盒端到菊池面前。在战场就地吃饭，少年要赶紧找一把干草或什么让菊池坐下。到了宿营地，就让少年烧水，给他洗脚。

菊池一喊叫，少年只好用中国人吃饭的饭桶给他打洗脚水，并且被迫给他按摩。把这个少年抓来数日之后，一天晚上，菊池忽然注意到，几天以来一直喊"喂"，便决定给少年取个名字，"给你起个日本名字吧……"于是，有了个名字"范太郎"。

渐渐地，菊池氏一个表情、一个眼神，少年便能领悟。菊池一喊叫，少年便发出近似"哈伊"的答应声，飞奔过来。菊池氏的事是固定的"找鸡蛋！""抓小鸡！""烧水！""洗脚！""按摩！""把剩饭给吃了！""逃跑就杀了你！"如此这般，这就是少年每天听到的皇军对他讲的话。总之，全是粗暴的命令式。

用两周多的时间完成霍乱菌探索作战，坂田讨伐队把掠夺来的物资、抓到的中国人交给辎重队之后，便东进汶上县、宁阳县、泗水县，于11月底回到了中队总部所在的新泰县城。新组建的霍乱探索队解散，各回原队，重新驻守警备地区的主要车站、日本财阀经营的煤矿，以及军用道路。

回到新泰县城，少年几次向菊池提出要求："让我回家。"距下一次作战还有一段时间。12月的一天，菊池军曹把少年叫到了马厩背后。他打算让少年回家去。

在整个"霍乱菌搜索作战"的30天中，菊池军曹狠狠地使用这个少年，强迫他跟着部队跑了200多公里，少年的鞋底磨出了窟窿，头发长得老长，已经是寒风刺骨的季节，该穿棉衣了，而那孩子还只穿一件脏兮兮的白单褂，一条黑单裤。从新泰到范县，用军用地图目测也有180公里。只有小学6年级那么大的这个少年，能不能通过林立的皇军岗哨回到故乡，也是未知数。据菊池氏讲述，当时他没杀那个少年，而把他放了，是希望那少年对这种"武士之情"能说一句感谢话。他希望能做出一副好的姿态，并且，将来回到日本老家，也能对人炫耀一番，说自己对中国农民如何善良。总之，归结到一点，他想亲耳听到那个少年对他说声“谢谢”。

菊池氏尽可能严肃地告诉少年：“你现在可以回去。我送你到南门岗哨那儿。怎么样，高兴了吧？没有什么要说的吗？”

他满怀期待说完这番话之后，从口袋里掏出军用信纸铅笔，递到少年面前，说“在这写吧”。他想，少年一定会写“谢谢，再见”。

少年的右手动作很快，最后写完“记了”，把纸和笔交给菊池军曹。菊池满怀希望地朝那张纸一看，纸上竟用极为清楚的字迹写着：

“打倒日本！”

“八路军万岁！”

菊池下士官顿时脸色煞白，手发抖，那是怎样一副凶相连自己都知道：他不禁举起拳头想打，但他明白这样做也没用。

“真的能回去吗？”少年笑眯眯地抬头问菊池氏。

“回去吧。这是武士情。不杀你放你回去，走吧。”

菊池军曹说完，用力拉着少年，钻出新泰县城南门，通过岗哨，在门外撒开少年的手：“去吧！”

菊池这么一说，少年撒腿就跑。目送着少年的背影，菊池氏心里还留有一点期待感。他期待少年能回转身向自己招招手。然而，少年连头也没回一溜烟儿跑掉了。

“范太郎这小浑蛋……”菊池嘟哝着，但声音小得连自己都听不见。“中国人不懂得感谢天皇陛下的恩威？他不理解我的深情？”这样想着，菊池军曹感到十分空虚。

菊池军曹又从南门走回县城。当他通过岗哨时，哨兵向他行了举手礼。他衣服上天皇赐给的军衔章，红底上一条金线、两颗金星闪闪发光。

※　※　※

舞台从新泰转向西边的临清。卫河大堤被扒开一周左右，小岛氏在临清大街上忽然发现小孩多了起来。不，整个临清小孩是否增多了，无法了解，但至少大队部周围，小孩子确实增加了不少。那些孩子都非常瘦，只有肚子是圆鼓鼓的，显然是患了营养失调症。那些孩子聚集在部队下水道的出口，从脏水里往出捡米粒、捡菜屑。捡到之后，孩子们就躲到部队马厩背后去吃。除了这种景象之外，由于日本兵的严密控制，当年卫河的这一边，临清一带外表看起来气氛还是“和平”的。

那么，卫河对岸怎么样呢？日本军想一箭双雕，通过扒开大堤一气搞垮八路军和支持他们的农民，但是，越往北，八路军的势力越强，特别是河北与山东接界处，在杨勇指挥之下，八路军十分勇敢，日本兵即使出动一个师团打过去，也极其危险。因此，日本兵只在距河边岗楼二公里远的高村，建了一个“点”，派一个中队驻守。站在岗楼旁边的大堤上也可以看到那里的情况。

10月的某一天，“衣”第五十三旅团第四十四大队机关枪中队的小岛隆男小队长登上了大堤。

大堤决口已过去一个多月，小岛以为北面洪水大概已经退尽了。但仔细一看，离河近的地方还是一片淤泥，乍一看田野还有绿色，风景似乎没多大变化，而且棉花地似乎还结了棉桃，一片白色。但是，实际上那不是棉桃，仅仅是露在淤泥外面的棉秆。房子是倾斜的，周围还是一片泥沼。在卫河决堤之前，这里棉田连着玉米田，村庄大道两旁长着高大的刺槐树，是一派富饶的农村景象。

现在，满目凋敝，刺槐树的叶子也被妇女小孩摘下来吃光了。见到这种情景，小岛隆男只是不解地想：“为什么吃树叶子？那种东西只有虫子才吃呀！”当时，中国农民被大水冲得一无所有，只有以枯草和树叶充饥，对于这种情况，小岛是好久之后才明白的。

突然降临的大洪水给卫河西北一带造成了毁灭性的灾难。现在能走进去的，只是河岸附近的一小部分地段。在“衣”师团司令部供职的难波博少尉，于洪水过后一个月，奉命开车到了卫河对岸。驻守高村的分遣队处在过水的地区，吃的都是粗粮，为了给他们顺手掠夺些好东西，这个将校连队开车转了转。这时，他发现眼前的光景同自己在飞机上见到的正相反，完全是人间地狱。

大堤决口之后，田坂八十八旅团长曾立即命令难波博等人用飞机进行侦察。在决口处下游90公里的武城县武官寨二十里堡一带，有日本驻屯军，大水过后情况不明，田坂命令难波前往搜寻。济南机场酷暑难当，飞机进入1000米高空之后，感觉非常舒适。

在临清北面30公里的武城县城，可以看到有许多日本兵向自己的飞机招手。掉头向南，至卫河决堤处实际上只有一点点距离。从飞机上看，决口部分已扩大到150米左右，从那里，茶色的大水正在流向北部平原。

侦察将校从飞机上不停地摄影。难波少尉打算要一张洪水现场的照片，将来好向同僚、部下、向故乡山口县的人们夸耀自己的功绩。他直接参与选定了扒堤决口的目标，为此正暗自高兴。有些将校砍下中国农民的头拍成照片，揣在口袋里到处走，对人显示自己的勇武，而在破坏规模上，难道不是自己占了上风吗？他坐在飞机上这样想。

从飞机上往下看，水淹地带波光粼粼，在难波少尉的眼里，那简直比家乡的濑户内海还要美丽。他1919年（大正8年）出生在山口县岩国市，学生时代是在岩国南面的柳井商业高中度过的。从柳井可以眺望大岛和前岛的岛影。然而，此时中国的大平原变成了一片湖泊，他觉得比在柳井远眺更加令人心旷神怡。远处散在的点点村庄，仿佛是浮在水面的绿色小岛，浮在水面的棉花、豆秧，就像是漂动的海藻。他想，在这里划小船逍遥一番，该是多么惬意……

然而，一个月之后，当他亲自踏进这片受难的土地时，飞机上感到的快乐顿时变得遥远了。所经之处，一些老婆婆茫然望着天空，枯瘦如柴，她们是活人还是死人，似乎都难断定。一个母亲趴倒在地上，浑身是泥。走近一看，从她下部飞起成群的苍蝇，她一动，就吐黄色的污物，她身边的婴儿已经死亡。各村都有患霍乱死去的人，他（她）们的脸色比土还黄，有的变成了暗绿色。

活着的人本应把死者埋掉，可是，他们同那位母亲一样，也已奄奄一息。稍微有点力气的人，早已逃离了这个人间鬼域。

面对这种光景，同来的将校们对中国人民没有显出丝毫的同情，他们只想吐。

坐在难波少尉旁边的田坂旅团长想把话岔开，转移话题说："喂，难波，汉民族不是很伟大吗，自孔孟以来的确很有东洋道德呀，宁渴而不饮盗泉之水，是不？看到了吧，死也不取他人之物，哈哈哈……"

田坂旅团长连八字胡都在笑。

霍乱传染区不仅仅是河对岸的"解放地带"。在临清西南一带，随小岛隆男小队长一起前往讨伐的"衣"第五十三旅团第四十四大队机枪中队的金子安次兵长等人，在农耕地带也见到了许多霍乱患者和死者。不过这一带同水灾区不同，活着的健康人还有力气把死者埋起来。在这样的村庄，人们总是挖一个很大的坑，用高粱席把尸体卷起来埋掉。从临清至馆陶50公里，到处都有这样的村子。

无论是小岛小队长，还是金子安次这样的普通皇军兵士，对于霍乱患者已司空见惯了。他们自己带着饮用水，也学过用过锰酸钾消毒法，不再大惊小怪了。

同时，他们也明白，从霍乱地带掠夺来的青菜、家畜，只要煮一煮，好好消毒，也可以吃。于是，开始时还由行李班运送食物，不知从什么时候起，不再自带食物了，一时停止的对鸡、牛、猪、蜂蜜等的掠夺，重又开始。而且，在部队里还听说，只要看上去是健康的姑娘，就不会传染病菌。所以，强奸事件也多了起来。

终于有一天，在第四十四大队里传出了这样的说法："这次霍乱蔓延，是石井部队故意散播细菌造成的。"这是可以信服的传闻。几年来从未发生过霍乱的这块大地，现在确实集中地出现了霍乱大流行。而且，在霍乱发生老早以前，部队就进行了霍乱防疫训练。日本兵的准备可以说相当充分。这也是值得怀疑的。

关于石井部队，当时一般人还不甚了解，但作为将校的小岛少尉，早在日本时就有所耳闻。1940年（昭和十五年），小岛在千叶县习志野部队里是干部候补生，在这里，他曾看过防疫给水班干部们看的电影。电影的名字忘记了，但是，内容他还记得一些。其中，有皇军兵士砍杀中国农民的情景。中国农民的双手被反绑着，皇军兵士像砍大萝卜一样，把他们砍成几段。画面的字幕却讲相反的话，说“中国人就是这样对待我们皇军的。”那个镜头是在“中支”的某个野战病院拍的。还有一个镜头，拍的是一个中国患者，那人只能爬着往前挪动，他拼命去追兵士手里拿着的一瓶水。字幕说：“这些霍乱患者，在他们到达病院大门之前，必死无疑。”电影打出的字幕是“制作：关东军防疫给水部。”它是石井部队的正式名称。

不知不觉，小岛少尉在心中开始思索这样一个问题：“防疫给水班，到底是干什么的?”而下级兵士的金子兵长，对石井部队的了解则少得可怜。

金子氏得知灾难是由石井部队散播霍乱菌引起的，那已是进入抚顺战犯管理所之后的事了。战犯管理所的负责人向金子询问当时的有关情况，同时把石井部队的真相告诉了他。那是1955年。中国方面负责询问的官员冷静地问金子：“你承认扒开卫河大堤的责任吗?”

“是的。”金子回答。

“那是石井部队周密策划的结果，我们有证据说明这一点。”中国方面的人员说。

小岛少尉等将校知道，在扒开卫河大堤前后，“石井部队”的干部川岛清少尉曾经到济南，到“衣”师团司令部来过。金子兵长是1945年战败，被押解到苏联的西伯利亚之后，才知道石井部队的事。

一个情况是“天皇的军队”强化了细菌战的准备，为此，曾利用中国人进行过活体试验；另一个情况是“石井部队”的一部分人参加过霍乱菌搜索作战。但是，石井部队在哪些地点，用哪种方法散播了细菌，关于一些具体活动的证言，可以称之为“中间环节”的证言，现在还不太充分。在侵略的历史中，可以说，这也是失掉的、有待补充的一环。在自然人类学范畴，经常使用“失掉的一环”这个词在生物进化过程中，人类同猴子、类人猿是从一个祖先进化来的，这一点，现在除了基督教的一个派别之外，已经没有人怀疑了。科学调查完全证明了这个结论。然而，从共同祖先进化到人的最后一个阶段，到现在为止还未被发现。因此，进化这一事实虽然是确实无疑的，但表明那个“系统”的决定性的证据，目前尚未成立。

“从相关的各种情况出发加以推断”，说明石井部队在山东临清农村进行了传播霍乱菌的试验。但是，即使认为已经逼近了事实，有时它也不是事实本身。换言之，“状况证据”始终只是状况证据，并非证据本身。

“不过”，菊池氏说：“在石井部队工作过的医生、军人回国后有许多人还活着。但是，许多人已经有了相当高的地位，他们几乎都隐瞒了与石井部队的关系。如果这些人不告发，也许事实会永远被隐藏下去。因为我们这些下级士官、兵士对细菌战部队知之甚少，这种情况就更加危险。”

人们说，生物、化学武器是当事者最不愿意谈的武器。当然，那时的大众传媒也未曾报道过。关于15年战争（自“满洲”事变到第二次世界大战结束日本发动的一连串战争），防卫厅防卫研修所战史室，对各个战斗都进行了详细的分析，并且公开发表了有关材料，唯独对本书前一章和本章提到的作战，缄口不言。

即使为了补足侵略历史中的这个空缺的“链条”，也希望当事者积极地提供证言。

资料来源：

［日］本多胜一、长沼节夫著：《天皇的军队》，刘明华译，警官教育出版社1996年版。

相关图像史料

惠民壕掘り
付近の部落から割り当てで、男という男は、子供も大人も全員呼び出されて壕掘り作業。作業監督には村役場の者が当り、警備を日本軍が行う

挖惠民壕

从附近的村落抽派劳力，所谓男劳力，包括小孩大人，全部叫出来挖壕，村里的负责人监工，日军警备。

老人と子供
春二部隊の警備地域、河北省晋県付近の滄石路盤で、道路工事に汗を流す老人と子供（昭和16年冬）

老人与小孩

春二部队警备地区，河北省晋县附近的沧石路上，正在流着汗进行道路工事的老人与小孩（1941 年冬）

恵民壕構築作業
県公署から各部落へ割当てで人員を出させ、軍警備のもとに壕掘りを行う。常時2300名が集まった
（昭和17年冬）

构筑惠民壕作业

由县公署向各村分配劳力，在军队的警备下挖壕。通常有 2300 名劳力。（1942 年冬）

村から村へ
共産宣教地区に走る壕、壁には抗戦建国の文字が強烈に見える
（昭和16年冬）

从一村到另一村

壕沟穿过共产党宣教地区，墙壁上的字“抗战建国”很醒目。

出处：

［日］喜多原星郎著：“ある戦友の記録”写真集，白金書房，1975 年 6 月

聊城东昌府城门（池田氏提供）

日军讨伐行军（池田氏提供）

出处：

《黄土：北支派遣衣第三〇四〇部队的足迹》

编辑、发行：第三〇四〇部队纪念事业实行委员会，1977 年 8 月

就这样，对着心脏猛一刺刀！（61 页）

“好男不当兵”（伪军）（108 页）

新兵做饭，伺候老兵（142 页）

日夜行军，穿越地雷阵（141 页）

扫荡山村（169 页）

进村抢猪（177 页）

被抓俘虏逃回来后的下场（199 页）

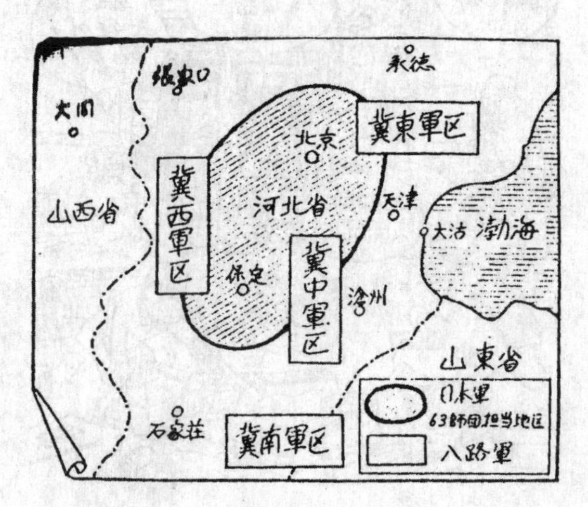

日军六十三师团驻军区域地图（201 页）

可怕的八路军地道战法（226 页）

虚报战果（245 页）

进村找八路（247 页）

地雷阵：等马先过去（301 页）

士兵偷西瓜被追赶（125 页）

反抗上级就是死刑——陆军刑罚（187 页）

送来的战斗报告全是打败仗（259 页）

老百姓欢迎八路军（270 页）

出处：《陸軍歩兵よもやま物語：野戦と行軍アラカルト》

作者： 斎藤邦雄，光人社，2009 年新装版（原版单行本，1985 年，光人社）

斎藤邦雄，职业媒体人，漫画家。战争期间，曾于 1941 年 3 月应征入伍，7 月分配日军驻华北“阵”部队（第六十三师团）。1945 年 6 月，第六十三师团调遣“满洲”，属关东军指挥，同年 10 月，被苏军俘虏，关押于西伯利亚各俘虏营。

书中作者所绘漫画内容，为其战场亲身体验。

三、地方文献资料摘选

决溃卫、滏阳、漳河，30 余县受灾，全区霍乱蔓延

——《冀南革命斗争史》的记载

1943 年 9 月中旬，冀南酷旱后连降大雨，敌人利用秋汛，在临清县大石桥等处将运河决开；在鸡泽县将滏阳河决开，在漳河县南上村（今临漳县）决开了漳河河堤，致使洪水泛滥，冀南平原一片汪洋，被淹死的人畜顺水漂流，造成空前的大水灾，全区受灾县达 30 多个，灾民达 400 余万人。

其中以三专区的馆陶，六专区的武城、故城、清河等县受灾最重。馆陶全县 64% 的村庄被淹，武城全县被淹了 3/5，故城也大部被淹。二专区的任县、隆平，简直成了滏阳河的储水湖。四专区邢（台）济（南）路南临清、广曲、企之等县受灾严重。而敌人不分昼夜，驾着小艇，到处抢粮和袭击筑堤的民工。

全区又普遍发生瘟疫、霍乱流行。自 9 月发现，10 月上旬开始由北向南、由东而西在全区蔓延。巨鹿县因霍乱病死者达 3000 人；三分区曲周县东王堡村 150 户病死 600 人；馆陶县榆林（今丘县）、来村（今曲周）、法寺等村 10 天内病死 370 余人；四分区威县南胡帐村 170 户死了 210 余人，丘县梁二庄 300 户死去 400 人，有 20 余户死绝；六分区重杨、枣南、清河疫情也很严重，清河县黄金庄一村就死了 200 余人。（254–255 页）

（河北省社会科学院谢忠厚和馆陶县刘清月同志提供）

卫、滹沱、滏阳三河决口，冀南被淹

——八路军参谋长滕代远给罗荣桓等同志的电报

（1943年10月12日）

罗、黎、贺、林、周、杨、黄、阎、程、唐并叶[①]：

冀南酉江报，卫河、滹沱河、滏阳河决口，馆陶以西五分之二耕地被淹，磁县、滨河、邯郸地区及下流曲周、永年、鸡泽全被水淹，秋收无望，种麦亦不可能。

另报，二分区申号前滏阳沿河以东，任县、巨鹿全被淹没。

中档（一）128，5

① 电文中罗、黎、贺、林、周、杨、黄、阎、程、唐分别为罗荣桓、黎玉、贺龙、林枫、周士第、杨得志、黄敬、阎揆要、程子华、唐延杰。

日军决溃卫、滏阳、漳河大堤，致使洪水泛滥

——《中共曲周县历史》《曲周县党史大事记》的记载

《中共曲周县历史》（上卷，1928—1949 年）记载：1943 年农历七月底，阴雨连绵七天七夜，霍乱病蔓延流行，死人甚多。东王堡村 150 多户人家，就死亡 100 余人。农田一片荒芜，村中房倒屋塌，街头院内杂草丛生，兔子、狐狸满街乱跑，一片荒凉凄惨景象。曲周县原有 12 万人，灾荒后只剩下 9 万多人。（52 页）

《曲周县党史大事记》记载：1943 年 9 月 27 日，日寇在冀南制造水灾，在临清大石桥、武城渡口驿等处将运河决口，在鸡泽县将滏阳河决口，并破坏了漳河大堤，因而使冀南广大地区遭受了严重水灾，洪水泛滥达 30 个县。（26-27 页）

（馆陶县刘清月同志提供）

冀南霍乱流行，饿殍遍野

——宋任穷、马国瑞等同志的回忆

1992 年 4 月 9 日的《人民日报》发表了宋任穷同志的《悼任重同志》一文。该文中说：1943 年，冀南出现了几十年未有的大旱灾，持续 8 个月之久，之后又接连下了七天七夜大雨，沥涝成灾，加上霍乱流行，很多人得了浮肿病。

1995 年 12 月 27 日《河北日报》发表了《忆王任重同志三件事》一文。该文中说：1943 年，冀南区 8 个月内滴雨未下，灾民以树叶、糠菜为食，大批人病饿而死，逃荒。丘县 8 万人口，死亡 2 万多人，逃亡 3 万多人，只剩下 2 万多人，真是赤地千里，饿殍遍野。

（馆陶县刘清月同志提供）

谁给冀南制造下灾荒

——《秦庭泪痕》一书的记载

百年来未有的奇灾

我冀南自1933年大灾之后，至1943年遇到百年未有的奇灾——旱、水、雹、蝗、疫5灾。千万人民在日伪碉堡据点林立中，为自己活命挣扎、呻吟、死亡，四散流窜，卖儿卖女，投井悬梁，父子不相顾，夫妻两离分。5灾之中，旱灾为最，除松柏树外，所有树头已被食光，大名一区逃亡者达60%，黄金堤村500余户逃亡百余户。以大名、成安为最。

冀南6个分区，5月初仍未下雨，从5月至7月底（旧历）以清江、丘县、企之、广曲、临清等县最为严重。在此期间死的人数，临清县3个区统计为1178人；企之县26个村统计是1032人；广曲县是2527人，随时可见尸卧道旁。很多人眼巴巴看着死毙者，开始人死后用席裹尸，继而死无人知，死无人抬。

三分区的灾荒，最早在馆陶北部，曲周东部，永年大部，邯郸三区，肥乡一区，广平二区，而以平大路东最为严重。馆陶桃寨已成为“无人村”，曲周北辛头村500户人家，自春至10月死亡400人，其中病死4/5以上。东贺堡村250户死亡600人，死绝27户。馆陶榆林、来村死百人以上，法寺死亡170人。企之县死亡率达10%以上，死亡、逃亡各占1/3至1/2。仅企之二区就死亡2300人以上。

冀南600万人民，6年来坚持敌后平原抗战，以热血头颅保卫了这片国土，艰苦备尝，而今又有旱、水、瘟、雹、蝗5灾并临，我冀南同胞何其不幸如斯耶!! 为了正本清源，所以对冀南灾荒成因，不能不加以研讨了。

谁给制造下了灾荒

我冀南抗日人民遭此不世之浩劫，然灾荒究竟怎样造成的，说者或执其片闻，或故意歪曲。记者仅就调查所得及历史文献，并对乡绅耆老咨询，综结起来，有以下两个基本原因：

第一，是日军6年来高度的压榨、掠夺和惨无人道的烧杀破坏，造成了农村经济迅速枯竭，至一遇天灾即毫无抵抗能力，把灾荒推向严重方面发展。更有的本来没什么天灾，直接是敌人的掠夺破坏，造成了人民破产及死亡，这是一个最基本的原因。

冀南全区6个分区，共计5478599人。

敌人抓夫修路，修碉堡据点，又用残忍、阴毒的手段，给制造了水灾。

提起水灾，不由使人新仇旧恨交织在一起。大家还深刻记得1939年，敌人想用水毁灭我抗日根据地。趁河水暴涨之际，临清、清河敌人武装决开运河口，淹了大名、魏县、漳河、馆陶、临清、清河、武城、景县。滏阳河旁的敌寇在平乡 × 召 ×× 井家桥等地决口，淹了平乡、任县、隆平、宁晋、新河、冀县、衡水、永年、鸡泽、南和等县……

再其次，敌人为毁灭我军民交通线，在邢（台）济（南）路侧，将运河与滏阳河挖通，致今夏（1943年）二河水涨，使沿河两侧之广曲、平乡、××、临清等淹没。

我们再以今年病（疫）灾而论，其发展方向是由邢台而东。其中是否敌人利用冀南严重灾荒之际，企图一举而毁灭我抗日人民故意散发毒菌，此虽无确实情报，然亦属可能之事。即不然，在敌寇制造之如此醒目灾荒之下，我同胞命运残喘，当然抵抗力大大减退，致一遇病菌即蔓延，也是必然之事。

今年不世之浩劫的第二个基本原因，即是国民党历史上的黑暗统治（略）

（以上摘录于1–68页）

5、6月间，天仍未雨。（69页）

是今秋，由于敌人决口，造成了空前未有的水灾，敌寇当时正趁水灾之际，进行了大规模的疯狂“扫荡”。（75页）

三分区研究了一套“雷公救济散”治疗霍乱，《人山报》特出号外宣传。（82页）

（《秦庭泪痕》，稷门孤愤楼著，上海启明书局
1943年11月15日出版。馆陶县刘清月同志提供）

卫河决堤，人为制造的大水灾

——《齐鲁文史》的记载

如果说由于日军的杀光、烧光、抢光的“三光”政策，惨无人道、灭绝人性的暴行造成了“无人区”，那么日军更毒辣、更彻底、更快捷的灭绝中国平民的手段，是人为地制造大面积水灾。

1943 年 8 月间，由于连降大雨，卫河水迅速上涨，直接威胁着日军所占据的德县（今德州市）和津浦铁路的安全。为了保住德县，特别是保证通过津浦线，源源不断地掠夺“山东博山、淄川、华丰、新泰的煤，金岭镇的铁，南定的铝矾土和油母页岩等地下资源，以及号称‘谷仓’的山东省的农产品……更多地掠夺中国地上和地下的资源”；也为了“淹掉一大片解放区，把其中的八路军和农民一举消灭掉”（引号内为水灾制造者之一难波博的话，下同），德县、临清日军根据第十二军第五十九师团的决定，把馆陶尖冢镇（今河北省临西县——编者注）及临清旧城门附近的卫河左岸大堤决溃，将洪水引向鲁冀边区的抗日民主根据地。

附近村民哀求决堤的日本兵住手，立即被寇兵用圆锹砍倒。“小岛（少尉）野兽般地吼叫着：‘走开，谁要是捣乱，统统枪毙！’”洪水从起初两米宽，迅速扩大到 4 米、20 米、50 米、150 米宽的决口，向着地势低洼的左岸地区倾泻而下。“在旧城门玩耍的 5 名儿童呼唤着妈妈，被洪水吞噬；田地里待收割的谷子已经看不到了；从各村跑出来的一群群背着行李包裹的老人、妇女、儿童，被洪水追逐得走投无路，最后被大水吞没；爬到树上去的那些人也下不来了；一些在田地里干活的年轻人……被淹死了；老人和孩子们受害的就更多。”只有泡在水中房子的屋顶上，传来“悲痛欲绝的哭叫声”。洪水之大，流速之快，使人们根本无可逃避，就连驻武城二十里铺等地的日军分遣队也全部被洪水淹死，一般民众可想而知。

仅临清、清河一带就淹没了数百万亩良田。“大水袭击了馆陶、临清、曲集（原文如此）（应为周——编者注）、丘县、武城、清河、威县等7个县，使100多万无辜的人妻离子散、家破人亡……”“洪水过了一个月才慢慢退下去……富饶、美丽的卫河左岸已经变成了人间地狱!”

正如经中国战犯管理所教育，觉悟提高以后的难波博所说：“这是决不能饶恕的、惨无人道的罪行!”

（作者赵延庆，原载《齐鲁文史》1995年第2期《日寇侵占山东的暴行》一文，本文题目为编者所加）

临清大桥决堤调查

临清大桥决堤，是日军杀害中国和平居民人数最多的一次，也是日军战俘交代、揭发人数最多，交代实施过程最为详细的一次。

日军战俘供述的临清大桥决堤情况要点：

交代、揭发人：

难波博（第五十九师团第五十三旅团情报主任）

林茂美（第五十九师团防疫给水班细菌室检查助手及书记，卫生曹长）

矢崎贤三（第五十三旅团独立步兵第四十四大队步兵炮中队军官值班士官；联队炮小队小队长、见习士官）

菊地近次（独立步兵第四十四大队机关枪中队分队员）

片桐济三郎（第五十九师团特别训练队医务室伍长，师团“防疫本部”联络系下士官）

决堤时间：

1943年8月末（难波博）、9月上旬（林茂美）、9月中旬（矢崎贤三）

决堤地点：

临清大桥附近卫河北岸（难波博、矢崎贤三）、距临清县城500米一

座桥的50米上游（林茂美）、临清县城附近卫河堤（菊地近次），临清附近卫河堤扒开3处（片桐济三郎）

实施决堤部队：

驻临清城的日军独立步兵第四十四大队第五中队和机关枪中队各1个小队，约60人。知道名字的日军有：大队长广濑利善、第五中队中队长中村隆次、机关枪中队中队长久保川助作、机关枪中队重机枪小队小队长小岛隆男、少尉小岛隆雄、机关枪中队分队员菊地近次。

现场指挥官：

独立步兵第四十四大队大队长广濑利善

决堤给中国人民造成的危害：

矢崎贤三说："结果960平方公里以上的地区浸水；约40万吨以上的农作物和9.6万公顷以上的耕地遭到破坏；6000户以上的中国人房屋倒塌；由于撒布霍乱菌而染病死亡，以及饥饿、水灾等其他原因，被杀害的中国和平居民达3.23万人以上。"林茂美说："将河水引向临清西北武清县及河北省方向，使八路军及该地区的中国人民蒙受极大灾害，受害的中国人约达10万人。"难波博说："结果受害面积约达960平方公里，受害居民约有70万人，其中由于水灾而死亡的（中国）居民约有3万人。"菊地近次说："使约100万人及广大地区遭受水灾，杀害了约两万中国人民。"片桐济三郎说："杀害了两万多（中国）人（只是独立步兵第四十四大队调查的数字）。"

卫河以西闹霍乱，几个区死亡两万余

——《馆陶县志》《中共馆陶县历史》的记载

《馆陶县志》记载：1943 年 7 月，全县发生特大旱灾，霍乱流行，加上蝗虫遍地，庄稼和草均被吃光，仅卫河以西几个区就饿死、病死两万多人，外出讨饭者有几万人，境内西北部一些村庄成为“无人区”。（19 页）

《中共馆陶县历史》记载：中共冀南第三地委于 1938 年 8 月成立，辖邯郸、广平、成安、永年、肥乡、鸡泽、南和、曲周 8 县。1940 年 5 月增辖馆陶、丘县两县。1943 年 10 月上旬，冀南区普遍发生霍乱病。馆陶县儒林（今属丘县）、来村（今属曲周）、法寺等村，10 天内病死 370 人，有的户几天内死绝。先死的还有人埋葬，后死者已无人埋，任其尸体在室内腐烂。面对严重疫情，党、政、军紧急动员，在医药严重缺乏的情况下，组织群众土法消毒，防止霍乱病蔓延。（120 页）

（馆陶县刘清月同志提供）

丘县霍乱流行，人口死逃过半

——《中共邯郸史话》和丘县史料的记载

《中共邯郸史话》记载：当时流传民歌曰："民国三十二年，冀南大荒旱，穷苦的老百姓遭受了灾难。"元城（今大名）一区每日每村死亡5至10人。丘县面积400多平方公里，1943年前全县有人口8.8万人，灾荒后只剩下4.2万人。（155页）

《丘县志》记载：1943年9月，大旱之后连降七昼夜大雨，群众房倒屋塌，熄火断炊，霍乱流行，死逃过半。（38页）

1943年，霍乱蔓延，病死者众。（144页）

1943年，由于旱蝗成灾，病疫流行，县民死逃过半，灾后只剩43896人。（153页）

1943年，冀南春夏无雨，赤地千里，从9月13日起，又连降大雨七昼夜，房倒屋塌，霍乱流行，灾民饥无食、医无药，户内存尸，户外暴尸，无人掩埋。（752页）

《烽火年代》第二辑（1991年8月出版，作者张力争）记载：

1943年，冀南一带发生了史无前例的大灾荒。丘县8月下旬连降七天七夜大雨，沥涝成灾，到了冬季，霍乱病已流行全县，因冻饿和染病而死者渐渐增多，先死者有人埋，后死者无人管。据灾后统计，1943年前全县有85818人，灾后只剩下43896人。

《丘县文史资料》第一辑何林青文章中说：从1943年9月19日起，丘县连下七天七夜雨，灾民无米下锅，无干柴生火，熄火断炊。10月上旬，普遍发生瘟疫霍乱、痢疾，自北向南、自西往东蔓延，死于霍乱、痢疾者比比皆是。李省庄两天之内就有10余人染病致死。同年8月，据二、三、四区不完全统计，有476对夫妻离散，702户卖儿卖女，3667人逃荒要饭，倪宋村有860人逃荒。（191–192页）

胡延年在《1943年大灾荒中我家的悲惨遭遇》一文中说：1943年丘县发生了历史上罕见的大灾荒。我的家乡胡南庄患霍乱病的人很多，一天就病死七八人。后来死的人太多了，人们饿得没法抬了，只好将死者就近埋葬。

由于病饿，我母亲和二弟先后去世，父亲把姐姐卖到鸡泽，把二哥卖到任县，把小妹卖给人贩子，至今下落不明。

一天深夜，天下着大雨。我爹也得了霍乱病，上吐下泻，小腿抽筋，疼痛难忍，不大工夫就身上发紫、眼窝深陷，眼看快不行了。（207–208页）

《邱县抗战八年大事纪要》韩觉民、何林青一文中说：人们外逃前，普遍以蝗虫、野菜、树皮、树叶充饥。马头南胡庄发生了一起吃人肉的事情。霍乱、痢疾、伤寒传染病流行，由于村民的严重营养不良，抵抗力极差，无医缺药，在一个村庄传染、蔓延极快。

（馆陶县刘清月同志提供）

血泪斑斑四三年

——《巨鹿文史资料》第三辑

1943年，正值日本疯狂侵华，抗日战争环境十分恶劣之际，巨鹿县春夏无雨，出现了历史上罕见的特大旱灾。日军实行“三光”政策，地主富农压榨剥削，各种疫病流行，天灾人祸交加，全县人民处于水深火热之中。

这一年，大批人口外出逃荒，未逃走的群众，几乎所有青壮年都被敌人抓走修筑据点、炮楼。劳苦群众由于长期忍饥挨饿，体力极差，无力耕种田地。虽然农历七月间下了透雨，还是大片土地荒芜，收成无几。敌人不断“扫荡”，将群众财物抢劫一空，人们过着糠菜都吃不饱的苦难日子。再加上霍乱病大流行，大批劳苦群众活活饿死病死。据统计，全县当年逃荒要饭的67978人，活活饿死的17920人，妻离子散的4824人，卖儿卖女的3992人，至今未归的3043人。当时，到处野草丛生，一片荒凉，就连街上院内也长满了齐人高的蒿草，街中只有一条单人行的羊肠小道，呈现出无村不吊孝、处处有哭声的悲惨景象。

据调查：小吕寨镇大吕寨村，1941年全村76户、397人，1942年外出逃荒的就有28户，1943年又有20多户外出逃荒。这些外逃户中有的家中留有一人或二人，多是老人。外逃户和留下的户中的青壮年多是买卖估衣、土布来维持生活。有的户能勉强维持住，有的就维持不住，只好把家中的土地、房产变卖维持生活。灾年期间连给日伪军和维持自己生活用，拆掉好房就达300余间，有的户家中无人就全被拆光了。灾年期间全村共饿病死117人，这些人中大部分是老人、小孩和不能做买卖的户。灾年后至今未归的有韩香奎、李玉林等四户。

又据调查：西郭城乡柳洼村，1941年全村共有156户、660人。1943年外出逃荒的有55户，外逃一家留一人的有38户。灾年期间共饿病死230余人。小路家4口人全死了，共绝户了8户。好夫妻离散的13对，外逃未归的8人。

地处东北部共产党活动较早的老区，敌人烧杀抢劫更加疯狂，苦难更为深重。1959年，据闫疃公社小队长以上干部会议上逐户逐人的回忆：1943年逃荒在外的13223人，活活饿死的4883人，卖妻子的403人，卖孩子的801人，被敌人杀害的447人，因生活困难被迫自杀的56人。有些重灾村情况更为严重，东旧城一大队，当时只有100来户，1943年饿死病死近百人，平均每户1人，贫农刘俊九一家5口人全部冻饿而死。

在那暗无天日的日子里，广大劳苦群众到处都是绝路。在家忍饥挨饿，挣扎在死亡线上；外逃也是乞讨受辱，没有生路可走。据统计，全县饿死在外的就有490人，不少人全家死亡在外地至今尸骨未归。这些悲惨情景在全县人民心中留下了永不磨灭的记忆。

（王俊绵　左宝珍）

“霍乱流行，尸横遍野”

——《冠县志》《冠县卫生防疫志》的记载

《冠县志》（齐鲁书社2001年12月出版）大事记记载：

1943年春，连续3年大旱，河渠干涸，土地龟裂，寸草不长，颗粒不收，加之齐子修匪部抢掠，霍乱流行，县境东部成为“无人区”，出现了掘尸而食的惨景。县、区党政机关领导全县开展赈灾自救。

1943年年底，因天灾人祸，县内贾镇东有63个村庄成为“无人区”，死亡民众2.11万人。其中桑阿镇周围有33个“无人村”，死亡1.1万人。

1944年春，抗日民主政府发放大批生产救灾粮款，仅第一、第二、第三、第四、第五、第六区即贷粮26.64万公斤，贷款397.7万元，发放救济款5.2万元。

1944年7月，县境蝗虫成灾。

1944年夏末，蝗虫、蝼蛄成灾。县委、县政府带领人民扑灭蝗虫、蝼蛄。

《冠县志》中的卫生体育志记载：

1943年，霍乱流行，尸横遍野，最严重的辛集、定远寨、贾镇、桑阿镇一带，自然灾害加霍乱、副霍乱，成为“无人区”。建国后，加强对霍乱病的防治，普遍注射预防疫苗，使霍乱病逐渐绝迹。

《冠县卫生防疫志》记载：

1943年，春旱，秋涝，蝗蝻遍地，霍乱流行。民大饥，外逃卖儿女，死者相枕。桑阿镇一带成为“无人区”，伪杂具抢强食弱至掘新尸而食，幸抗日政府救济。

1943年，春夏大旱，颗粒无收。秋，霍乱流行，死亡甚重，以冠县、堂邑2县最重。冠县的贾镇、定远寨一带，堂邑县的辛集一带变为“无人区”。莘县俎店一带20个村庄，死亡150余人。

冠县霍乱大流行，黑若仙罹难大李村

——《山东女烈士传记》的记载[①]

黑若仙，原名黑丽清（1911—1943 年），是我的同胞姐姐，也是我走向革命道路的引路人。我们的家庭，是山东省临清市的贫苦市民，家中常常吃了上顿没下顿，生活十分困难。旧社会的饥寒交迫，艰难辛苦，在我们幼年的时候就深深领略到了。贫困生活磨炼了姐姐的意志，培养了她坚强的性格。至今想起她来，她那坚强的勇往直前的精神，仍然使我深受感动。

姐姐自幼喜爱读书，尽管家庭经济困难，还是想尽办法进入县立第一女子小学上学，后在山东聊城省立第三师范女子部肄业。第一次国内革命战争时期，她受当时进步思想的影响，在北伐战争期间回到本县参加了革命活动，组织临清县妇女协会，带头剪发、放足，宣传男女平等、妇女解放。虽遭封建势力的讽刺谩骂，她却毫不畏惧。她还热情地配合沈廷相同志组织农民协会，宣传“打倒列强”、“打倒贪官污吏、土豪劣绅”。后因国民党叛变革命，革命活动遭到了破坏和禁止。

姐姐求知心切，只因家庭无力供她读书，1930 年她便去临清县城西南关小学任初小教员。她积蓄了微薄的收入，于 1935 年考入临清联立乡

① 本文作者为黑伯理，系黑若仙的弟弟，曾任宁夏回族自治区政府主席、第七届全国政协常委。

村师范。毕业后到临清第一完全小学当了教员。在我们这一带，她成为引人注目的妇女界革命知识分子。姐姐热爱教育事业，思想进步，向学生灌输爱国主义思想，热情关心学生们在思想上的进步。

1937年4月，姐姐由徐运北同志介绍，光荣地加入了中国共产党，并任中共临清临时特别支部委员。她和支部书记李葵园、委员颜竹林经常对青年进行抗日救亡的宣传工作，提高青年的民族觉悟。姐姐还与临清市的尉迟修职、尉迟修芬、王毓麟等同志，组织地下巡回图书馆、时事座谈会，开展地下革命活动。

"七七"事变后，日寇沿津浦线南侵，北平、天津、沧州相继沦陷，11月份又占领了临清。环境迅速恶化，姐姐及同志们与上级党组织失去联系，她带领我们暂时转移到乡间。在乡下，同志们计议，把在乡村和群众有较多联系的同志留下，其他同志去山西临汾八路军游击干部训练班或径直去延安找中共中央。长途跋涉，危险而艰苦，姐姐身体瘦弱，大家担心她的健康，劝她留下，母亲也舍不得她走。姐姐却固执地非要去找抗日队伍、找党组织不可，她说："走的决心我是下定了，为了抗日就是死，我也心甘情愿。"姐姐的话打动了大家，我也很感动，即偕同她离别了故乡。

那时日寇控制了平汉铁路北段，我们只好先步行到泰安。一路上，姐姐和大家一起爬山越岭，忘记了饥饿和疲劳，来到泰安，听说这里有抗日的"民先"山东省总队组织，我们喜出望外，立即去找。总队部的负责人孙陶林接见了我们。他要我们留在山东做宣传工作。当时，山东非常需要唤起群众、开展抗日救亡，敦促国民党军队抗日的宣传鼓动工作。"民先"山东总队部即把我们介绍到济南第三路军政训处（即平津流亡学生集训处）。

日寇步步逼近，济南即将陷落，一天夜里，我们奉命乘军用火车开往济宁。时届严冬，车无棚顶，凛冽的北风吹得大家浑身发抖。这种情况，对刚从学校出来的男女青年来说，是很难忍受的，可是若仙姐却毫不在意，行车几小时，没说一声苦字。

我们在济宁住了不到一周，又要转移去曹县，这次是夜间徒步出发。行军中，姐姐双脚起了泡，体力也有些支持不住了，需要我扶着她才能走。我很着急，又心痛她，即劝她说："我看这样下去，你真受不了，不如到考城时，我把你送到亲友家住下来吧。"她听后非常恼火，严厉地批评我："你这是什么话？长途行军是战时所不可避免的，难道打仗就那么容易吗？你愿意扶我走更好，不愿意扶我，我自己会走的！"我被她训斥得没有话说，只好依着她，搀扶她继续前进。姐姐终于以共产党员的顽强毅力，战胜疼痛和疲劳，一瘸一拐地走完了几百里路，来到了曹县。

1938 年初，我们对敌斗争的战略方针是，同日寇开展游击战争。这时需要一部分人员到敌人后方发动群众。若仙姐第一个报名要到敌人后方去，坚持敌后游击战争。在她带动下，我们姊弟 4 人（包括我爱人王震凡）都报了名，一起回到山东第六专区（聊城）。省委代表张霖之、特委书记徐运北分配姐姐和震凡到东阿县西城铺开展农村工作。这年初夏，党组织又调若仙去冀南区八路军一二九师所在地的党校学习。结业后，临清日寇撤走，她被分配到临清开展妇女工作，与李蕴华同志一起组织成立县妇女救国会。后来，姐姐领导的县妇救会成了当地最活跃、最有战斗力的群众组织之一。

1938 年 11 月间，临清二次沦陷，若仙和县的领导同志连同妇救会的大部分干部，转移到城北十八里村一带，开展群众工作。八路军一二九师驻临清联络处成立后，日寇再次撤离临清，在联络处的掩护下，她又返回临清工作。1939 年春，若仙调第一地委妇委工作，在随八路军一二九师先遣纵队东下开辟泰西根据地时参加了有名的琉璃寺战斗。战斗结束后，部队疏散机关人员，若仙和刘慧溪、赵春英同志又返回冠县。一路上敌情十分严重，她不顾自己，却热情地关心着同志们。赵春英感动地说："若仙同志真是我的好老师，她引导我走上革命道路，工作上指教，生活上关心，房东大娘说她像我的母亲，这一点也不过分。"

若仙姐入伍后，党需要她干什么，她就干什么，从 1939 年春到 1943 年春，组织多次调动她的工作，她都愉快地服从分配。4 年中，她先后在地委宣传科（任宣传科长）、地区文联、卫东中学、地委编审科、地区抗联分会（任妇女部副部长）、鲁西区第一地委妇委工作。无论干什么工作，她都认真干好。

在地委宣传科和编审科时，她负责编辑该地区党内刊物《洪流》、《堡垒支部》和鲁西特委机关报《抗战日报》，她努力学习，孜孜不倦，把上级指示精神体现于党报党刊之中，把报刊办得富有战斗力。她修改文稿一丝不苟，及时把抗日的胜利消息、党员的模范作用、对敌斗争的形势任务宣传出去。她在卫东中学任理论教员时，抱病工作，认真备课，理论联系实际，有时遇到敌人"扫荡"袭击，她同师生一起同甘共苦，晚上宿营野外，白天照例上课，受到师生们的赞誉。姐姐带病工作，始终保持着饱满的政治热情。

1943年8月，鲁西一地委合并到冀南区，这时正值全党开展整风，地委的干部需要集合到太行学习。从聊城去太行，要经过敌占区，若仙姐有病，地委领导上为照顾她，要她留在本地，但她坚持要去。出发后，果然遇上日寇在平汉线邯、磁一带"扫荡"，若仙姐怕连累同志们而返回。但她并不甘心落后，又二次去太行，不幸途中患疟疾，只好再返回，住到冠县南部的大李村。

这时，冠县霍乱病大流行，又加灾荒严重，有的村庄一天死人一二十个。若仙姐和群众同甘共苦，挖野菜、采树叶，在病饿交加之中，还坚持工作。不久，她也染上霍乱病。一天晚间，她的霍乱病突然发作了，吐泄不止，肠胃剧痛。战争年代，缺医少药，群众束手无策，一直闹到次日凌晨，她的心脏停止了跳动。那时，我正在冠县北部接近敌区的村庄督征公粮，闻讯赶来，已是敬爱的若仙姐入墓前的一刹那间了。若仙病故后，人民政府追认她为革命烈士。

1945年8月14日，日本帝国主义宣布无条件投降，抗日根据地的人民普天同庆。在欢庆胜利的时刻，党和政府缅怀革命先烈，1946年12月10日，临清县文教、妇女界为若仙召开了追悼大会。会上，同志们悼念她说，"若仙同志是当地妇女界的革命先行者，党的好女儿，她的斗争勇气和埋头苦干的精神，刻苦学习的精神，都是非常出色的……”若仙同志的一生，是战斗的一生。可惜她的生命太短暂了，她还有很多事情要做，她的革命精神，将永远激励后人为完成她的未竟事业而努力奋斗！

（本文写于1946年冬、修改于1979年。
原载《山东女烈士传记》，山东省妇联1982年编）

霍乱一直流行到1948年

——《聊城地区卫生志》的记载

1943年，莘县、冠县、堂邑县（后划归聊城和冠县）旱灾，田地绝收，霍乱流行，饥病相加，民多死亡，生者外逃他乡。冠县的辛集、定远寨、桑阿镇一带成为“无人区”。

1948年，朝城县发生霍乱，人民政府积极防治，未造成大流行。东阿、冠县两县，从1943年到1948年曾多次流行霍乱。

莘冠聊堂出现“无人区”，聊城县死亡 6 万人，活人相食

——《中共冀鲁豫边区党史资料选编》的记载

在《中共冀鲁豫边区党史资料选编》第二辑专题部分一书中，有聊城地委党史委杨明坤同志执笔撰写《鲁西北艰苦卓绝的抗灾救灾斗争》一文。该文中记述了莘冠聊堂“无人区”的悲惨情景：

抗日战争时期，鲁西北几乎有一半时间是在重灾荒中度过的。从1939 年开始，接连发生了水、雹、疫（系由日军多次撒放霍乱、鼠疫等菌所致——编者注）、旱、蝗 5 种灾害。敌祸天灾，曾一度使冠（县）堂（邑）公路两侧、马颊河两岸约 1500 平方公里的土地上，形成了涉及莘县、冠县、聊城、堂邑 4 个县 10 多个区 1000 多个村庄约 40 万人口的骇人听闻的“无人区”；使冀鲁豫第三专署（即鲁西北专署）的 1.8 万顷可耕地荒芜 0.75 万顷。为了生存，为了抗日，鲁西北各级党组织带领人民进行了艰苦卓绝的抗灾救灾斗争。

马颊河与冠堂公路交叉一带，在抗日战争时期分别是莘县、冠县、堂邑、武训、聊堂边、冠堂边、永智等县辖区的一部分，即现在的山东省莘县、冠县、聊城市（今东昌府区——编者注）、临清市结合部。因这一地区是贯通冀鲁豫与冀南抗日根据地的咽喉，战略位置十分重要，所以敌我争夺甚为激烈，受敌摧残也更为严重。

从1942年开始，日军为进一步侵占冀鲁豫和冀南抗日根据地，对这一地区加紧了军事进攻和经济掠夺，实行了残酷的“三光”政策，在冠堂公路两侧挖掘数米、宽数丈的封锁沟，安设了无数碉堡、据点，疯狂地制造“无人村”、“无人区”，以破坏我抗日军民的生存条件。

盘踞该地区的国民党土顽齐子修、吴连杰等部数万人，也加紧与日伪勾结，积极向抗日军民进攻。在老百姓生活已经极端困难的情况下，他们依然苛捐杂税层出不穷，到处烧杀抢掠，看到谁家的烟筒冒烟，便去抢粮；一看到群众耕地，便去抢耕牛和种子；实在没东西可抢，便去摘门窗。日伪顽三位一体的残酷烧杀掠夺，使这一带农村经济严重枯竭，就连部分富农都失去了抗灾能力。

正在这时，鲁西北又遇到了百年未有的大旱灾。1941年旱情就特别严重，粮食收成很少。1942年秋至1943年8月，从未下过透雨，马颊河两岸与冠堂公路两侧一带是高亢地，旱情更为突出。

敌祸天灾的双重逼迫，使这里的抗日军民遇到了难以言状的困难，毫无抗灾能力的群众和与民同命的党政军群机关工作人员，从1942年秋后开始，只好以糠菜代食，以草籽、棉籽、树皮等充饥。后来这些东西也吃光了，群众便开始了毫无目的的大逃亡。去河南，闯关东，从这庄逃到那村，从这城奔往那城，挣扎在饥饿和瘟疫的死亡线上。聊城县（包括原聊堂和堂邑县的大部分，下同）逃荒者达64%。许多人为了活命，卖掉了妻子儿女和田地家产。1942年冬至1943年春，老人、孩子大批死亡。开始还有人掩埋，后来连埋尸也无法顾及了，屋中、村内、路旁到处都有死尸。

这时人相食的现象不断发生。据当时在冠县桑阿镇一带工作的马子宽同志回忆，他曾亲眼看见几个无力的妇女，割下路边一个死人身上的肉，准备带回家去吃。桑阿镇的一个小孩，被袁菜庄的王 ×× 逮住烧着吃了。杜庄的牛 ××，曾吃过3个活人。

桑阿镇附近的大花园头村，原有90多户、400多口人，其中逃亡的有80多户，12人被抓丁，6人服劳役饿死，32名青年妇女改嫁他乡，6

个不满14岁的女孩子被父母卖掉，14个吃奶的婴儿被遗弃，64口人饿死，12户全家死绝。茉莉营村，原有195户、979人，牲畜102头，房1200间，其中饿死212人，被敌人抓去失踪284人，被打死11人，外逃460人，死绝14户，被敌烧房935间，耕畜全被抢光，全村仅剩下12人在家吃树皮树叶，有时偷吃死人。

据统计，大花园头、烟庄等33个村，死亡1.1万多人；桑阿镇一带的63个自然村，死亡2.1万余人；聊城县死亡6万余人。这时，在以桑阿镇、辛集、堂邑为中心的漫漫大地上，尸横于野，树无绿叶，户无炊烟，呈现出一幅人类洪荒世界的悲惨景象，发生了历史上罕见的“无人区”。

1943年早春，灾荒更为严重。中共鲁西北地委和专署虽然对灾区采取了一系列急赈措施，但饥饿和瘟疫仍以难以想象的速度蔓延开来，受灾的村庄达1000多个，数十万人断了粮菜，其中上百个村庄已基本无人。于是，鲁西北党组织采取紧急措施抗灾救灾，组织粮款，实施急赈；开展借征运动，就地自赈；有组织的安置难民逃荒，外地求赈，通过上述一系列措施，鲁西北的灾荒得到缓解。

鲁西“虎里拉”蔓延到济南

——《济南时报》的报道

最近我国部分省市发现了“非典型肺炎”疫情，党和国家领导人及各级政府都十分重视，及时采取了多项有力的措施，进行救治和全面的预防工作，充分体现了对人民群众的关怀和负责。

60年前（1943年），山东也曾发生过一次大范围的疫情，但那次却不是天灾而是人祸。是丧心病狂的侵华日军对我游击区军民进行的卑鄙无耻的细菌战。

罪恶昭彰的侵华日军“七三一”部队的孪生兄弟“一八七五部队”，又称“北支那防疫给水部济南派遣支队”，自1938年在经六纬六路建立从事细菌战的试验室（1942年迁至经六纬九路，遗址在今省物资集团办公楼后的那座3层小灰楼），灭绝人性地以中国活人做实验，培养了大量细菌。一八七五部队于1943年8月在山东鲁西地区的卫河流域临清、馆陶一带撒放了大量的霍乱病菌，待人畜感染后，日军还决开卫河口，致使洪水泛滥，驱赶病人四处流浪，扩散和蔓延疫情，制造了日寇侵华史上规模最大、致使中国人民死亡人数最多的“十八秋鲁西霍乱作战”，死亡人数高达20多万人。

霍乱病当时叫“虎里拉”，是英文（Cholcra）的译音，也有人说成“虎来拉”，“老虎来拉人了”，你说这病吓不吓人？感染“虎里拉”后，患者剧烈呕吐，下泻不止，严重脱水，迅速消瘦，极度虚弱，几天内死亡，传染速度很快。一人得病后，全家人甚至左邻右舍都难以幸免，病菌造成尸横遍野，许多村庄都成了“无人区”。

鲁西地区的疫情很快就波及济南。当时统治济南的日伪政权为掩盖其罪恶行径，一面造谣说“鲁西支那人患了传染性霍乱”，一面在济南市区严加控制，那时街头巷尾几乎每天都可见到日本鬼子兵穿着“白大褂”押着中国劳役工人拉垃圾车，车上横三竖四地躺着奄奄一息的“虎里拉病人”。据当时曾目睹过的老人讲，这些病人还未死就被活活烧掉。那时有拉肚子的人，总是千方百计地躲藏，以免被鬼子误抓去烧死。

笔者小时候，曾在所住的所里街上亲眼看到一个要饭的中年男子被日本兵扔在车上拉走了。此后一直再没听到他的下落，想是已经被害了。那时候我们中国人的性命像猪狗一样，得病后不但没有药物治疗，还要任日寇宰割。

近日，鲍市长在《泉城夜话》电视现场和医务专家与全市人民共商预防“非典”措施，解答市民关心的问题。此情此景，与60年前发生疫情相比，真是两重天地，使人感慨万千。

（本文作者乔润生，原载《济南时报》2003年4月29日第13版。济南市政协文史委主任秦一心提供）

以上第三部分“地方文献资料摘选”资料来源：

崔维志、唐秀娥主编:《鲁西细菌战大屠杀揭秘》(修订版)，人民日报出版社2003年版。

四、相关调查报告

1943 年卫河流域决堤调查实录

崔维志　唐秀娥

日军在中国实施了无数次的细菌战，据已公布的史料记载，每次细菌战的死亡人数，少则数千人，多则 9 万人（云南，估计数字，尚未得到核实），而鲁西细菌战仅据日军细菌战犯在 24 个县的调查统计，即有 42.75 万人死亡，从而使该细菌战成为人类历史上、日军侵略战争史上规模最大、屠杀和平居民人数最多的一次细菌战。

鉴于鲁西细菌战屠杀中国人民的数字特别大，且有当年日军战犯详细供词作证，而受灾地区的民间调查取证工作一直未进行，加上崔维志曾多次向有关方面发出邀请，会议决定立即组织力量对该细菌战进行调查。

在常德会议期间，王选女士与崔维志研究了赴鲁西、冀南调查取证的时间、工作方案及准备事项。会议结束后，崔维志即紧张地进行调查的前期准备工作，向山东、河北两省及鲁西细菌战重灾区聊城市有关领导汇报，邀请新闻单位，联系调查路线，确定取证当事人。

鲁西细菌战民间调查取证组在王选和崔维志带领下，于 2002 年 12 月、2003 年 2 月、2003 年 4 月三次赴鲁西、冀南调查，随行的新闻媒体有中央电视台、新华社、山东电视台、《南方周末》、《齐鲁晚报》等单位。调查取证工作历时 16 天，行程 3500 公里，先后访查了山东省聊城、济南、临沂和河北省邢台、邯郸等市的 8 个县区，采访细菌战受害者及其亲属、知情人200余人，查阅了大量的地方史志资料，取得了许多非常重要的第一手材料。当地老百姓的血泪控诉和地方资料记载，完全印证了当年日军实施大规模细菌战屠杀中国和平居民的血腥暴行。

参加第一次调查的人员，除了王选和崔维志以外，还有王选助手、复旦大学博士研究生张启祥、唐秀娥，中央电视台郭岭梅，新华社谭进，山东电视台张培宇、袁敬宇、岳吉明，《齐鲁晚报》高祥，《南方周末》王景春等。

原籍浙江省义乌市崇山村的王选女士，代表日军细菌战中国受害者状告日本政府，历经6载，开庭29次，在极其复杂的政治环境中同日本右翼势力作斗争，饱经磨难，历尽风霜，仅个人支付的车船飞机票、住宿费已达160万元人民币。王选女士以其坚韧不拔的斗争毅力，艰苦细致的工作作风，撑起了中华民族的脊梁，为人间正义、世界和平作出了卓越贡献，赢得了中外人士的一致赞誉，中国人称她是“愤怒的莲花”、“中国的铁娘子”，美国人则称她为“中国的民族英雄”。《死亡工厂》一书作者、美国作家谢尔顿·哈里斯说：“只要有两个王选这样的女人，日本就会沉没！”

2002年，王选以最高得票领军《南方周末》年度人物，以高票当选《中国妇女》时代人物、新浪网十大年度风云人物。我们刚到鲁西，电话又传来王选的喜讯，她被评选为中央电视台“感动中国2002年度人物”。

被调查组成员称为鲁西之行“指导员”的郭岭梅系名门之后，中国著名诗人郭小川的女儿。《团泊洼的秋天》一诗可说是无人不晓。郭岭梅为再现日军在华细菌战，足迹遍及大江南北，历经千辛万苦，费时一年半，终于胜利完成《不只是“七三一”》大型纪录片的拍摄制作任务。我们抵达鲁西之时，正逢中央电视台一套节目播放该片，这无疑是对鲁西细菌战调查取证工作的莫大鼓舞。

新华社的谭进同志，近几年来一直与王选奔波祖国各地，搜觅日军细菌战史料物证，撰文摄影，为这段历史留下了大量极为珍贵的资料。在聊城大学门内宣传橱窗中，我们无意中发现了谭进被评为中国新闻奖的摄影作品——《古祠堂里的民主选举》，可见他是大家手笔，技艺不凡。

我们二人是鲁西细菌战历史资料的发掘者、宣传者，同时也是这次调查活动的邀请者和主持者，十几天来一直为促成这次鲁西之行而忙碌着。王选、郭岭梅、谭进等一行的到来，使我们欢欣鼓舞、精神振奋。

在鲁西细菌战特大惨案发生59年后的2002年12月，这些为调查日军细菌战罪证、主持或推动对日索赔工作作出重大贡献的人物，终于来到日军实施的最大规模细菌战受灾地区，看望受害者及其亲属，寻觅当年日军罪行的人证物证。

调查组到来的消息传开，政协的同志来了，宣传部的同志来了。他们帮助排查重点乡镇村庄、查找受害者，搜集地方史料图表，安排接待，忙得不亦乐乎。临清市委宣传部副部长兼市新闻出版办公室主任井扬、市精神文明办公室副主任陈春生、市政协文史委主任张学民，临西县政协办公室副主任周军、陈连国，原馆陶县政协文史委主任刘清月，冠县政协文史委主任满蕴德、宣传部新闻科长杨庆春，济南市政协文史委主任秦一心，自始至终陪同了当地的调查取证。

据日军战俘交代，当时日军实施鲁西细菌战采用了两种手段，一是将霍乱菌撒在水漫两岸的卫河，然后将西堤决开，水淹地势偏低的冀南平原扩散细菌；二是用飞机、步骑兵将霍乱菌撒于地势偏高的卫河东岸陆地，驱赶村民四散奔逃扩散细菌。于是，调查组将工作重点放在日军决堤与陆上撒放细菌上。我们首先调查日军卫河决堤。

日军战俘交代，当年日军曾在卫河临清、馆陶段5处地方决堤，而我们仅掌握4处具体地址：临清县（今山东省临清市）临清大桥附近、临清县城附近的小焦家庄、临清县尖冢镇附近（今属河北省邢台市临西县）和馆陶县（今属河北省邯郸市）。当年日军秘密调查统计，这4处决堤后，受灾面积达2884平方公里，受灾居民近200万人，因霍乱、水淹、饥饿而死的中国老百姓达8.93万余人。2002年12月，我们调查了临清大桥、尖冢镇和馆陶3处决堤点；2003年2月、4月调查了小焦家庄决堤点，并再次调查了馆陶决堤点。在调查小焦家庄时，又发现了花园村决堤点。这样，我们的调查与日俘交代的决堤地点数目正好吻合。

当地老百姓对1943年秋卫河决堤发大水、爆发大规模霍乱、死亡大批老百姓的悲惨景况记忆犹新，他们怀着无比愤怒的心情，用一桩桩、一件件触目惊心的事实向我们控诉了日军当年的血腥。

临清大桥决堤，杀害中国居民3.23万人

据当年日军第五十九师团第五十三旅团独立步兵第四十四大队的矢崎贤三供述：四十四大队将临清大桥附近的卫河西堤决溃，结果使960平方公里以上的地区浸水，约40万吨以上的农作物和9.6万公顷以上的耕地遭到破坏，6000户以上的中国人房屋倒塌，因霍乱、饥饿、水灾，被杀害的中国和平居民达3.23万人以上。

在临清市先锋办事处大桥村，我们在77岁的回民老大爷沙福堂带领下，来到当年日军临清大桥决堤处。由于河道改造，临清大桥附近的卫河西堤已变成东堤。站在空旷的堤坝上，沙大爷手指今东堤一座水闸处说，那就是日本人扒堤的地方，水是向西淹的，当地老百姓都知道此事。他记得是农历七月决的堤，决堤前日本人还照了相。

闻讯赶来的几位老大爷叙述了当时日军决堤的情景。77岁的刘长延说："那年连着大旱，8月里连续下了七天七夜雨，卫河水漫两岸，鬼子把堤扒开后，从临清、清河到丘县，淹了老大一片。"72岁的王振东回忆说："日军扒堤那年我13岁。我是在东堤上亲眼看到的。那时八路军主力在河西，鬼子在临清大西门扒堤，扒开50多米，洪水一冲，一片汪洋，什么也看不见。老百姓听说日军扒堤，非常害怕，马上集结起来去阻挡，可日军用刺刀逼着不让靠前。发大水，淹得不少……"

水淹后就闹霍乱。79岁的李善文大爷抢过话题说日本人管霍乱叫"虎列拉"（也叫"苛里拉"）。村民们闹肚子，死的多得很，走着走着，一吐一拉，人就不行了。这种病最先是从河对面莘县、冠县传过来的。那时候是大荒年，老百姓没饭吃，身子弱，抗病能力差，得病只有等着死。

而日军遇到患霍乱的就往“红部”（日军第四十四大队司令部驻地，位置在今临清市交通局）拉，先用刺刀挑死，然后垛到铁床上烧。铁床是特制的，下面挖上坑，架上劈柴烧，烧得人吱吱歪歪，腥气遍全城。日军经常烧人，烧的都是青壮年。

老人们还谈到日军强制给临清城居民进行霍乱检查，包括到临清的外地人。日军把男男女女集合在一起，逼着脱光下身，四肢着地撅起屁股，将玻璃管插入肛门抽取大便，检查是否染上霍乱病。大多数居民没有衬裤或短裤，唯一的长裤脱下来，下身只有全裸。日军甚至不给瘦弱的霍乱病人一点穿鞋的时间，就把他们光着脚押到空场上集中。有不从者或动作稍慢者，即遭到毒打甚至刺死。日军每发现有得霍乱病的，就高兴得手舞足蹈。就这样，整个临清城成了日军检验霍乱菌的实验场。

随行的临清市的同志讲，临清市1986年、1992年两次发大水，又发生了霍乱，死了好些人。我们分析认为，这很可能是1943年日军撒放霍乱菌所致，因为细菌在适宜温度下，可附在某些动物身上潜伏五六十年。

访谈结束，我们来到日军“红部”旧址市交通局和棉纺厂，寻觅当年日军遗留的罪证和痕迹。天色已晚，寒风骤起，王选对着唯一一座日军建筑的阁楼拍了又拍。棉纺厂正逢上下班交接，我们透过一群群熙熙攘攘年轻女工的艳丽身影，隐约看到一队队由这里出发、手握铁锹、玻璃管的日军的狰狞面目。

尖冢决堤，富饶美丽的卫河西岸成了人间地狱

刚看完临清大桥，临西政协的同志即来电话，说他们已在另一决堤处西尖冢村等候多时，参加座谈的老人也已集合起来。于是我们立即赴尖冢。

西尖冢村81岁的常书明、76岁的常书德兄弟是日军决堤的见证人。在大堤上，常书德对我们说：“馆陶的鬼子来了一个小队，有30人，带着一挺机枪。穿便衣的八路军游击队就趴在西边，但他们武器孬没敢打。鬼

子扒开堤就走了。淹水后这一带老百姓就都得了‘大病’，当时叫‘霍乱转筋’，上吐下泻，闹肚子，一会就死，一会就死，快着哩！死了老些人，到底死了多少闹不清。陈贵西、张成家都死了不少。”当问他此地原先有无霍乱病史时，他摇头说以前从没听说有得这种病的。

日军细菌战犯难波博、矢崎贤三交代，到尖冢决堤的是驻馆陶的日军第四十四大队第二中队，带队的是中队长蓬尾又一。日军决堤后结果使馆陶北部的曲周县、丘县一部分，临清县河西地区（今临西县），威县、清河县的一部分受到灾害，受害面积约900平方公里，受灾居民约45万人，由于水灾被淹死、因决堤而流行霍乱病致死，以及被水围困饿死的中国居民约有2.25万名。”

当时传令第四十四大队决堤的战犯难波博还交代说：尖冢决堤后，“大水袭击了馆陶、临清、曲周、丘县、武城、清河、威县等7个县，使100万无辜的人妻离子散、家破人亡。洪水过了一个月才慢慢退下去，富饶美丽的卫河左岸已经变成了人间地狱！”

血泪斑斑四三年，社里堡遇到大劫难

2002年12月22日上午我们抵达馆陶具，原县政协文史委的刘清月主任早在大门口等着我们。该县原属鲁西，1965年划归河北省。1943年日军馆陶决堤，大水也淹了刘清月的家乡东杨村，他的奶奶也被霍乱夺去了生命。

据日军战犯大石熊二郎1954年交代，1943年8月29日，日军第四十四大队第三中队30人，在中队长福田武志带领下，由南馆陶（即今馆陶县城）出发，行至东北约4公里的拐弯处决开卫河北堤，洪水淹没了南馆陶方向长16公里、宽4公里的地方，使4.48万余名和平农民罹病，其中由于饥饿、水灾和被霍乱菌杀害的达4500多人。”

可是我们在馆陶了解的情况却与大石熊二郎的交代大相径庭。刘清月主任取出几本县志。《馆陶县志》载：“1943年7月，全县发生特大旱灾，霍乱流行，加上蝗虫遍地，庄稼和草被吃光，仅据卫河以西几个区统计，就死亡两万余人。”与馆陶相邻的丘县、巨鹿也是霍乱重灾县。县志记载，到处尸横遍野，野草丛生，一片荒凉，就连大街上都长满了齐人高的蒿草，村村无人烟，兔子、狐狼乱窜。

1943 年，巨鹿县有 17920 人死亡，外出逃荒要饭的 67978 人（其中死亡在外乡的 490 人），妻离子散的 4824 户，卖儿卖女的 3992 户，至今未归的 3043 人。1959 年，该县阎疃公社召开小队长以上干部会议，进行逐户逐人回忆：1943 年，死亡 4883 人，逃荒在外的 13223 人，卖妻子的 403 人，卖子女的 801 户，被日军直接杀死 447 人；因生活所迫自杀的 56 人。东旧城村当时 100 来户，死亡近百人，其中刘俊久一家 5 口全部死亡。

由今馆陶县城北行，不一会即来到馆陶县城关镇社里堡村南的日军决堤处。因解放后卫河裁弯取直河水易道，卫河旧貌不复存在，社里堡也不在卫河岸边了。刘清月指点着离大堤较远的麦田和棉花地说，河水就是从那里决开，很快就淹没了馆陶、丘县、巨鹿等若干县。我们走进社里堡村南第一家，主人名叫井富贵，今年 70 岁。他听说是来了解日军决堤闹霍乱的，就滔滔不绝地讲了起来：

“卫河决口是晚上，那几年一直是大旱，没想到 8 月里下大雨，而且一下就是七天七夜，水都没了岸。村民光知道卫河决口是发大水冲的，压根儿不知道是日本鬼子干的。8 月里河决口，9 月里闹霍乱。摊上这个病，上吐下泻，手脚抽筋伸不开，揺成个小狗似的，没几天就死。我家 8 口死了 5 人。我家周围算来死了二十七八口。全村当时 823 口人，总共死了一百五六十口，人都是在 9 月半个月中死的。当时全村一片哭叫声，基本上家家都有出殡的!”

当时，井富贵死去的亲人都埋在村边，后来庄子扩建，坟墓被圈在了村中央，坟头又小又坡，基本上都被踏平了。

2003 年 2 月 26 日，我们再次来到社里堡。井富贵大爷说，上次讲的全村死亡人数不够准确，我又算了算，约计死了 180 人。而张志顺老人则说是死了200口。村民们在座谈中说，当时日军决堤后，地势较洼的社里堡后大街，水深近两米，凡是没有砖基的房崖全部倒塌，有3位年老体弱的跑不动，被砸死在屋里面。

在返回县城的路上，我们十几个人都默默无语，王选从井大爷一开始讲就阴沉着脸，就连言谈幽默的谭进同志也眉额紧锁，再也说不出一句话来。是谁给社里堡带来了灾难？是谁使社里堡在半个月中失去200口亲人？而在我们调查组进村前，社里堡人一直认为1943年8月卫河决口是自然发生的，更不知道闹霍乱是日军撒放霍乱菌所致；更可悲的是不光一个社里堡村，整个卫河流域霍乱爆发区的老百姓，都不知道是日军所为！

小焦家庄、花园决堤，两个村庄被冲光

据日军战犯小岛隆男交代，小焦家庄决堤，“造成卫河流域的临清、馆陶、丘县、武城等县的严重水灾，约有11万户67万余人遭受水患，破坏耕地约9.6万町步，由于水灾、饥饿、霍乱蔓延，死亡（中国）居民约3万多人。”

中国地方政府曾于1954年9月对小焦家庄日军决堤作过调查，临清镇农民焦凤梧和隋五里庄农民李兰向政府递交了控诉书。焦凤梧在控诉书中写道：日军决堤，造成临清镇、临清县、清河县一带空前的大水灾，数百万亩良田变成了一望无边的水库，仅临清镇河西4个街，就淹没了5000多亩良田，冲倒了700多家的房子，当时他的12亩地被淹，5间房子被冲塌，致使一家老小流离失所，饥寒交迫。

李兰在控诉书中说：“小焦家庄决堤，致使卫河汹涌的洪水顷刻之间淹没了从临清县、清河县往北直至天津的大片土地和田苗，给我们造成的灾难罄竹难书。仅我们临清县西部130个村庄，就被淹没良田10万多亩，冲塌了新庄、齐店、隋五里庄、胜庄等600多户的房子，淹死了大人小孩15人，庄稼全被淹没，千百万受灾受害的农民，陷于窘困破产、饥寒交迫、流离失所的境地。”

临清市、临西县有3个“焦庄”，但都不是我们要找的位于原临清县城附近卫河西岸的小焦家庄。于是我们只好先去今属临西县的隋五里庄。该村的柏德坤、柏德禄等十几位老人参加了座谈。老人们说，李兰实为李兰成，早已病故。

他们说：1943年8月下旬的一天，日军将小焦家庄东侧的卫河西堤扒开，凶猛的洪水一泻而下，将小焦家庄连人加村全部冲光。当时该村有人口百余。小焦家庄从此消逝。滚滚洪水接着扑进隋五里庄，顷刻之间，村庄、田地成为一片汪洋，平地都能行船。全村80%以上的房屋倒塌，淹死及随后闹霍乱死了100多人。老百姓非常恐慌，纷纷外逃，致使死去的人都没人埋，成群的野狗拖拉咬吃死尸，人们都不敢从隋五里庄路过。周围村庄也淹得不轻，死了好些人，到底一共死了多少，他们闹不清。

在隋五里庄座谈时，老人们说，日军决开小焦家庄河堤后，不仅冲光了小焦家庄，而且也把花园村冲光了。2003年4月，我们第二次到隋五里庄调查，该村退休职工韩金海从齐店村查找到花园决堤时逃出的一位见证人，名叫齐明德。我们即将这位老人接到隋五里庄座谈。

齐明德老人说，花园村被冲不是因为小焦家庄决堤，而是日军决开花园村东侧的卫河大堤造成的。从时间上说，花园村决堤在前，小焦家庄决堤在后。当时花园村有7户30余口人。日军决堤后，洪水一滚而下，将花园村立时冲光，连房基也没留下。他一家7口之所以幸免于难，是因为在临清城当伙计的父亲事先得到消息，雇船过河抢救的家人。

日军还决溃漳、滏阳、滹沱等河

日军战俘交代的材料中仅说决了卫河扩散细菌，而我们在调查中发现，日军还决了漳河、滏阳河、滹沱河等河大堤，致使滔滔洪水一直漫延到天津、北平。

八路军总部参谋长滕代远1943年10月发给中共山东分局书记罗荣

桓、八路军冀鲁豫军区司令员杨得志等人的电报，曾提到卫河及其西北方向的几条河流决口一事，但滕代远当时不知道是日军决的堤；更不知道决口河水中撒有霍乱菌，水流到哪，霍乱死亡也就蔓延到哪。这封电报内容如下："冀南西江报，卫河、滹沱河、滏阳河决口，馆陶以西2/5耕地被淹，磁县、滨河、邯郸地区及下游曲周、永年、鸡泽全被水淹，秋收无望，种麦亦不可能。另报，二分区申号前滏阳沿河以东，任县、巨鹿全被淹没。"

《冀南革命斗争史》一书有着以下的记载：1943年9、10两月，日军乘连续降雨河水大涨之际，将卫河、滏阳河、漳河河堤决开，致使洪水泛滥。据不完全统计，冀南有30多个县受灾，灾民达400余万人。从9月起，霍乱在冀南全区蔓延，巨鹿县死了3000人，曲周县东王堡村死了600人，馆陶县榆林、来村、法寺等村10天内死了370余人，威县南胡帐村死了210人，丘县梁儿庄死了400人，清河县黄金庄死了200人。

关于日军决溃滹沱河大堤一事，我们未查到日俘交代和地方史料证据，但是其上游卫、漳、滏阳3河决口，就是洪水冲也会将该河河堤冲决，因而滹沱河决堤也应记在日军细菌战的账上。

陆地霍乱战，莘冠聊堂出现"无人区"，活人相食

王选女士于12月23日返回上海。王选走后，崔维志带领调查组赴冠县、东昌府区继续进行重点调查。

日军细菌战犯矢崎贤三交代：通过五十九师团3期"讨伐"行动，在中国人民中撒布的霍乱菌在鲁西18个县蔓延，有20万以上的中国人民和无辜农民被霍乱病菌所杀害。矢崎说的鲁西18县，除丘县全部及临清、馆陶两县卫河以西地方外，其余全在地势较高的卫河东岸，即今山东省聊城市大部、德州市一部和河南省一部。也就是说，20万以上遇难者，绝大部分是由日军用飞机、步骑兵陆地撒放霍乱菌所致。

几天来，王选一直催促我们查找日军飞机撒菌的原始资料出处，而一

时又难以查到。情急之下，我们即翻阅王选从日本带来的书刊和材料，结果在日本新闻工作者本多胜一、长沼节夫所著的《天皇的军队——“衣”师团侵华罪行录》一书中查到了。该书第173页这样写道：

“1943年的一天，山东省以范县、朝城县、阳谷县为中心的鲁西平原一带的解放区范围内，突然降下了一些由飞机扔下的罐头炸弹。罐头里装的就是霍乱菌。‘衣’师团（即具体实施鲁西细菌战的日军华北方面军第十二军第五十九师团，司令部驻泰安）的这一作战，其目的就是调查霍乱菌对中国农民的影响。该部队的医生都穿了白大褂，戴了防毒面具，兵士们被告知说，除了自带水壶里的水，绝对不能喝当地的水。这就是‘十八秋鲁西作战’，别名是‘霍乱作战’。”

在卫河以东陆地撒放细菌调查中，电视台的同志期盼能找到日机撒放的罐头炸弹壳，但谈何容易，四处查访未能如愿。

12月23日下午，我们根据西安老干部、在冠县大李村因染上霍乱牺牲的原鲁西第一地委妇女部副部长黑若仙之侄黑宗强来信提供的线索，抵达冠县桑阿镇。黑宗强9月19日给我们来信说道：“看了9月13日《齐鲁晚报》上刊登的《揭露山东日寇细菌战真相》一文后，使我回忆起鲁西大旱年、大蝗灾、大霍乱的年代。”

“当时我只有十一二岁。我们一家住在冠县桑阿镇区大李村、小张庄、王庄及要庄一带。我在抗小读书，叔叔黑伯理在冠县抗日民主政府，姑姑黑若仙在中共地委。他们正准备去太行山参加整风，没想到赶上了日军撒播鼠疫、霍乱等病菌。姑姑染上霍乱病了3天，上吐下泻，发烧，抽筋，被折磨得不省人事。好不容易找到一位扎针医生，可他说已经不行了，扎手指肚也不动了。当时是1943年9月17日。”

“三天后，跟我们在一起的60多岁的祖父，也患霍乱病去世；两天后，在另一村庄住的我婶婶的母亲又染上霍乱去世。5天死了3口人！当时我亲眼看到村里、路上、庄稼地里，到处是埋死人的，有好长时间天天如此，吓得我不敢出门。有的全家死光，没有人埋，惨不忍睹，究竟死了多少人难以计数，成了‘无人区’。”

而黑伯理在1987年发表的革命回忆录《忆黑若仙姐姐》一文中说：1943年，“冠县流行霍乱病，又加灾荒严重，有的村庄一天死20多人。”

我们到达桑阿镇政府后，才知道黑若仙牺牲地点大李村及王庄、要庄已不属桑阿镇，只好先去了小张庄。该村77岁的燕延玉老人讲：“当时我们这一带得‘霍乱抽筋’病的人很多，死的也不少。得上这种传染病的人死得快着呢！报丧都得派两个人，怕一个人在路上死后没人照应，丧信也报不到。我家死了爷爷和奶奶，当时都是60多岁。”80岁的侯云平大爷接着说：“我们这一带不光闹霍乱，还有很多得一种叫‘憨瘟疫’病的，死的人更多。我家就死了3口：奶奶，19岁的姐姐和12岁的弟弟。”

中央台郭岭梅女士介绍说：“‘憨瘟疫’症状像伤寒，肯定也是日军撒的菌。因为当时日军在华北研制了100多种毒菌，每制出一种就在根据地老百姓中撒放，以大量杀害中国人。”

郭编导一番话，使我们联想到1943年日军制造的山东省最大的“无人区”——沂鲁“无人区”里因伤寒而死去的大批老百姓。据分析，也很可能是日军撒放伤寒菌所致。沂鲁“无人区”以临朐县三岔、九山为中心，东起安丘、昌乐西部，西至蒙阴西北部、博山东部，南自沂水、蒙阴北部，北到益都、临朐南部，纵横近100公里。

“无人区”里土地荒芜，荆棘丛生，野有僵尸，路有饿殍，满目疮痍，一二十公里不见人踪。村庄内蓬蒿没人，房屋露天，到处饿狼奔逐，乌鸦啄尸，阴森森令人毛骨悚然。不少村先死者有人埋，后死者无人抬，到处白骨累累，炕上成了狼窝，碾盘、磨顶筑起了鸟巢。行人一站下来，吃惯了人肉的红眼巨鼠直往身上扑。饿狼大白天追吃活人，三五行人不敢上路。1943年秋，八路军一小分队进入临朐南部开辟新区，夜晚因岗哨睡着，结果他们遭到大队狼群袭击，几天后，人们仅在他们住屋内发现了枪支、鞋子和吃剩的骨头。

据临朐县不完全统计，背井离乡逃荒要饭的有164万人，骨肉分离、典妻鬻子的1.4万人，因伤寒、冻饿而死的达10万多人，全县38万人，锐减至8万人。人口稠密的南麻、鲁村（今沂源县）等集镇也几乎断了烟火，大村庄仅剩下几十人，而小村子找不到一个村民。崔维志的原籍南麻镇南埠东村，1942 年一年死了 40 多口，其中就有他的爷爷和奶奶，且是在 5 天之内相继病亡的。剩下他的父亲 14 岁，姑姑 6 岁，最后逃到南沂蒙抗日根据地，才得以活下命来。

12 月 24 日，我们采访了原冠县防疫站站长张腾桥老同志，他说，1943 年，因霍乱、旱灾、日伪军烧杀抢掠，他的老家冠县油坊一带出现了“无人区”，老百姓基本上都死光了。油坊村当时 300 来人，死了 108 口，他家死了 5 口：大爷、叔叔、舅父和两个舅母。

在冠县，我们查阅了多种志书，上面的记载也反映出 1943 年霍乱的严重性。如 2001 年出版的《冠县志》记载：“1943 年，霍乱流行，尸横遍野，最严重的辛集、定远寨、贾镇、桑阿镇一带，自然灾害加霍乱、副霍乱，成为‘无人区’。因天灾人祸，县内贾镇东有 63 个村庄成了‘无人区’，死亡村民 2.11 万人。其中桑阿镇周围有 33 个‘无人区’，死亡 1.1 万人。”

《中共冀鲁豫边区党史资料选编》里的记载，更是使人触目惊心、毛骨悚然：“鲁西北在接连遭受水、雹、疫（主要是日军撒放的霍乱、鼠疫等菌所致）、旱、蝗 5 种灾害之后，出现了大面积的灾荒，冠县、堂邑公路两侧、马颊河两岸约 1500 平方公里的土地上，形成了涉及莘县、冠县、聊城、堂邑 4 个县 10 余个区 1000 多个村庄约 40 万人口的‘无人区’。冀鲁豫第三专署辖区有 1.8 万顷可耕地，其中荒芜 7500 顷。”

“军民们遇到了难以言状的困难，只好以糠菜代食，以草籽、棉籽、树皮、草根等充饥。农村甚至出现了人吃人的惨景和‘早死有人埋、晚死无人抬’的现象。冠县桑阿镇的一个小孩，被袁菜庄的王某逮住烧着吃了；杜庄的牛某曾吃过 3 个活人。为了活命，除少数地主、富农外，几乎家家都变卖田地、耕畜和家产。粮食贵得惊人，1 亩地仅换 3 升高粱。自中农以下的农户纷纷破产。更有甚者，许多人卖掉了妻子儿女，卖人和自卖现象随处可见。当时，许多村庄除走不动的老人外，群众大都逃亡，去河南、闯关外，挣扎在饥饿和瘟疫的死亡线上。”

“据统计，堂邑县逃荒的达64%。还有大批人被夺去了生命。堂邑西茉莉营村原有195户、979人，牲畜102头，房1200间，结果饿死212人，被敌人抓去284人，被打死11人，外逃460人，死绝14户，被烧房935间，牲畜全被抢光，全村仅剩下老弱：12人在家吃树皮树叶，有时偷吃死人。聊城县（包括原聊堂和堂邑县的大部分）死亡6万余人。屋中、村内、路旁到处都可以看到尸体，在以桑阿镇、辛集、堂邑为中心的茫茫大地上，尸横遍野，户无炊烟，狐兔出没，一片荒凉。”

东昌府调查结束后，我们又赴济南市调查了日军第十二军防疫给水部（一八七五部队）、济南陆军医院和“新华院”旧址。2002年12月26日，中央台、山东台的同志赶赴临沂市。他们用了两天的时间，专访了山东省作家、鲁西细菌战历史资料发掘者崔维志、唐秀娥夫妇。

在鲁西细菌战民间调查取证期间，我们还举行了若干次关于鲁西、山东细菌战和细菌战中国受害者对日诉讼索赔斗争的宣传活动。

2002年12月22日晚，聊城大学给我们安排了一场报告会，有近300名师生参加。会上，王选讲述了细菌战的危害和日军细菌战的罪恶以及她的诉讼过程，要求聊城大学师生积极参加鲁西细菌战的调查工作。崔维志在会上讲述了鲁西细菌战，并向师生们分发了《鲁西细菌战大揭秘》一书。聊大的领导对细菌战调查十分重视，当即在会上作了布置。报告会前播放了《不只是“七三一”》纪录片第3集，刚放不久，会场里即传来一片哭泣声。日军细菌战的血腥暴行使师生们感到愤怒和震惊。会后开始座谈，师生们纷纷表示一定要认真参加鲁西细菌战调查，以实际行动揭露日军细菌战的暴行。

12月26日上午，中央电视台郭岭梅编导在山东省政协召开的文史工作会议上，介绍了鲁西细菌战的前期调查情况，要求山东省文史系统的干部积极参与该细菌战的调查工作，以抢救受害者资料。2003年4月18日下午，王选女士在山东大学近千名师生大会上，作了题为《牢记历史、反对战争、热爱祖国、珍爱和平》的演讲，崔维志在会上讲述了日军在鲁西、山东实施的细菌战；当天晚上，山东电视台邀请王选、郭岭梅、崔维志到演播厅作了日军细菌战和中国受害者对日诉讼案的专题演讲。这两次演讲，山东电视台分别于4月18日、27日作了报道。5月11日晚，山东电视台《今日报道》节目播放了纪录片《寻证鲁西细菌战》。

鲁西细菌战调查情况和王选等同志的演讲经报纸、电视台宣传后，各地读者、观众纷纷给我们和媒体来信来电，揭露日军在山东各地及其他地方的细菌战罪行。济宁宋成立老人反映他目睹驻大连的日军用人体实验细菌，屠杀了大批中国人；临沂刘先生反映日军1940、1941年在临沂实施细菌战，使千余名老百姓迅速死亡；平邑县纪委阚泽连同志反映他家的老人曾感染上霍乱，几天内死亡5口人；山东省政协的刘西杰同志反映日军曾在莘县撒放鼻疽菌；定陶县委副书记董超反映日军在鲁西南的细菌战，一个村就死亡50多人；烟台郭宪光、莱阳崔子捷、龙口管金平等先生，反映日军在胶东的细菌战，并发现了细菌战的材料……对上述人员反映的日军细菌战罪行，我们和有关部门正在进行调查。

鲁西细菌战的三次调查工作紧张而又匆忙地结束了。我们获得了大量的日军实施该细菌战的重要罪证，可是需要我们做的工作还有很多很多。

鲁西细菌战的调查仅是初步的，整个面上的调查和中国人民死亡数字的统计任务十分繁重；日军实施的中蒙边境诺门罕，内蒙古临河、五原以及晋冀鲁豫边区、晋绥边区细菌战的调查工作尚未开始；日军还在中国其他地方实施了无数次细菌战，但具体史料掌握不起来，许多细菌战受害者对日军的罪恶一无所知。

日军在中国实施的各种细菌战，曾使数百万中国和平居民悲惨地死亡；当年日军撒播的许多细菌病毒至今尚未完全消灭，仍在威胁着中国人民的身体健康和生命安全，无数中国受害者及其亲属，至今仍在承受着肉体和精神的双重折磨。

卫河决口，洪水一直漫延到北京

——临清城高义贤老人的控诉

2002年12月19日下午，先行抵达临清的鲁西细菌战民间调查取证组崔维志、唐秀娥、谭进、张启祥四位同志，在临清市政协文史委主任张学民陪同下，采访了住在古楼东街的高义贤老人。高义贤，1926年生，属虎的，临清市露庄乡影庄人，离休前任临清汽车配件厂党支部书记。1943年他17岁。

高义贤说："1943年秋卫河大堤决口，具体是从哪里决的口，我不清楚，光知道水很大，淹了好多地方，听说一直漫延到北京。发大水后，我的老家影庄一带就闹霍乱，先后持续了一两个月。得这种病的人死得很快，凡是扎针（针灸）扎得晚的都死了。扎针是往腿弯上扎。我们影庄总共死了五六十口，其中高冬仕家死得最多，有七八口。"

"你们说鲁西区第一地委妇女部副部长黑若仙死于这场流行性霍乱，这个我知道。黑若仙就是我们临清人，她是临清城妇女界、知识界参加革命最早的一位同志，是在冠县染上霍乱牺牲的。这是我从地方资料上看到的。"

"当时冠县闹霍乱的情况我了解一些。我1944年10月参加八路军，给卫生所司务长李建一当警卫员，就活动在冠县、堂邑一带。1942年、1943年，堂邑西北、冠县以东出现了'无人区'，中心为野猫庄、张发庄一带。发生'无人区'的原因，主要是旱灾、疫灾以及日军、国民党杂牌军、土匪的祸害造成的。疫灾就是闹霍乱。在'无人区'中心地带，有的一连六七个村庄一个村民也找不到，连死加逃人都没了！土地全部荒芜，兔子、狐狸到处乱窜。1944年冬，我们在那一带活动时还没有人烟，直到1945年以后才慢慢有了人烟。当时我们八路军除了与敌人打游击外，主要任务就是帮助群众重建家园，部队发给农民粮种，还帮着农民拉犁耕地。"

"说起日本鬼子的罪行，不光是霍乱，他们还到乡下杀人放火，任意祸害我们中国老百姓。1938年，刚刚占领临清城的日军头一回下乡，就在大柳林乡杨庄杀害了28口村民，其中就有我的舅舅。我舅舅被日军逼得跳了水井，跳下去后，日军又用石块往井里砸。日军进入一户农家，把几个女的拖到一间屋里轮奸，然后将这家5个男人的头割下来，扔到村边水塘里漂着。后来村民在收殓时，现把人头一个一个地和尸体对。还有一次，临清城日军出动8辆汽车'扫荡'莘县，一路上汽车狂奔，压死、撞死了好多老百姓。"

临清大桥决堤淹了四五个县

——大桥村刘长延、王振东老人的控诉

2002年12月20日下午，王选、郭岭梅及山东电视台的张培宇、袁敬宇、岳吉明等同志赶到临清，与先期抵达这里的崔维志、唐秀娥等同志会合。经研究决定，首先调查日军临清大桥决堤处。

20日上午，调查组在临清市政协文史委主任张学民和市精神文明办公室副主任陈春生陪同下，抵达先锋办事处大桥村。该村77岁的回民老大爷沙福堂，引导我们来到位于城西的当年日军临清大桥决堤处。由于河道改造，临清大桥附近的卫河西堤已变成东堤。站在空旷的堤坝上，沙大爷手指今东堤一座水闸处说，那就是日本人扒堤的地方，水是向西淹的，当地老百姓都知道此事。他记得是农历七月决的堤，决堤前日本鬼子还照了相。

刚看完临清决堤点，尚未进行座谈，临西县政协的同志即来电话说，参加日军尖冢决堤座谈的老人已集合起来，我们即先赴临西县。12月21日上午，我们复到大桥村座谈。

村干部找来了4位老人，他们是刘长延（77岁）、李善文（79岁）、王振东（72岁）、王忠德（67岁）。几位老大爷叙述了日军决堤的情景。刘长延说："那年连着大旱，8月里连续下了七天七夜雨，那时卫河河道窄，水又大，都平漕了。鬼子就把堤扒开，挖了个大口子，淹了老大一片，从临清、清河到丘县，淹了四五个县。”

王振东回忆说：“日军扒堤那年我13岁。我是在东堤上亲眼看到的。那时八路军主力在河西，鬼子在临清大西门扒堤，扒开50多米，洪水一冲，一片汪洋，什么也看不见。老百姓听说日军扒堤，非常害怕，马上集结起来去阻挡，可日军用刺刀逼着不让靠前。发大水，淹得不少……”

水淹后就闹霍乱。李善文大爷抢过话题说：“日本人管霍乱叫‘虎列拉’（也叫‘苛里拉’）。村民们闹肚子，死的多得很，走着走着，一吐一拉，人就不行了。那时死的人多，没有人埋，谁也顾不了谁，人都吓毁了，都逃走了。这种病最先是从河对面莘县、冠县那里传过来的。那时候是大荒年，老百姓没饭吃，身子弱，抗病能力差，得病只有等着死。”

“而日军遇到患霍乱的就往‘红部’（日军第四十四大队司令部驻地，位置在今临清市交通局）拉，先用刺刀挑死，然后垛到铁床上烧。铁床是特制的，下面挖上坑，架上劈柴烧，烧得人吱吱歪歪，腥气遍全城。日军经常烧人，烧的都是青壮年。日军烧人的时候，不叫中国人看，我们只能在一边偷着瞧。”

老人们还谈到：日本鬼子还强制给临清城居民进行霍乱检查，包括到临清的外地人。日军发现霍乱开始流行，就把村子围起来，把男男女女集合在一起，逼着脱光下身，四肢着地撅起屁股，将玻璃管插入肛门抽取大便，检查是否染上霍乱菌。大多数居民没有衬裤或短裤，唯一的长裤脱下来，下身只有全裸。日军甚至不给瘦弱的霍乱病人一点穿鞋的时间，就把他们光着脚押到空场上集中。有不从者或动作稍慢者，当即遭到毒打，甚至刺死。日军每发现有得霍乱病的，就高兴得手舞足蹈。就这样，整个临清城成了日军检验霍乱菌的实验场。

老人们说，日军还强奸妇女、抢掠财物、要劳工。那时姑娘、小媳妇都外逃了，个别留在家里的都把脸上抹上灰，抹的都是锅灰。老百姓的牛、猪、羊、鸡一扫光，粮食更不用说。要劳工是由伪政权派，一个镇要多少，一个村要多少，都分数，不去不行。当时有钱的人家就花钱雇人顶替，没有钱的只好硬着头皮去。当劳工的人有好些一去不回，不知是死是活。

随行的临清市的同志讲，临清市1986年、1992年两次发大水，又发生了霍乱，死了好些人。我们分析认为，这很可能是1943年日军撒放霍乱菌所致，因为细菌在适宜温度下，可附在某些动物身上潜伏五六十年。

日军先往水井里撒"蒙汗药"

——临清城史道清、李新瑞老人的控诉

2002年12月25日上午，我们采访了住临清城的几名老干部，他们是史道清（89岁，原临清市饮食服务公司干部）、李新瑞（75岁，原市防疫站副主任医师）、梁雁（女，73岁，原武训完小教师）。

史道清说："1943年秋天卫河发大水闹霍乱死人，凡是日军到过的地方都多。日本人管霍乱叫'虎列拉'，当地人都知道日军先在水井中下了'蒙汗药'。临清死人多，都是先喝井水得病，吐泻致死，走路没有劲，能治过来就活下来，治不过来的都死了。"

李新瑞说："我是1949年到的临清，1943年闹霍乱的事我听说过，死了不少人。刘海子、聂园南面一带死人多，因霍乱死人、饿死，成了'无人区'。'无人区'里的野草长得与树一样高，兔子满地跑。我老家是河北省冀县，离我老家一公里远的北午召村闹霍乱，每天都有出殡的。那时老百姓进城，日本鬼子都得先给老百姓打防疫针，不打不准进城；进城后日军还用'管子'往老百姓的肛门里'打气'，我认为敌人是采集大便，检验是否染上霍乱病。"

梁雁说："我老家是堂邑县，这个县以后撤销了，一半划给冠县，一半划给了聊城县。1942年、1943年，日军频繁'扫荡'，土匪经常袭扰，老百姓的地都没法种，晚上都不敢在家睡觉。当时闹霍乱死的人很多，有的村民死了好几天都没人管。在临清城，我亲眼看到一个男的，30多岁，脸上浮肿，在城北墙根走不动，一会就死了。1941年，家长带着我去济南，日军硬逼着乘客检验大便，不检验就不准上火车。原因是鬼子怕霍乱。"

临西小焦家庄决堤调查

日军战俘供述的小焦家庄决堤情况要点

交代揭发人：

小岛隆男（日军第五十九师团第五十三旅团独立步兵第四十四大队机关枪中队重机枪小队小队长）

金子安次（重机枪分队上等兵）

决堤时间：

1943年8月27日（金子安次）、9月中旬（小岛隆男）

实施决堤的部队：

独立步兵第四十四大队51人，知道名字的日军有大队长广濑利善，第五中队中队长中村隆次，机关枪中队中队长久保川助作，小岛隆男，金子安次。

现场指挥官：

大队长广濑利善

决堤后给中国人民造成的危害：

小岛隆男说："冲开决口约150米，造成卫河流域的临清、馆陶、丘县、武城等县的严重水灾，约有11万户67万余人遭受水患，破坏耕地约9.6万町步，由于水灾、饥饿、霍乱蔓延，死亡（中国）居民约3万多人。"

在2002年12月的调查中，由于我们对日军决堤地点不够明晰，一时未查清小焦家庄具体位置，加之调查时间非常紧张，故未能去成。2003年2月，崔维志、唐秀娥二人抵达临清市、临西县调查该处决堤情况。4月，崔维志再次带领中央电视台、山东电视台的同志到该处调查。

今临清市、临西县（1965年，临清县卫河以西地区成立临西县，划归河北省邢台市管辖）境内有 3 个“焦庄”，但都不是我们要找的原“临清县城附近卫河西岸的小焦家庄”。我们抵达临清市柳林镇。该镇驻地的几位老人谈，1943 年秋他们这一带也发生了大规模霍乱，死了好些人，但他们镇的焦庄在卫河东岸，不是日军决堤的那个焦庄。这时，我们突然想起 1954 年我国政府曾对小焦家庄日军决堤作过调查，当时隋五里庄农民李兰曾向政府递交过控诉书，即查询隋五里庄。老人们说隋五里庄今已属临西县，我们即驱车赴临西。

小焦家庄连人加村全被冲光

——隋五里庄柏德坤、柏德禄老人的控诉

隋五里庄位于临清城西北方向 3 公里、临西县城东北方向 18 公里，隶属河西镇，现有村民 1700 人。该村党支书柏继永、村委主任陈金柱对我们的调查工作非常支持，带领我们来到村西一个叫“礼堂”的地方，这里有一二十位七八十岁的老大爷正在闲聊。这些老人是柏德坤（83 岁）、柏德禄（78 岁）、马福太、张连普、韩金臣、石五孝、韩金海等。当我们说明来意后，这些老人便争先恐后地打开了话匣子。

老人们回忆，隋五里庄当年向政府递交控诉书的李兰实为李兰成，此人早已病故。说起 1943 年秋日军扒卫河堤发大水闹霍乱，老人们都知道，并且刻骨铭心，说可把他们村及周围这一带害苦了、冲穷了。“当时天下大雨，卫河水漫上两岸。一天晚上，日本鬼子将小焦家庄（位于隋五里庄东南 2.5 公里）东边的卫河两处大堤扒开，洪水向西北方向一泻而下，立时将小焦家庄连人加房屋全部冲光了。当时小焦家庄有人口百余，绝大部分村民没跑出来被淹死，个别跑出来的也流落他乡。这个庄从此就没了！前些年，小焦家庄还有一座邻村人建的砖窑废墟，现在也没有了。”老人们还说：“洪水不光冲光了小焦家庄，也把花园村冲光了。”

“当晚，滚滚的洪水咆哮着向隋五里庄方向扑来。我们村地势高，村民们急忙在东南村边垒土坝、堵胡同口，可是水越来越大，根本堵不住，不一会儿就冲进村子里。眨眼之间，田地、村庄成为一片汪洋，平地都能行船。全村80%以上的房屋倒塌，村民恐慌异常，纷纷外逃，来不及逃出的就被淹死了。大水过后就闹霍乱。那时得“霍乱抽筋”病的人很多，急剧吐泻，一两天即死去，一家有死好几口的，柏德禄的嫂子和侄女就死于霍乱。全村总计死亡百余口。村里医生扎针救活了不少人。因老百姓都外逃了，以致死去的人都无人埋葬，成群的野狗拖拉咬吃死尸，人们都不敢从我们村路过。周围村庄也因霍乱死了好多人，到底一共死了多少，我们闹不清。”

老人们谈到，闹霍乱之后，日本鬼子逼迫老百姓从临清县城开始，沿隋五里庄、十二里、田庄，一直到清河县的焦塘、王献庄一线，挖了深3米的“行军沟”，每隔2.5公里就建一座炮楼。隋五里庄的炮楼建在村东北角，驻着鬼子一个小分队。王献庄的据点规模最大，驻日军最多。日军每隔一周即外出“扫荡”一次，杀人放火，强奸妇女，无恶不作。八路军曾打过隋五里庄的炮楼，击毙了几名日军，八路军牺牲了一名干部，就埋在村西边。全国解放后，上级来人将这位干部的遗骸迁走了。

老人们还说：有一次，临清的日本鬼子“扫荡”全村，杀害了许多老百姓，光人头就装了两汽车。这是日军回县城经过隋五里庄时，村民们亲眼看到的，鬼子将这些人头挂在县城城门及两侧的城墙上示众，以恫吓根据地抗日军民。

洪水顷刻之间淹没了临清至天津的大片土地

——隋五里庄李兰的控诉书

（1954年9月10日）

这是我一辈子也不会被忘掉的仇恨啊！我们心里都还深深地记忆着：在1943年8月27日的早晨，我们在地里做活，亲眼看到的日本鬼子的滔天罪行。七八十个日本鬼子兵，用铁铲、洋镐将临清镇小焦家庄村东的卫河堤岸掘开了五六公尺，致使卫河汹涌的洪水顷刻之间淹没了临清镇、临清县、清河县北至天津的大片土地、田苗，给我们造成的深重灾难，罄竹难书。仅我们临清县西部130个村庄就被淹没良田10万多亩，冲塌了新庄、齐店、隋五里庄、胜庄等600多户的房子，淹死了大人小孩15人，庄稼全部淹没，千百万受灾受害的农民，陷于窘困破产、饥寒交迫、流离失所的境地。为了给被淹受害的同胞复仇，我们要求政府严惩日本凶犯。

中档（一）119-2，1058，1，第28号

小焦家庄决堤造成临清、清河一带空前大水灾

——临清镇焦凤梧的控诉书

（1954年9月14日）

1943年8月27日，有七八十个日本鬼子，在一个日本军官的指挥下，将卫河西岸小焦家庄村东的卫河堤岸掘开了，造成临清镇、临清县、清河县一带空前的大水灾，数百万亩良田变成了一望无边的水库，给人民造成了严重的灾难，仅临清镇河西4个街就淹没了5000多亩良田，冲倒了700多家的房子。当时我的12亩地被淹，5间房子被冲塌，致使一家老小流离失所，饥寒交迫。日寇这种丧尽天良的罪恶行为，必须给予应得的惩罚。

中档（一）119-2，1058，1，第26号

歌谣：要和日本把账算

忘不了那一年，民国三十二年，

中国的抗战得到了大发展，

共产党、毛主席领导咱，

中国的抗战到了转折点，

日本鬼子的失败就在眼前。

忘不了那一年，民国三十二年，
瓢泼大雨下了七八天。
万恶的小日本，打不过八路军，
竟然决堤把俺根据地淹。
天上下大雨，地下洪水翻，
大人叫、孩子喊，哭声啼声一大片，
男女老幼死得堆成山。
更可恶的是鬼子竟把细菌放，
没有死的人就都得霍乱。
活着的人埋死的人，
回不到家就又死路边。
活着的人埋死的人，
埋不及只好就地掩。

没有饭吃，没有衣穿，
只好拖着棍子去讨饭。
孩子养不起，扔到路沟边，
老百姓在黑暗中哭，在黑暗中喊，
给我们报仇，给我们申冤。

春雷一声震天响，
八路军打垮了小日本，打垮了国民党。
我们把身翻，我们得解放，
我们站起来了，我们过上了好日子，
我们当家做了主人，我们有了权。
可我们要和日本把冤申，
要和日本把账算！

（临西县隋五里庄韩金海收集）

临西花园村决堤调查：我们村就这样没了

——齐店村齐明德老人的控诉

在2003年2月的隋五里庄调查中，老人们谈到日军小焦家庄决堤不仅将该村连人加庄全部冲光，而且也把花园村全部冲光。当问及花园村村民是否全部冲走时，老人们说，当时有人逃了出来，可他们一时又谈不出逃出村民的下落。

2003年4月，我们在临西县政协办公室副主任陈连国带领下，第二次来到隋五里庄调查。该村退休职工韩金海说，他已从齐店村查找到一位花园村逃出来的村民，名字叫齐明德。于是我们将这位老人接到隋五里庄座谈。

76岁的齐明德老人思路清晰，就是腿脚有些不方便。他说：小焦家庄决堤与花园村决堤是两码事，花园村决堤在先，小焦家庄决堤在后。

“花园村位于隋五里庄东南1.5公里，村东就是卫河大堤，当时有7户30多口人。日军将堤坝扒开后，一滚而下的洪水就把花园村立时冲光了，房屋也荡然无存。我家那时7口人，有父亲、母亲，我是老大，下面还有4个弟弟妹妹。”

“那时我父亲在卫河以东的临清城一家店铺当伙计。他不知从哪里得到消息说日军要扒卫河大堤，于是急忙雇了一条船渡河回家解救亲人。我们刚爬上卫河堤，鬼子就把大堤扒开了，黄浑的大水就把我们村冲走了。一部分村民逃了出来，逃不及的就都被洪水冲走了！房屋、粮食、家具也全部冲走了！”

“我爬上河堤后，亲眼看见有十几名鬼子站在大堤上观看向西倾泻的大水。他们手里都拿着枪，河里还停着日本人的汽艇。我们没了家，父亲的伙计人家也不让干了，全家人只好四处流浪要饭，直到两年后才在齐店安顿下来。”

我们在齐明德老人和隋五里庄村委主任陈金柱带领下，来到位于临清城西南侧的花园村、小焦家庄旧地。因新中国成立后卫河改道，两村旧地已在卫河河床之内。齐明德老人指点着西堤内侧的麦苗和杨树说："两个庄子在当时决堤后就没有痕迹了，就连房基也没留下，全都冲光了！"

就这样，小焦家庄和花园两村在临清县的地图上永远地消逝了！

临西尖冢决堤调查

日军战俘供述的尖冢决堤要点

交代、揭发人：

难波博（第五十九师团第五十三旅团情报主任）

矢崎贤三（第五十三旅团独立步兵第四十四大队步兵炮中队军官值班士官；联队炮小队小队长、见习士官）

菊地近次（独立步兵第四十四大队机关枪中队分队员）

决堤时间：

1943年8月下旬至9月中旬（矢崎贤三）、8月末（难波博）、8月下旬（菊地近次）

决堤地点：

尖冢镇附近的卫河北岸（失崎贤三）、馆陶至临清中间的弯曲处（难波博）

实施决堤的部队：

驻馆陶的独立步兵第四十四大队第二中队（矢崎贤三）、第四十四大队51人（菊地近次）

现场指挥官：

第二中队中队长蓬尾又一（矢崎贤三）、大队长广濑利善（菊地近次）

决堤后给中国人民造成的危害：

难波博说："结果使馆陶北部的曲周县、丘县一部分，临清县河西地区，威县、清河县的一部分受到灾害，受害面积约900平方公里，受害居民约45万人。由于水灾被淹死，因决堤而流行霍乱病致死以及被水围困饿死的居民约有2.25万名。”

我们亲眼看到日军决堤

——西尖冢村常书明、常书德老人的控诉

2002年12月20日下午，我们调查组抵达临西县西尖冢村（原属临清县）。西尖冢村原党支书刘宜贵（55岁）首先谈到：1943年，前七八个月天不下雨，老百姓种不上苗；到了秋天下了大雨，而且一下就是七八天，卫河水很大，鬼子就来决堤。鬼子来决堤，当地老百姓都知道，但决堤后发生霍乱，老百姓却不知道是日军撒的菌。那时家家户户闹霍乱，死了不少人。老百姓活不下去，青壮年及大点的孩子纷纷去河南省逃荒，村里基本没人了。

刘宜贵和81岁的常书明、76岁的常书德，带领我们来到村边的卫河大堤上。常书德指着一段河堤说：“日本鬼子就是从这个地方扒的口子。当时的卫河河床没有现在这么宽，卫河堤也没有现在这么高，现在已变了样子。扒堤的鬼子是从馆陶来的，有一个小队模样，30来人，还带着一挺机枪。当时我们的队伍（八路军游击队）都穿着便衣，就趴在那西边，但他们武器孬不敢打。鬼子扒开堤就回去了。老百姓一看不好，就急忙集合人堵堤，但已没法堵了。过了一会，驻仝村的鬼子又来了，他们也怕淹了他们的据点，但也没法堵住决堤口（日军实施细菌战属高度机密，一些基层据点的日军不知道）。”

“当时卫河水很大，大堤决开后，洪水就向北淹去。淹水后这一带老百姓就都得了‘大病’，当时叫‘霍乱转筋’。得上这种病，上吐下泻，拉肚子，一会就死，一会就死，快着哩！你们问死了多少人，我们闹不清，反正死了老些人。我们村陈贵西、张成两家都死了不少。”当王选问他们这一带原来是否发生过霍乱传染病时，老人们都摇头，说以前从来没听说有得这种病的。

馆陶决堤调查

日军战俘供述的馆陶决堤情况要点

交代、揭发人：

矢崎贤三（独立步兵第四十四大队步兵炮中队军官值班士官；联队炮小队小队长、见习士官）

大石熊二郎（独立步兵第四十四大队第三中队第一小队第二分队队员、一等兵）

菊地近次（独立步兵第四十四大队机关枪中队分队员）

决堤时间：

1943年8月29日（大石熊二郎）、8月下旬至9月中旬（矢崎贤三）、8月下旬（菊地近次）

决堤地点：

南馆陶（今馆陶县城）以北约5公里处（矢崎贤三）、南馆陶附近卫河堤（菊地近次）、南馆陶东北约4公里拐弯处（大石熊二郎）

实施决堤的部队：

驻南馆陶的独立步兵第四十四大队第三中队（矢崎贤三）、第三中队约30多人（大石熊二郎）、第四十四大队51人（菊地近次）

现场指挥官：

第三中队中队长福田武志（矢崎贤三）、大队长广濑利善（菊地近次）

决堤后给中国人民造成的危害：

大石熊二郎说："河水淹没了南馆陶方向长16公里、宽4公里的地方，破坏了这一带的耕地，使44800多名和平农民罹病，其中由于饥饿、水灾和被撒布的霍乱菌感染而患霍乱症致死的4500人。"

2002年12月22日上午，我们一行抵达馆陶县。该县原属山东省，

1965年划归河北省，现属邯郸市管辖。原馆陶县政协文史委主任刘清月听说我们要来，早已做好各方面的准备工作：收集了许多地方史志资料、图表，还去调查了日军馆陶决堤处附近的社里堡村。因这天是星期天，机关里无人，他特地安排在县林业局工作的儿子前来帮忙。

落座后，他拿出了馆陶、丘县、曲周县志，还有非常珍贵的冀南水灾受害图、1938年的馆陶县地图。他的汇报有条不紊，他说，自从在《人民政协报》上看到宣传鲁西细菌战的文章后，即开始收集这方面的地方资料。在这之前，当地对卫河决堤发大水、闹霍乱，都不知道是日本侵略者干的。

刘清月主任介绍说：当年日军细菌战犯交代的馆陶决堤、闹霍乱死亡的中国老百姓数字根本不符合实际，光我们馆陶县卫河以西地区就死了数万人，馆陶以西的魏县、曲周，也死了若干万人。霍乱病，现在列为“二号病”，我们当地人叫“脱水泻”。当时有许多人家全家都死光了，真是家家都有一本血泪账。我家也是受害的，馆陶决堤后，大水也淹了我老家东杨村，我的奶奶就是因传染上霍乱死去的，时间是1943年9月4日。

他说，据分析当时闹霍乱，不光是日军在河水中撒了菌，而且未被水淹的地方也闹霍乱，老百姓都说井水有问题，估计是日军事前在水井中撒了菌。当时染上霍乱的人不少，但大部分都救过来了，方法是针灸，还有蒿草熏。

社里堡决堤调查

卫运河也称卫河、御河，是华北平原上一条大河。它的源头有二：南源为河南省辉县百泉镇中的百泉，此源称卫河；北源为发源于山西省的清漳河、浊漳河。二源在馆陶县徐万仓村合二为一，以下称卫运河。

历史上黄河北流延续了几千年并多次夺卫入海。隋初，隋炀帝为了征高丽和巡幸，沿卫河中冲出的黄河，从河南省洛阳向东北方向到涿州（今北京），开凿了举世闻名的永济渠。在以后上千年的时间里，永济渠成了南北漕运的大通道，一直到解放后的1964年，卫运河担当着繁忙的运输任务。

抗日战争初期，民族英雄范筑先将军（馆陶县南彦寺村人）接受共产党主张，坚持敌后抗战："裂眦北视，决不南渡，誓率我游击健儿及武装民众，与倭寇相周旋……"他以山东省聊城为中心，西到冀南的曲周、丘县、馆陶、大名，横跨卫运河，南到濮阳，北到石德线，东到东阿、齐河，建立了有几十个县的大片敌后抗日根据地。1938年11月范将军在聊城殉国后，以共产党、八路军和地方武装为主的力量，坚持了平原敌后抗战。到1943年，鲁西北已和冀南抗日根据地连成一片，日寇把这一地区视为"心腹大患"，因此，在敌后这一大片地区发生灭绝人性的日寇细菌战，也就不足为怪了。

2002年9月17日，为了调查日寇在馆陶县城以北5公里处决堤放水实施细菌战的情况，我和县政协主席宋向华、文史办瞿新杰等同志来到了社里堡村。

社里堡村紧傍卫运河大堤，是馆陶古八景之一的"黄花故台"所在地。那是一个真实、美丽的故事：因地处平原沃野，古馆陶开发较早。这里物产丰饶，地灵人杰，水上交通便利，很受朝廷重视。汉朝有三位、唐朝有一位公主被封为"馆陶公主"。汉光武帝刘秀封第三女刘红福为"馆陶公主"，在社里堡村傍卫河处修建了"黄花台"，脸贴花黄，对河梳妆。"吊古荒台侧，遗迹犹在不，唯余新草色，无复旧风流……"如今，公主梳妆的黄花台已不复存在，浩淼汹涌的卫河水也因近些年的旱象而不行舟船，只有卫河高大的堤坝和茂盛的庄稼告诉人们过去岁月的繁盛。而淹没在岁月烟尘里1943年的大水、霍乱病疫所造成的人间悲剧，却成了人们心中永远也抹不掉的伤痛。

上午10点多，我们一行在村委会召开了有11人参加的座谈会。他们中间最年长者是83岁的井凤朝，最小的王西善也已67岁了。张志发81岁，武俊冯81岁，武书堂68岁，井凤茂75岁，井金栋79岁，井富贵79岁，井玉芳70岁，井凤银79岁，王同训74岁。谈起60年前的那场大疫、大涝、大旱造成的灾难，老人们都知道。河水下来房倒屋塌，好多人得病，满村都是哭声的历史，仿佛就在昨天。虽然老人们你言我语，由于激动发言零散，但时间、地点、事实清楚，当他们知道是日本人趁大雨决堤放水、撒的菌，老人们非常气愤："狗日的老毛子，真是丧尽天良。"下面是他们的发言记录：

1943 年先是大旱、闹蚂蚱（蝗虫），到了阴历七月二十几，下起了大雨，一连下了七天七夜，挨着村边的卫河涨满了水。那会儿大堤没有这么高，约摸着有两人多高吧（3—4 米），春天河里行船，在堤外地里干活，还能看到河里的船帆以及在河坡里拉船的人。

俺这里离北馆陶城隔河 12.5 公里，离南馆陶镇五六公里，上镇赶集用不了一个时辰。7 月底的一天，村南往东拐弯处的东西堤上有人走动，时间不长说开了口子，大水顺庄稼地朝北、西、西南方向漫灌下去。俺这里是一马平川地，卫河开口子是没一点遮拦的，更何况那会儿兵荒马乱，人心不齐，谁也不管谁。

下了大雨，村里村外到处是水。又开了口子，水上涨得很快。那会儿老百姓没吃没喝，柴禾是湿的，过了没两天，也不知是谁最先得的霍乱病，一两天内好几家都有病人，到镇上抓药，请先生扎针也治不好，加上大水漫地，出村很难。得了霍乱上吐下泻，浑身抽搐，不几天就死了好几人。过了两天，在月圆节（八月十五）前后，死的人都快没人抬了，还有的人抬着别人，自己也染上病，回到家不久也死了。全村 800 多口人，一个多月先后因霍乱死了 200 多口。井富贵当时 15 岁，一家 8 口人死了 5 口。他家死的人都埋在村东南沙丘上，而王家、张家死绝的有好几户。

开完座谈会已是上午 11 点多了。我们沿着大堤来到当年日军决堤的东西走向的大堤处。新中国成立后，党和政府为防水患，组织人民把大堤加高了许多，大堤坝像两条巨龙在平原上蜿蜒，把咆哮的河水牢牢地锁在了河道中央。1963 年大洪水后，河道截弯顺直，往东延了 500 多米。沧海桑田，原来的河道现在成了遍植庄稼的肥田沃土，而堤坝外的田地成了村庄——60 年的岁月，社里村人口增加，村庄扩大了许多，漂亮的红砖瓦房；一直建到离大堤不远处，形成了社里堡村的又一条新街。

日军决堤，社里堡遇到大劫难

——社里堡井富贵老人的控诉

刘清月主任汇报结束后，即带领我们去社里堡。从馆陶县城北行5.5公里，来到社里堡村南的卫河大堤上。他指着堤下的麦田和棉花地说，河水就是从那里决口的。大堤决口后，很快就淹没了馆陶、丘县等大片地区，由于河水泛滥和霍乱爆发，给抗日根据地军民造成了很大的困难。

我们走进社里堡村东南第一家，遇到了70岁的井富贵大爷。他听说是来调查1943年卫河决口闹霍乱的事，就滔滔不绝地讲了起来：

“记得卫河决口是晚上，清晨起来不知是谁最先喊的，我们马上跑去看，河北边已经都淹了。我们村南地势高，又有几条大沟顺水，没淹着。那几年一直是大旱，没想到8月里下大雨，而且一下就是七天七夜，水都没了岸。村民们光知道卫河决口是发大水冲的，压根儿不知道是日本鬼子干的。”

“8月里河决口，决口没几天，9月里就闹霍乱。摊上这个病，上吐下泻，抽筋，手脚往里抽搐伸不开，搐成个小狗似的，没几天就死。我家8口死了5人。老爷爷、老奶奶、爷爷、奶奶，还有我娘，都死了，剩下我姐，13岁，我和叔叔都是11岁……”讲到这里，井大爷抽搐着嘴角，再也说不下去了。

“你们村总共死了多少人？”王选开始发问。井大爷接着说：“我家周围，算来死了二十七八口。全村当时823口人，总共死了一百五六十口。”井大爷说：“咳！霍乱搐筋，可把我们社里堡害惨了！人都是在9月半个月中死的。当时全村一片哭叫声，基本上家家都有出殡的！”井大爷还说，当时得霍乱病死的主要是大人，小孩死的少。井富贵死去的亲人都埋在村边，后来庄子扩建，坟墓被圈在了村中央，坟头又小又坡，基本上都被踏平了。

在2002年12月的调查中，社里堡村是鲁西细菌战中中国老百姓因霍乱死亡人数最多的一个村。因22日晚要去聊城大学参加学校的报告会，故采访完井大爷即匆匆离去。我们总感到有些地方未谈透，所以在2003

年2月的调查中，第一站就选在了社里堡。

2月26日下午，我们赶往社里堡。这次我们是由村西公路进的村，迎头遇到一座县地名办立的村名碑。上面写道：汉朝明帝时，帝妹被册封为馆陶公主，并在今社里堡村东北角筑台纪念，因此地长满黄花，故名黄花台。明朝永乐年间（1403—1424），山西省洪洞县移民来此定居，村名就叫黄花台。因该村在卫河滩上，汛期难保安全，即搬到卫河堤外重建家园。民国19年，村名改称社里堡。现在该村已繁衍到2700口人。

我们见到井富贵大爷后，首先送上《齐鲁晚报》刊登的采访他的文章。他看着报纸上发表的他的照片，心情无比沉重。一会后，他的小叔也闻讯赶来。

井大爷谈道："上次你们走后，我反复考虑，我们村因霍乱死亡的人数一百五六还要多，大约在180多人。我家东邻井尚文家死了三口，他的两个奶奶，他母亲。井尚文，属羊的，18年前已病故，当时90多岁。他的儿子井宝印，今年46岁。我家死的人最多，死一两口的人家很普遍。那时老百姓穷，饭都吃不上，死了人买不起棺材，只好用高粱秸箔卷起来埋。我们村的后大街，地势洼，水深两米多，没了人，只好搭了三座木桥，方便前后街过人。"井宝印犁地尚未回家，他的爱人对闹霍乱的事不清楚，我们即到后大街找老人座谈发大水的事。

我们村半个月死了200人

——社里堡武京旗、张志顺老人的控诉

来到社里堡后大街，几位老大爷正在一售货店门前聊天，我们就与他们攀谈了起来。这几位老人是武京旗（79岁）、武德文（67岁）、张志顺（79岁）、吴张氏（82岁）、王秀芝（59岁）。他们说：

"水还没消下去，就开始闹霍乱。是先从吃井水的村民中引发的，估计是日军先在井里撒了菌。因村子西部地势高，水没淹着，村民吃井水，结果张家死了二三十口；西北角死了十几口；然后霍乱在全村蔓延开。得这种病的人浑身抽搐，直到抽搐死。当时村里有三个庄户医生，扎针都扎不及。扎针是扎胳膊、腿弯，放黑血，凡是放出血来的都没死。”

“我们村后大街地势洼，全部被淹，大水没了人。凡是没有砖基的房屋全部倒塌，有三个年龄大的老人跑不动，被砸死在屋里面。大水过了一个多月才消下去。”

张志顺老人说我们村闹霍乱约计死了200人，都是在9月前半个月中死的。这个病传染性特厉害，去送葬的人都死在半路里。”王秀芝家死了三口：她娘家爷爷、大爷和姑姑。吴张氏家也死了三口。房子塌光了，八路军来救人，来救人的这些队伍每人都带着烙饼。

冠县成了“无人区”

——黑宗强回忆1943年的鲁西大霍乱[①]

看了2002年9月13日《齐鲁晚报》“独家关注”《揭露日寇山东细菌战真相》以后，使我回忆起鲁西抗日根据地大旱年、大蝗（虫）灾、大霍乱的年代。

当时我只有十一二岁。我们一家住在冠县桑阿镇区大李村、小张庄、王庄及要庄一带。我在抗小读书，叔叔黑伯理在冠县抗日民主政府，姑姑在中共地委。他们正准备去太行山整风，赶上了日军播种鼠疫、霍乱等细菌，姑姑染上霍乱病了3天，上吐下泻、发烧、抽筋等，被折磨得不省人事，好不容易找到一位扎针医生，可他说人不行了，扎手指肚也不动了。当时是1943年9月17日。

3天后，跟我们在一起的60多岁的祖父，也患此霍乱病去世；两天后，在另一村住的我婶婶的母亲又染上霍乱去世。5天死了3口人！当时我亲眼看到村里、路上、庄稼地里，到处是埋死人的哭声，有好长时间天天如

① 黑宗强为黑若仙的侄子，原航天工业部远东机械制造公司档案馆主任，1932年出生。此为他看到《齐鲁晚报》刊发记者对崔维志、唐秀娥二人的专访文章后，于2002年9月19日给崔维志、唐秀娥二人的来信摘录。

此，吓得我不敢出门。有的全家死光，没人去埋，惨不忍睹，究竟死了多少人难以计数，成了“无人区”。这就是日军在鲁西地区犯下的滔天罪行。

我是受害者家属，我亲历过以上事实，目前日本国政府还在抵赖，不承认细菌战的事实，是可忍，孰不可忍！我希望受害者家属更多地参加揭露日军细菌战的事实，在大量的事实面前让日本政府承认当年的罪行，并向中国受害者赔礼道歉，赔偿损失，只有这样，中国数十万被日军夺去生命的冤魂才会得到安息。

霍乱病、“憨瘟疫”，可把我们害惨了

——小张庄燕廷玉、侯云平老人的控诉

2002年12月23日，王选、张启祥、王景春三同志返回南方，崔维志继续带领调查组进行调查。

这天下午，我们根据西安老干部、在冠县桑阿镇大李村因患霍乱牺牲的鲁西地委妇女部副部长黑若仙之侄黑宗强来信提供的线索，在冠县政协文史委主任满蕴德和县委宣传部新闻科科长杨庆春的陪同下，来到桑阿镇。我们抵达镇政府后，才知道黑若仙牺牲地点大李村及王庄、要庄已不属桑阿镇，只好先去了小张庄。

该村77岁的燕廷玉老人讲：“当时我们这一带得‘霍乱抽筋’病的人很多，死的也不少。我们村死了十几人。我家死了爷爷和奶奶，当时都是60多岁。得上这种传染病的人死得快着呢，报丧都得派两个人，怕一个人在路上死了没人照应，丧信也报不到。”

80岁的侯云平大爷说：“我们这一带不光是闹霍乱，还有很多得一种叫‘憨瘟疫’病的，死的人更多。我家得这种病的共四人，死了三口：奶奶、19岁的姐姐和12岁的弟弟。”他还说：他的弟弟开始发病时，身上长黑斑，比手指肚大一点，长成铜钱大时，就死了。“憨瘟疫”患者头发都掉光，身上成块脱皮，后遗症为傻呆。得这种病的多是妇女。

中央台郭岭梅女士介绍说：“‘憨瘟疫’症状像伤寒，肯定也是日军撒

的菌。因为当时日军在华北研制了100多种毒菌，每制出一种就在根据地老百姓中撒放，以大量杀害中国人。”

霍乱“抽筋”，油坊村死亡108口

——冠县城张腾桥老人的控诉

2002年12月24日上午，我们来到冠县防疫站，该站站长靳友臣、副站长赵傅龙接待了我们。冠县是日军鲁西细菌战陆地撒播霍乱菌的县份之一，我们希冀在他们这里获得些什么，并从医学防疫角度核实“憨瘟疫”症状。他们对鲁西细菌战历史情况一无所知，但给我们介绍了老站长张腾桥座谈，使我们获得了许多极为重要的情况。

张腾桥，1928年生，属龙的，老家是冠县桑阿镇油坊村，1940年4月参加八路军，1944年加入中国共产党，1948年淮海战役中负伤，是残废军人。后转业地方工作，1951年任清水区卫生所所长，1964年调任冠县防疫站站长，1992年离休。

他说：“我们冠县是抗战时期的‘无人区’，‘无人区’的中心地带为桑阿镇油坊、前后杏园、丁寨、茂庄。1942、1943两年，这一带的老百姓基本上都死光了，没死的人也基本都逃光了。造成‘无人区’的原因，一是日伪顽匪烧杀抢掠，二是连年大旱，老百姓种不上苗，种上的也无收，老百姓失去物质生存条件，再就是1943年的大流行性霍乱。得霍乱病的人非常多，症状为抽筋、吐泻，早上得病晚上就死，最多的能撑两天。当时不知道这种病是霍乱，老百姓都叫‘抽筋’。”

“油坊村当时300来口人，因闹霍乱加饥饿，死了108口。其中我家死了五口：大爷、叔叔、舅父和两个舅母。当时我当八路军，我家房屋被日军拆光，只好搬到凤庄我舅家住。为生存，我父亲把土地都卖光了，我四弟也送给了河南省一户人家。我父母最后没饿死，是因为我当八路军，抗日政府发给一点代耕米。”

“当时，这一带老百姓得‘抽筋’死的、饿死的、冻死的比比皆是。

丁寨、茂庄的人都死光了。茂庄一个老太婆患霍乱吐泻，吐的都是野草叶，满炕都是，她死了 5 天也没有人埋，尸体都臭了。我发现后领着 3 名八路军伤员给埋了。”

“我参军后，在后方卫生所当卫生员，活动在冠县。那时部队给养严重不足，吃不上粮。有了粮食就先做给伤员吃，我们光喝稀糊糊、吃野菜。能吃上掺上谷糠的高粱窝窝头就算改善生活。咸菜也吃不上，吃咸菜水。如有了咸菜，我们就和伤员匀着吃。有时也抓野兔吃。那时野兔多，在门口、窗口就能逮着。即使这样，我们对日军战俘还给予优待。冀鲁豫第七军分区打莘县俘虏了两名日军，我们让他们睡炕上，我们打地铺；给他们吃白面馒头、吃鸡蛋，老百姓偶尔慰问伤员的鸡蛋都给这两个俘虏吃了。”

“我知道鲁西闹霍乱是日军实施的细菌战，是在 1964 年。这是我去省卫生厅开会时听王英厅长亲自讲的。”

无疑，张腾桥老人是鲁西当地最早知道闹霍乱是日军实施细菌战的人。

后哨营村梁宪柱、张春太老人的控诉

2002 年 12 月 25 日下午，我们来到聊城市东昌府区斗虎屯镇后哨营村，采访了梁宪柱（72 岁）、张春太（75 岁）、张春衡（78 岁）、李丙伟（80 岁）等几位老人。

他们说：1943 年，我们这一带闹灾荒、闹霍乱，老百姓活不下去，纷纷去河南省逃荒。当时得霍乱病的人很多，浑身抽搐，发高烧，说胡话，上吐下泻。张邦荣一家死了三口：张邦荣夫妇和他叔。张春太的父亲因扎针及时放出黑血才救了过来。有一个到我村扛活的外地人，连饿加病死在了李丙伟的房前。

资料来源：

崔维志、唐秀娥主编：《鲁西细菌战大屠杀揭秘》（修订版），人民日报出版社 2003 年版。

寻找日寇细菌战山东受害者①

高　祥

血泪印证日军罪行

2002年12月19日，因与日本政府打官司而广受关注的侵华日军细菌战中国受害诉讼原告团团长王选抵达聊城。记者获知这一消息后，随即赶往聊城，与她取得了联系。

此前，王选刚刚参加完在湖南常德召开的细菌战罪行国际学术研讨会。会议一结束，王选即受进行日军山东细菌战研究的山东学者崔维志夫妇的邀请，来山东进行前期调查。本报9月13日曾对她进行过报道。

临清大桥决堤带来劫难

12月20日，王选、崔维志及记者一行到达临清市临清镇大桥村，当地77岁的刘长延老人提起日本鬼子记忆犹新。“那年连着大旱，8月里连着下了七天七夜大雨，（卫河里）水上来了，（鬼子）就把水扒开了，挖了

---

① 应崔维志之邀，《齐鲁晚报》记者高祥同志于2002年12月随鲁西细菌战民间调查取证组赴鲁西、冀南采访。此文是对这次调查的部分报道。

个大口子，淹了老大一片，从清河一直到魏县，淹了四五个县……”

72 岁的王振东回忆说，当时“八路军在（河）西边，鬼子在大西门（河对面）扒堤，群众集在一起，鬼子不让去。发大水，淹得不少。……”

说起霍乱菌的情形，同村 79 岁的李善文肯定地说：“闹肚子的多得很，走着走着一吐一拉，就不行了。”

“那些闹肚子的病，都是从河对面莘县、冠县那里传过来的。日本人管它叫‘虎里拉’，见了有这种病的人就拉出去烧死。”

“就在红部外头，先祭河，后检验。（检验出来得了这个病）先拿刺刀挑了，再烧。挖一个坑，上面是铁床，下面放上劈柴，烧得人吱吱歪歪。经常烧。烧的都是青年……”

王选介绍说，这些老人说到的“虎里拉”，就是霍乱。霍乱的英文单词 Cholera 在日语中是一个音译词，其发音和英文发音相同。

在中国人听来，这种上吐下泻的可怕瘟疫叫“虎里拉”，与它的症状非常贴切。这说明，这个地方当年确实流行过霍乱。

同来的临清市政协文史委主任张学民说，老人们所说的“红部”，指的是日军在当地的司令部，即现在的临清市交通局的位置——这是当时日军的兵营和仓库。

12 月 20 日下午，观看临清市交通局及棉纺厂一带日军驻地旧址，同行的人都有点儿沉默。

就从这儿出发，日军将附近的卫河堤坝掘开，用霍乱菌屠杀了大批中国人。

天色低沉，寒风怒吼。王选一个人围着交通局和棉纺厂的院子，寻找着日军当年留下来的罪证和痕迹……

馆陶老人的悲惨命运

在 1943 年日军发动的霍乱作战中，山东受害最深的就是卫河泛滥区一带，其中 1965 年划归河北省管辖的馆陶县受害尤甚。

12月22日，在馆陶县，一位熟悉当地历史的退休干部说，1943年秋天，馆陶全县发生旱灾，霍乱流行，病死两万多人，许多村庄都成了“无人区”。

据他了解，当时相邻的巨鹿县也是重灾区。1943年的巨鹿县，到处尸横遍野，野草丛生，一片凄凉，就连大街上都长满了齐人高的蒿草，村村无人烟——他说，这些话他都曾在《巨鹿县志》上看到过。

文史专家崔维志查阅的日军战俘供述的证词中说，日军在卫河上扒堤一共有三处，两处在临清，另一处就在馆陶。

从馆陶县城往北5公里，现在南馆陶镇社里堡的村子，就是当年日军扒开卫河决口的位置。由于卫河裁弯取直河水改道，社里堡村已经不在卫河边上了。

站在空空的大堤上，带我们前来的退休干部指着堤下的麦地和棉花地说，河水就是从这里决开的。大堤决口后，河水很快就淹没了馆陶、丘县等大片地区。由于这些地方是八路军的根据地，河水泛滥和霍乱流行给抗日军民造成了极大的困难。

社里堡村70岁的井富贵至今还记得当时堤坝决口的情景。“晚上决的口，早上不知道谁最先喊的，我们去看，河那边都淹了。”“那个时候一直大旱，后来一连下了几天几夜的雨，水都漫了。后来就决了口。决口的地方在村南，我们村没淹着。”

“8月里决的口，决口没几天，我们这里就闹霍乱，抽筋，上吐下泻，手脚往里抽搐。摊上那个病，搐成个小狗似的，没几天就死了。”

“9月里，我们家半个月死了五口人。老爷爷、老奶奶，爷爷、奶奶，还有我娘，都死了。剩下我姐，13岁，我和我叔，都11岁……”

井富贵回忆，在那几天里，他的左邻右舍共死了二十七八人。全村到处都是哭声。

井富贵的五位被霍乱夺走的亲人就埋在村边。因为村子变大，坟墓已经被村子围起来了。

站在亲人的坟头前，井富贵的脸上没有什么表情。多少年了，埋在他心里的苦已经麻木了。

离开馆陶后，一路上王选一直沉默思考。当晚，在聊城大学，连续奔波了三天的王选做了一个报告，题目叫“侵华日军细菌战中国受害者诉讼报告会”。

面对台下100多名聊大学生，王选讲了细菌战的危害和日军细菌战的罪恶，讲了她的诉讼过程，讲了山东细菌战。报告过程中，台下一遍遍响起热烈的掌声。

王选说，她与日本政府打官司，不仅仅是为了索赔，更重要的是为了事实的认定；不是为了今人，而是为了我们惨死的祖辈和父辈；不是为了破坏，而是为了美好的明天。

而全国，包括山东的细菌战受害者，应该组织起来，联合起来，调查、取证，以还原历史，也对得住历史！

记者评论：山东细菌战亟待调查

自第一次世界大战细菌被开发为武器以来，细菌战即为世界各国所反对。然而，在侵华日军面前，这一文明世界共同遵守的规则却变得毫无意义。

在日本侵华战争中，日寇不仅惨无人道地用中国人做活体细菌实验，而且在中国各地多次实施细菌战，对中国人民实施种族灭绝。

日寇在中国发动的细菌战，造成数百万中国和平居民死亡；日寇播散的一些细菌病毒，至今尚未完全消灭；无数中国受害者及其家属，至今还在承受肉体和精神的双重折磨。

日寇在山东播撒的细菌病毒，吞噬了数十万山东儿女的生命。但时至今日，许多细菌战受害者却对日军的罪恶一无所知。

在王选的带领下，浙江、湖南两地的日军细菌战受害者向日本政府提起诉讼，日本东京地方法院在8月份的一审判决中，日军细菌战的罪行已经得到了事实认定。

诉讼已经取得了初步的胜利。但是，相对全国，包括山东的细菌战受害者来说，这仅仅是刚刚起步。实际上，我们需要做的还有很多很多……

受害者，你在哪里

日军在1943年发动的霍乱作战，一部分是使卫河决堤在水中投放细菌，另一部分是在平原地带播撒细菌。

日军在发动细菌战的同时，还对鲁西进行“扫荡”，并派出军队搜索霍乱病人，以检验细菌战的效果。

从山东到河北，从临清到泗水，广阔的鲁西平原成了日军用细菌病毒屠杀中国人民的“试验场”。

日军将大批中国人集中在一起脱光裤子进行霍乱检查；一些患病的人被活活烧死，一些还能干活的人则被送往日本做苦力；甚至儿童都被抓走当作私人奴隶……

日军的细菌作战，对山东人民是一场灾难，同时，也是一段屈辱。

屈辱的霍乱检查

12月20日，记者在向临清市临清镇一些老人了解日军细菌战情况时，一位老人提到了日军的“特殊做法”。

该镇大桥村72岁的王振东老人回忆说，“发现得了（霍乱）这种病，鬼子就把村围起来，把生病的人拉出去。还雇着人去检验，让人脱光衣服，（他们）拿仪器扒插身体，（检验出）有这种病的人，都拿劈柴烧死……”

王振东的回忆印证了日本人自己调查出来的日军老兵证言，日军的霍乱作战，目的就是调查霍乱菌对中国人的影响。

在“十八秋鲁西作战”时，金子安次所在的日军第五十九师团第五十三旅团独立步兵第四十四大队机枪中队就负责“讨伐”馆陶、临清一带卫河泛滥地区。

金子安次兵长的证言说，“1943 年秋季以后，日本兵对临清县城所有的居民都强行做了大便检查。包括所有到县城来的外地人，不论男女，被召集起来，脱光下身，用玻璃棒进行肛门检查。”

当时的日本大队内，“不少人甚至羡慕卫生兵，说起下流话，什么‘卫生兵可以看大姑娘的屁股啦’等等”。

同样地，参加“霍乱作战”的日军第五十九师团五十四旅团独立步兵第一一一大队机枪中队第二小队的菊池义邦小队长，骚扰的则是鲁西平原的阳谷、寿张、朝城、范县和观城。

在一个多月的时间里，“菊池等 10 个人为一个分队，前面（大部队）扫荡一完，他们便进村，把留在村里的人不分男女老幼，全部带到村中央的空场。”

鬼子“甚至不给那些瘦弱的病人一点穿鞋的时间，就把他们光着脚赶到空场集中”。村民集中完毕后，鬼子就命令他们全都脱掉裤子。

“大多数农民没有衬裤或短裤，唯一的裤子脱下来，下身只有全裸。”在众多鬼子面前，他们被迫四肢着地露出臀部。

“这时军医团的男人便将 40 英寸（近 16 厘米）长的细玻璃棒插入村民的肛门，将带出的黏液放入试管，每天有十几名中国农民受到这种检查。”

“也有些农民不想脱裤子，日本兵便上前连踢带打，把他们打倒在地。”

相对卫河泛滥区，鲁西平原的霍乱流行没有那么厉害。日军在“霍乱菌搜索作战”时，只要发现有中国人患上霍乱，日本军医就会“毫不掩饰地显示出一种满足感，兵士们自己也好像获得嘉奖一样，喜形于色……”

日军对调查区还实行“三光”作战，一旦遇到反抗，鬼子“进入下一个村子时肯定要更加残酷地杀人、强奸、掠夺，用来进行报复。看到一户人家，仅仅想，这家倒挺干净啊，就放火烧掉它。”

多灾多难的山东父老，成了日本人大规模细菌战的实验活体。在日军霍乱作战期间，到底有多少人像牲畜一样被鬼子驱赶着做这种集体检查呢？

72岁的王振东看到了日军给中国人检查的情景，也看到了霍乱患者被活活烧死的惨象。

50多年过去了，还有没有其他的“王振东”记得当时的这种奇耻大辱？

如果遭受强制体检的受害者现在还健在，50多年来那种恐惧、绝望、悲愤、耻辱现在他还记得吗？

“范太郎”的奴隶生活

“范太郎”这个名字，是日本人给起的，但现在说起来，我们却不得不用这个带着屈辱的称呼。因为，我们不知道他的真实姓名。

我们只知道，他是在1943年日军实施霍乱作战时被抓到的，那时候，他“看上去仅仅十一二岁”；我们还知道，他是在范县被抓的，并因此被强加上了“范太郎”的称谓。（范县一直到1964年才划归河南省，而且原范县的大部分地区也留在了山东，据此推理，此人的家现在也应该还属于山东。）

12月20日晚，王选在谈论日军鲁西细菌战的时候，提到了这个名字。在日本《朝日新闻》社记者采访日本老兵后所写的《天皇的军队》一书里，日本人喊来喊去的这种屈辱名字，还有许多。

看上去“长得很精神、有一副聪明相”的“范太郎”，就是在被日军第五十九师团第五十四旅团独立步兵第一一一大队机枪中队第二小队的菊池义邦军曹抓住并成为他的私人奴隶的。

《天皇的军队》一书中记载，菊池军曹“白天行军时，把很重的东西、把水壶都交给少年背着，不让少年离开一步。”

“菊池一招手，少年立即就把水递过来。到吃中午饭时，少年便将饭盒端到菊池面前。在战场就地吃饭，少年要赶紧找一把干草或什么让菊池坐下。到了宿营地，就让少年烧水，给他洗脚。”

“菊池一喊叫，少年只好用中国人吃饭的饭桶给他打洗脚水，并且被迫给他按摩。”

这个“看上去只有十一二岁”的少年，在范县被抓之后，被日本人裹挟着，从范县走到观城，再到汶上，到宁阳，到泗水，最后到了日军中队队部所在地新泰。

“少年的鞋底磨出了窟窿，头发长得老长，已经是寒风刺骨的季节，该穿棉衣了，而那孩子还只穿一件脏兮兮的白单褂，一条黑单裤。”

回到新泰县城后，少年几次要求回家，最后竟然获得了允许。放少年走的时候，菊池给了少年一张纸，想让他写一些感谢之类的话，以炫耀自己的善良和仁慈。

“少年的右手动作很快，把纸和笔交给菊池，菊池满怀希望地朝那张纸上一看，纸上竟用极为清楚的字迹写着：打倒日本！八路军万岁！……”

这是一个日本人记录下来的真实故事。与许多没能逃出日本人魔掌的少年相比“范太郎”还是幸运的。如果他还健在的话，现在也该有70多岁了。

由于菊池执行的是“霍乱菌搜索作战”，相信一路跟随在菊池身边的少年能够知道那次细菌战中山东人民的死亡情况。

当年被抓做奴隶、像牛马一样被驱赶和奴役的一大批山东少年，你们现在哪里呢？

如果还健在的话，现在该是站出来揭露日军细菌战罪恶的时候了。

日寇的罪恶罄竹难书，耻辱的记忆永不会磨灭。

记者在许多地方采访时，当年曾经是日军细菌战重灾区的地方，人们只知道发生了瘟疫，却不知道是日寇所为，人们只知道卫河决堤，却不知道是日寇扒开的堤坝。

有意无意之间，历史的面目已经越来越模糊。

只有认识过去，才能面对明天。为了死去的数十万冤魂，为了还历史一个公道，受害者、幸存者及其家属该是站出来作证的时候了！

我要到法庭告他们

本报关于侵华日军细菌战暴行的报道，勾起了许多受害人的痛苦回忆。

曾经亲眼目睹父亲和叔叔被日军进行人体细菌实验致死的宋成立给记者打来电话，要求揭露日军的罪行。记者随后赶赴济宁，对他进行采访。

据长期研究侵华日军细菌战的学者崔维志介绍，宋成立是目前找到的唯一一个目睹日军人体细菌实验的见证者。

“我父亲就是这样被害死的”

元旦前就接到了宋成立的电话。因为老人心脏不好，也因为马上就要到元旦，预约采访因此定在1月2日。

本来是连续几天的大晴天，到2日早上，却变得阴冷阴冷的。早上从济南出发，赶到济宁已是中午，宋成立和他的孩子已经在门口等了老半天了。

“他一看到报纸上的报道就给你们打电话，这几天一直说这事，觉都睡不好，等你们来。”宋成立的小儿子宋志坚握着记者的手说。

“我急呀，我憋了这么多年，不知道该向谁说。我是见证人，日本鬼子的罪行，我是亲眼目睹的，不说出来我心里难受哇！”回到家刚坐下，宋成立就打开了话匣子。

“我是亲眼看着我父亲和我叔叔被日本鬼子害死的，他们本来身强力壮的，可弄到鬼子医院里没几天，两个人就瘦得不像样子死了……”

宋成立回忆，当时他们三人都在大连日军码头做装运工。有一天正在三楼卸船的时候，日本兵突然过来喊他父亲宋来宗的名字，说他有病，要检查身体。

宋来宗、宋来德，还有一位姓史的工人就这样被带到日军的医院里。

第二天，12 岁的宋成立偷偷跑进日军医院，发现父亲在病房里穿了一身白衣服。

“父亲说，日本人让他喝稀粥，喝了就难受。还打针，然后抽血，一管子一管子地往外抽。让吃小药片，吃了就发高烧，烧得人受不了。”

“我最后一次见我父亲的时候，是第三天了。他住到后面的平房里，躺在床上，床上有四五粒白药片，他用手指着，连话都说不出来了。他说，‘他们让我吃这种药片，吃了就身上发晕，头疼，老拉肚子。孩子啊，我不行了。你快回吧……’”

我父亲还没说完，鬼子就跟过来，朝着我又踢又打，我撒腿就跑出去了。第二天，大家都去上工了，账房施先生说‘你过来，你爹死了’。”

“我跪下求他，问他我爹怎么死的。他说，你爹在大棚子里头，你快去吧。我跑到大棚子里头一看，地上一个挨一个，净是死的。”

“看管死尸的老头一指，说，这就是你爹。我一看，我叔，还有那位姓史的都在，瘦得都认不出来了。我爹不知怎么搞的，头上还包着绷带。”

“就在那个停尸棚里，我守了两天两夜。那两天，有往这送死尸的，也有往外抬的。我守着我爹，什么都不管了……”

“我父亲，还有我叔就是这样被日本鬼子害死的。”回忆起年少时的一幕幕情景，宋成立两眼含泪，激愤不已。

“我们不愿做日本人的劳工”

宋成立的家原来在诸城。1942 年秋天，年仅 12 岁的宋成立跟着父亲到大连做了日本人的劳工。

“我们不愿意走，可不走不行。1941 年秋就有兵到我们家抓劳工了。我父亲还因为不去让人家在背上烙了四铁锨，那是烧得通红的铁锨啊，烙得我父亲大喊大叫。”

“1942 年，他们又来抓。没办法了，我父亲只好跟着他们走。他们还让带个孩子，我在兄弟三个里最小，就跟着去了。”

“先在村东集合，然后去坐火车，到青岛，再坐船到大连。路上那些人呀，密密麻麻的，那么多，都是被抓去当劳工的。日本人一前一后，就拿枪押着。”

“到大连，就进了阜昌（音）化工。一个大院子，上面有铁丝网还有电网，不让出来。大约半个月时间，就开始照相，登记，按手印，抽血，还给药片吃。”

“然后，就上码头干活，一干就一昼夜。早上天不亮干活，晚上10点能回来就不错了。干得稍慢一点儿就挨打，一打就打得半死。”

“特别奇怪的是，码头上还常常有一些工人干着干着就被日本人抓走了，以后就再也看不见了。”

“我父亲、我叔，还有那位日照姓史的被抓走的时候，我跑到窗子前看，下面有一辆小黑汽车。他们三个一下子就给推进车里去了。”

“我原来上工的时候，经常看到这种小黑车在街上、在码头上来回跑。后来我在停尸棚里陪我父亲的时候，来回接送死尸的，也是这种小黑车。”

“日本人除了抓人，还让我们排队去洗澡。日本人洗澡都到街上，我们洗澡却要到日本兵营的仓库里。”

“进门是一个小池子，老人小孩就在小池子里洗，身强力壮的就让到里面去。里面很大，黑洞洞的，这些大人进去以后就不见出来，以后就再也见不到了。不知道到哪儿去了。”

“我们洗完澡，就在房子里照相，打针，打完后胳膊肿得难受，浑身发烧。要不是有好心人救我，我差一点儿就没命了。”

“即使不洗澡，日本人也常常让人去检查身体，去抽血。我光到山上的庙里就抽了三次血，一抽就一大管子。”

“另外，他们还常常找一些借口抓人，抓走后就再也见不着了。抓的人走了，后面又来了新的。那时候人乱，谁也不认识谁，光知道整天换人。”

“还有上海一些来做工的，吃不惯玉米面，日本人就给做高粱米稀饭吃，吃了就拉肚子，就给拉去看病，不见回来了。原来上海人很多，后来就一个也没有了。”

“那时候，山边上还住着一些工人家属。吃不上饭呀，日本人就给‘救济面’吃，吃了之后就拉肚子。那地方不知死了多少人。日照那位姓史的，一家就死了六口人。后来，人们传言，那些破烂房子里闹霍乱，吓得人都不敢去住了。”

“前几年，我又到大连去。心里真是说不出的滋味。”宋成立一边说，一边拿出照片给记者看。对着那些照片，老人陷入了沉思。

“我要把日本鬼子的罪行揭发出来”

“你看看这张照片，这就是原来的老房子。那时候，一般人根本不知道会死这么多人。这是个小孩，日本鬼子不大管，我到处跑，找我父亲，那些死人，我都看见了。”

“那是什么模样，那么大的平房，两边两层大通铺，二三十米长，挤得满满的都是死人。好几排平房啊，得死多少人？”

“给我吃了药，烧得都快死了。工人们偷偷把我背出去治。诊所里的老人说，你这是‘虎里拉’，再来晚了就没命了！”

……

太多的苦难，太多的悲愤，尽管在时间的涤荡中早已远去，但都没有忘却。想起自己和家人的痛苦经历，宋成立久久不能平静。

“看了你们的报纸，我就想说出来。原来在码头的时候，老工人们不让我对外说，说我说出去就没命了。后来我能说了，却不知道该向谁说。”

“现在我要把日本鬼子的罪行揭发出来。死了那么多人，他们怎么死的，那些工人突然间就不见了，他们都去哪儿了？日本人到底干了些啥？是该说明白的时候了。”

宋成立越说越激动，他指着桌上的草纸说：“我曾经想给你们写信，可我不大认识字，起草了多少遍都没写出来。”

“我是个见证人，我要作证！像王选那样，到日本打官司，向日本人索赔!”宋成立老人手拿晚报，指着王选对记者说。

告别宋成立出来，耳边回响着老人慷慨激昂的声讨，想着侵华日军在中国犯下的种种罪行以及中国原告的艰难诉讼，记者不禁陷入沉思。

现在最紧要的，是寻找和发动一个个“宋成立”，保存证据，揭露日军的罪行。还原历史，告慰死难同胞，向日本人讨还公道，还有很长很长的路要走。

采访完宋成立，记者给侵华日军细菌战中国受害诉讼原告团团长王选打电话。王选说，日军侵华期间，在大连有细菌部队支队，而且还有卫生研究所。日军在大连进行细菌实验有书面证据，宋成立的经历是确凿可信的。

中央电视台纪录片编导、专门研究侵华日军细菌战的郭岭梅说，侵华日军曾经大规模给中国人注射毒菌，使中国人产生抗体，然后大量抽血，制成抗体血清，给日本士兵治病。宋成立的经历与日本人的回忆正好互相印证。

（原载《齐鲁晚报》2002年12月27日、2003年1月10日）

故乡仇，民族恨

——一个文史工作者的述说

刘清月

我于1948年出生于馆陶县东阎寨村，1993年秋调任县政协文史办主任。

2000年9月，我在阅读《人民政协报》时，一个醒目的标题映入眼帘:《抗日战争时期山东第一大惨案》。这篇文章首次披露了1943年秋天侵华日军在鲁西、冀南撒发霍乱细菌，从而导致几十万人死亡的惨绝人寰的史实。读着这篇触目惊心的文章，我的内心激愤难平。

在我的办公室就能听到卫河的涛声，就能看到当年日本侵略军驻馆陶县南馆陶镇“红部”（日军大队部）的屋顶。远去的历史，掩盖不住血写的史实，这篇文章解答了我久已憋闷在心中的问号和死结——令人胆战心惊的鲁西、冀南霍乱病魔，不是天灾，是人祸，是万恶的、丧心病狂的日本法西斯，在中国犯下的令人发指的罪行。我和这篇文章的作者素昧平生，但我记住了他们的名字：崔维志、唐秀娥。我感谢他们。

霍乱，是我所知道的恶疾名称中最早和印象最深的，因为它是和死亡连在一起的。解放后虽然霍乱病基本绝迹，但在老一辈人的回忆和言谈中是经常说起的话题。在我的少年时代，离1943年霍乱大发生的时间仅10

来年，那些曾经和霍乱病魔擦肩而过的幸存者，每每提及切身感受，提起亲人和邻居痛苦挣扎而死的惨况都泪水涟涟，唏嘘叹息。村村遭祸害，家家都有一本血泪账。开始他们都认为是天降灾难，也曾烧香、磕头乞求上苍，但毫无用处，眼看着亲人挣扎在死亡线上，脸呈菜青色，上吐下泻，抽搐成一团，时间不长，即睁着双眼痛苦地死去，他们悲痛欲绝。

这些印象太深了。以至于现在，早年父母亲告诉我的因霍乱奶奶的惨死，街坊邻居关于霍乱的描述，村庄、水坑、河道、坟墓一一在我脑海里呈现，一个个家破人亡的悲惨故事煎熬着我的心，撞击着我的心扉。是情感，是责任，我寝食不安，仿佛我奶奶和几十万因那场霍乱而死去的亡灵在呐喊，我跪在奶奶的墓前欲哭无泪。我觉得作为他们的子孙和一个文史工作者，应该作为一个专题，和细菌战研究者携起手来做一些工作了。

我曾设法和崔维志等联系，但未果。以后我就沉下心来翻查所能找到的史料，走访知情者，回老家听母亲和街坊回忆，向外地老干部发函，尽自己所能搜集资料。外地的文史同行和老干部，热情地提供了线索和珍贵的历史资料。当我告诉他们事实真相，他们无不义愤填膺："老毛子（日本人）干的，作孽啊！"

在我几次下乡调查中，我试图找到家谱的记载或田野里的墓碑记载。但乡亲们告诉我，不要费那个心思了，因为在兵荒马乱的年月死了那么多人，死亡时间又那样集中，河水、沥水连天遍地，老百姓穷得没吃少穿，不要说一般人家，就是富裕户也没钱在家谱碑志上记载这些事。更何况是日寇在绝密状态下进行的细菌战。幸好，健在的70岁以上老人对那段历史记忆犹新，现在过上了好日子，使他们更加思念逝去的亲人。责任和道义促使我把这些资料记录下来。

"神针"的无奈

我的家乡东阎寨村西面原先还有个西阎寨村，当时有150余口人，1943年闹水、旱、霍乱灾害后死逃无余，该村从此消失了。我们村位于原馆陶县城西北方，东距卫河5公里，北及西北方向紧临丘县、曲周、威县和临清（今临西县）。这里地势低洼，为盐碱地，历史上曾是古黄河北流故道，县志记载中历代兵燹水旱灾害，几乎都光顾过这里，是这一带的“锅底”。

大约1955年夏天，天降大雨，我们一同上小学的一位同学下坑洗澡，呛了几口水，放学回家后就上吐下泻、肚痛、发高烧。这可把大人吓坏了：“别是霍乱吧。”于是，老师急忙叫来村里唯一的一位老中医刘廷照大夫。

经大夫扎针、艾熏、胳膊肘弯处放血等方法治疗，总算把那位同学抢救过来了。廷照大夫说，看这个孩子的反应，上吐下泻、肚子绞痛，怕是得了霍乱病，亏了治得及时。廷照大夫向老师讲了学校那5间房子的历史：那里原来住着两户人家，1943年秋，下大雨后又漫来水，那两家人喝了没烧开的水，相继得霍乱病死了几口人，剩下的几口都逃走了。死人用过的东西全都扔到大坑里。解放后因这里是闲房，就当了小学堂。不能下坑洗澡了，说不准哪天会得病，廷照大夫警告我们这一伙半大小子。

刘廷照，按家族排序我叫他伯父。他家传医道精湛，是我们这一带的名先生（中医），人称“神针”。不光本村，方圆三里五乡都找他扎针、治病。廷照大爷跟我父母说起霍乱，说起他治这种病的方子，说起他经手治病但病人还是死去的无奈，说起得上霍乱病死去的惨状。提起10多年前的那些日子，他没白没黑地从本村到邻村，给霍乱病人扎针、放血、灌花椒水、用艾熏等方法治病，他总是一脸的严肃。他特别说到了我奶奶的死，说到毛毛根一家和西阎寨村家破村亡的凄惨：“唉，就凭一根针、几把草，法都使尽了，还是死了那么多人，怪老天爷吧。”1943年是他永远的痛，一直到今天，这些谈话，还深深地印在我的脑子里。

家仇村恨

我母亲今年整80岁了。她老人家的身体非常好，记忆非常清晰。为了调查1943年的霍乱大灾难，我回家跟母亲作了数次长谈。廷峰叔（80

岁）还健在，正好芒姑（75岁）回娘家，还有杨家贵生叔，我都一一走访。通过访谈，使我对那段时间我们村所遭到的劫难有了更深入的了解。

1943年，我母亲20岁。因我伯父、叔父给地主捎地、扛活，家里只有我父母亲和奶奶住在一起（爷爷已去世多年）。她说那年月兵荒马乱，“老毛子”占据城里，八路军活跃在乡下。县城位于我们村东南方向9公里，日伪军三天两头下乡派粮、抓夫，修公路、盖炮楼。那年从春到夏，滴雨未下，又闹蝗灾，庄稼没收成，老百姓生活艰难极了。

母亲记得很清楚：这年的古历七月底，大旱了多半年的老天下起了大雨，一连七天七夜，雨水滴涟，时紧时慢。那会儿是土墙，房顶上是高粱秸、麦秸和上黏碱土抹的顶。房是早漏了，屋外大下，屋里小下，甭说是泥抹的顶，就是现今的瓦屋，也经不住下7天雨啊！更怕人的是没有砖脚的土墙是崴地往上挑的，土墙搁不住泡，不少房屋都塌了。房塌了，柴禾都湿了，连烧开水的干柴都没有，吃没吃的，喝没喝的，喝凉水哪能不得病。”

母亲说：“听说城南边河西和尖冢集河水都开了口子，过了没两天，雨水加上浑浊的河水，村子都被水围住了。你奶奶身体本来就不好，也不知道她啥时候喝了冷脏水，八月初三得病，上吐下泻抽搐成一团，抱着肚子喊疼，没过两天就没个人样了。你廷照大爷正忙着给人扎针、熬药，把他叫来时奶奶的病就很重了。扎针、拔罐等方法都使了，还是抽搐不停，一家人急得没法。捱到八月初五黑夜就死了，后来你廷照大爷说，跟别家的人得的病一样，是霍乱。”

我算了一下日期，那一年是癸未年，古历八月初五是1943年9月4日。我们村距东南方向傍河的社里堡村20公里，离东北方向傍河的尖冢集9公里。如果日军8月29日决堤，河水汹涌，顺流而下，一天多就能流到阎寨村，奶奶就是喝了未烧开的水去世的。

“不光咱家，”母亲擦了把眼泪继续说，“住在村东南角的你清雨哥他娘，也是那几天去世的。王家兴旺哥，跟咱家是对门邻居，他的身体本来很好，进了8月不长几天，有好几家因霍乱病死人、出殡，兴旺哥赶去帮忙。刚过了八月十五，说他也得了霍乱病，我赶去看他，没两天就病得不成样子了。虽然经你廷照大爷尽全力救治，扎针、放血、熏艾法都用遍了，还是没治好，到了八月二十三，正在壮年、年轻能干的兴旺哥也抽搐死了。可怜的是那会儿他的儿子才几岁，撇下孤儿寡母凄惨地过了一生。”

我家住的这个大过道（胡同），有刘家、王家，算了算当时有27口人，1943年闹霍乱、闹灾荒，病人、死人越来越多，逃荒走后，只剩下3支胳膊：一个走不动的老人，一个冯玉祥军的残兵、一支胳膊的王兴山没逃走。

要说最惨的是西过头（胡同）里的辛家毛毛根一家。先是毛毛根前邻辛殿力媳妇，八月十五那天得霍乱病死了。过了两天，毛毛根娘得了跟辛家媳妇一样的病，上吐下泻，也抽搐死了；随后是他爹，八月底九月初的；没几天毛毛根又一样病死了，用席一卷埋了。他媳妇一看不好，在埋了丈夫的第二天就逃了，以后不知去向。就这样，一家人绝了。

我和母亲简单地算了一下，除去西阎寨全村150多人病灾逃光外，东阎寨村1943年约有400来口人，逃荒在外的不算，光得霍乱病死了100多人。

第二天，在街旁的小卖部里，我又和廷峰叔、回娘家的芒姑以及贵生叔坐在了一起。谈起1943年的霍乱，他们记得很清楚。那会儿有一首广泛流行的歌谣，时隔近60年，他们还能顺口唱出来：“民国三十二年，灾荒真可怜。七月二十三，老天爷阴了天，白天夜儿个不停点，滴滴涟涟，一连下了七八天。河里又发大水，把俺庄稼淹，人人得了潮湿病，家家闹霍乱……”

电视片《寻证鲁西细菌战》脚本①

画面：沙福堂唱

同期：“叫声老大娘，细声把话讲，你家的被子借给俺两床啊，我说老大娘”；“枪口对外，齐步向前进，不打老百姓，不打自己人，我们是铁的队伍，我们是铁的军，解放中华民族，永做自由人……”

画面：老人唱（插全景、相机、录音机、握手镜头）

解说：提起打鬼子的抗日战争，沙福堂老大爷能唱出好多当年八路军战士唱的歌。他怀念当年的八路军，恨死了日本小鬼子。

画面：老人领着来到卫河河堤，向众人讲解（指点、脚步特写）

解说：抗日战争临近胜利的前两年，日本鬼子曾在这里扒开河堤。

同期：（临清市民，80岁，沙福堂）朝那，就那开口子，河西，黑草那儿，哎，就那黑草北边，那儿扒个大口子，哎，扒个口子。

画面：卫河、田地（字幕：河北省临西县尖冢镇西尖冢村）

解说：河北省临西县尖冢镇西尖冢村那时还属于山东省管辖。

同期：（河北省临西县尖冢镇西尖冢村民，77岁，常书德）馆陶的鬼子来了一个小队，来了30多个人，来了个小队，来了30多个人吧，还带

① 应崔维志之邀，山东电视台新闻部于2002年12月、2003年4月，随鲁西细菌战民间调查取证组赴鲁西、冀南拍摄了此片，2003年5月11日《今日报道》节目播放。该片被评为山东省2002年度广播电视新闻二等奖。

挺机枪呢，还带挺机枪，俺这个大堤给挖开了呢，向西流、向北流啊！

画面：卫河、平原（字幕：河北省馆陶县社里堡村）

解说：原属山东省现属河北省的馆陶县社里堡村是又一个决堤地点。

同期：（河北省馆陶县社里堡村村民，71 岁，井富贵）口子开的有多大？俺那个时候门开着，看一看，口子得有 30 多米宽！那时候是不是日本人扒的？那叫咱闹不准，黑夜里咱也不敢去，黑夜开的。

画面：老人与询问者交谈、人群俯拍、树林、枝桠、天空

解说：不知道当时日本鬼子扒开卫河河堤的，可不止是井大爷一个人，绝大多数中国人都不知道这段历史的真相，更不知道日本鬼子为什么要扒开卫河河堤，以及扒开河堤以后又干了些什么？

这里面隐藏着一个当年侵华日军的最高机密，也是一个目前所知的全世界最大的细菌战惨案！

推出片名：寻证鲁西细菌战

画面：东京地方法院法庭开庭、民众示威、诉讼资料（字幕：日本东京地方法院、1997 年中国原告第一次诉讼）

解说：2002 年 8 月 27 日，经过五年诉讼，侵华日军细菌战中国受害者终于等来了日本东京地方法院 27 次开庭后的一审判决。这一判决认定了侵华日军曾在中国发动细菌战的事实，同时驳回了 180 名中国原告向被告日本政府提出的谢罪赔偿的要求。这是二战后 60 年来日本法律界第一次正式承认了细菌实验和细菌战的事实。令人遗憾的是，在这 180 名中国原告中没有一名山东省代表。难道日本鬼子没有在山东进行过细菌战吗？

画面：常德国际研讨会，崔维志演讲、特技出书、全国细菌战地图

解说：2002 年 12 月 7 日，首次“侵华日军细菌战罪行国际学术研讨会”在湖南常德召开。山东作家、鲁西细菌战历史研究专家崔维志携刚刚出版的《鲁西细菌战大揭秘》一书参加会议并在会议上发言；将“鲁西细菌战”这一掩埋了几十年的秘密公之于众。

画面：王选到济南机场、上车、临清宾馆开会、书《天皇的军队》（字幕：济南机场）

解说：在崔维志的邀请下，2002年12月19日，中国细菌战受害者对日诉讼团团长王选来到山东，一同调查侵华日军在鲁西进行细菌战的事实。这是中国民间历史上第一次对鲁西细菌战进行寻证。王选在进行这次调查之前，她就已经收集到一本日本记者本多胜一写的书《天皇的军队》。

画面：书及书中记载（灰透明膜遮挡其余文字，红线划出）、地图在文字的右下角（箭头指示决口地点）

解说：书中有这样的记述："决口的地点，正是卫河向右转弯的地方，它的右前方是临清（县城）……而茶色大水却直向临清相反的方向冲去。"

同期：（临清市大桥村村民，72岁，王振东）涨大水，都越出河来了，日本人在那个大西门那里就扒开了，扒开了，群众打，他不干，他支机枪，打、撵。

画面：卫河水、冀南鲁西范围图、日军霍乱作战图（特技出卫河一段河床、红色圆圈、字幕等标示流向、范围、地点；箭头文字显示日军决卫河堤主要地点：临清大桥、小焦家庄、临西县尖冢镇、南馆陶北约5公里处社里堡）

解说：卫河发源于河南北部，在鲁西地区与京杭运河部分河段重叠，注入渤海湾。当时的"鲁西地区"是指包括现属河北省的临西县、馆陶县和山东省聊城市在内的很大范围。这是书中记载的日军霍乱作战的有关地图之一，图中沿卫河的临清、馆陶是日本人决堤的主要地点。

同期：（原河北省馆陶县政协文史办主任刘清月）我们这儿是平原哪，一开口子，这个口呀，非常湍急，非常快呀，非常湍急，流速非常快啊，你比如到我家离这里40公里，几天到，一两天就到我家了。

同期：（河北省临西县尖冢镇西尖冢村常书德）他日军扒开就走了，那时候水很大，老百姓说怕淹咱这儿。俺不知道是细菌，那个时候也没病，也没听说过"霍乱转筋"，起淹了以后，得开了"霍乱转筋"了。

画面：井富贵介绍自己家的坟头、房屋、树枝

解说：河北省馆陶县的井富贵老人一家8口原本四世同堂，一个半月内得霍乱死了5口人，就剩下他和12岁的姐姐、11岁的叔叔3个

小孩了。

同期:（馆陶县社里堡村村民井富贵）人抽搐以后就不会说话了，他不死啊，手伸不开，抽搐抽搐，这个人啊，抽成半截了，挺大个人，抽搐成半截了。到死的时候，腿伸不开，胳膊伸不开，蜷着，跟小狗一样，不大点就死了。

同期:（原冠县卫生防疫站站长张腾桥，76岁）当时不知霍乱，光知抽筋，吐、泻，吃就吐。

同期:（临清市大桥村村民王振东）那会日本人叫"虎列拉"。

画面：细菌产生、繁衍、发病、症状、患者死亡、当时生活资料

解说：老人所说"霍乱转筋"和"虎列拉"就是霍乱，这种由霍乱弧菌引起的经口腔感染的急性肠道传染病，是建国后我国法定管理的甲类传染病，也叫"二号病"。其病症特点是频繁地腹泻、呕吐，病人是重要的传染源。水源是其主要传播途径。

画面：档案、《鲁西细菌战大揭秘》中文字记述（灰透明膜遮挡其余文字）

解说：战后日军战犯交代：在掘堤之前，日军就在卫河里撒放了细菌。日军第五十九师团防疫给水班卫生曹长林茂美供认："1943年8、9月……曾向卫河中撒放霍乱菌（红线划出）。"日军第五十九师团见习士官矢崎贤三供称："1943年8月下旬至9月中旬，奉命而决卫河堤，同时向卫河中撒布了霍乱菌，利用正在泛滥的河水使其蔓延……"（红线划出）

同期:（河北省临西县尖冢镇西尖冢村常书德）死老些人啊，（死了老多人？）一会就死，一会就死。

同期:（原河北省馆陶县政协文史办主任刘清月）我奶奶就是7天以后，喝那个水就死掉了。

同期:（原冠县卫生防疫站站长张腾桥）有我的大爷、俺叔叔、两个舅母、一个舅父。

同期:（原河北省馆陶县政协文史办主任刘清月）只要就是说喝到这种不干净的水的，或者是一家人吃饭在一起的，一家一家全死掉了。最后

剩的孤儿寡母，这例子很多哩。

同期：（原冠县卫生防疫站站长张腾桥）多，哪个村都死人，那整个的丁寨就现在的丁寨乡，没有一个村不死人的，尤其这个毛庄都死成“无人区”，一个庄上没一个人了，都死光了。（插画面：死人资料镜头）

画面：《秦庭泪痕》书的封面、正文、封二

解说：（1943年11月15日）这本当年出版的《秦庭泪痕》一书在封二有这么一句质疑：“谁给冀南制造下灾荒？”

画面：日军开炮、“扫荡”、烧杀抢掠、老百姓死伤惨状

解说：撒放了细菌、扒开了河堤之后，日军开始了霍乱作战的第二步，对我根据地（疫区）实行了3次“扫荡”，他们烧杀抢掠、无恶不作，把老百姓赶得四处逃命。老百姓到哪，霍乱细菌也就到哪。

画面：黑若仙照片、院落

解说：黑若仙，回族，山东临清人，当时任原中共鲁西第一地委妇女部副部长，在冠县南部的大李村感染上霍乱病菌，3天时间就结束了年轻的生命。

画面：挂雪的枝桠、葫芦、天空、灰黄的太阳（推镜头）

解说：1943年是日本的昭和18年，所以日军称其为“十八秋鲁西作战”。

同期：（市政协文史处副处长崔维志）日军实施鲁西十八秋作战的目的主要有3项：一是检验日军大部队在霍乱爆发区的抵制力和免疫力，用他们的军事术语说是进行“抵制试验”（插画面：日军给中国儿童发放食物），第二项就是撒放这次霍乱菌，他们要统计一下到底能杀死多少中国人，第三项是为了保住津浦线和石德线。

画面：《鲁西细菌战大揭秘》书中文字（特技：灰透明膜遮挡其余文字）

解说：日军第五十九师团见习士官矢崎贤三1954年曾供述：“1943年8月下旬到10月下旬间，有20万以上的中国人民和无辜农民被霍乱菌所杀害……”（红线划出）

画面：雪后街景、崔和唐夫妇整理资料、档案书籍、论文、报纸、著书

解说：新中国成立后，个别日军战俘对于山东细菌战罪行交代的笔供和口供材料，以及我国政府的有关调查材料，湮没在中央和地方各档案馆的浩繁材料里，一直未被人发现、整理。1993年夏天，专心研究战争史的临沂作家崔维志、唐秀娥夫妇，在南京中国第二历史档案馆偶然发现了鲁西细菌战的线索，随后夫妇二人展开了追踪调查，引起了社会各界的关注，鲁西细菌战浮出了历史的水面。

画面：飞机、跳蚤、老鼠、细菌变异等资料镜头

解说：除使用霍乱外，日军还利用飞机空投、井水撒放昆虫播放、食物携带等方式在整个鲁西地区撒放了鼠疫、伤寒、乙脑等细菌。

画面：临清运河文化馆资料（古城、古塔、码头）

解说：因运河漕运繁荣兴盛起来的文化古城临清，那时被日本鬼子的细菌弄得人心惶惶，草木皆兵。

同期：（临清市民，90岁，史道清）喝水，药在水里，都在水里下蒙汗药，死人可多，死人多，走路都没劲了，那药厉害着呢，谁敢言语啊？

画面：日军行动资料（撒放细菌照片，军人案审判书）

解说：被老百姓叫做“蒙汗药”的细菌，日本鬼子是怎样撒放的呢？这里有当时日军在中国其他地区施放细菌的供词。他们化装成中国老百姓的模样偷偷摸摸地投撒细菌。

同期：（Sajing Samorao上校）我们会挑选一些星星点点的有水井的地方，然后用车把（我们的）人拉过去。我们把水井里的桶拉上来，然后把细菌放在水桶里，再把水桶放回井里。

同期：（ixijemor.）我们会制定一个计划来传播细菌，先派出一些奸细去告诉大家，在某地区发生了流行病。（日本兵贴公告）等那些奸细放出消息后，我们就开始传播细菌。

画面：炮轰、民房被烧、日军防疫、中国军民俘虏资料

解说：悄悄地散布了细菌，他们就可以明目张胆地打着消灭病菌的旗号开展“扫荡”了。在大规模使用细菌武器杀害中国人的同时，日军采取了很多措施来防止疾病传染到自己身上。他们除注射专门的防疫疫苗外，

还规定了严格的纪律，不许士兵接触细菌和带有细菌的人和物。

同期：（临清市大桥村村民王振东）有这病，你就毁了，（得这病的）那就搁你一边，（不让）传染他兵营啊，叫红部，支红部里头，拿劈柴都烧他，在那个红部里头，都烧他。

同期：（临清市大桥村村民，67岁，王忠德）烧的那个人还吱歪呢，还叫唤呢。就在那个西楼西边南山上那里有一个铁床，铁丝弄铁丝把这个人绑住以后，底下架劈柴，倒上油，烧，烧得人可吱歪来。

画面：临清市全景俯拍、日军细菌生产种类、产量表（字幕）、烂腿老人（字幕：侵华日军细菌战浙江受害者）、中国受害者闪回（特技叠加）

解说：我们无法判定日本鬼子当年在这里到底撒下了多少种细菌，犯下了多少滔天罪行？我们更不知道在鲁西、山东乃至全国到底还有多少未被揭露的细菌战秘密存在？我们只知道，有些病菌的潜伏期和存活期很长，鲁西地区直到今天还有当地老百姓叫不出名来的疾病发生。正义的诉讼还在进行，这项调查远未结束，我们希望每一位有良知的人都来关注和参与；越来越多的受害者与见证人都能站出来作证。还历史本来面目、让真相大白于天下、让罪恶得到惩治、让正义得以伸张！

黑底（上滚）字幕：

当年日本侵略中国，给中国造成了巨大灾难，死伤者达3500万，经济损失达6000亿美元。然而，至今在中日两国的正式文件中尚找不到一句日本政府直接向中国表示谢罪的话……

主创人员：

策划：徐龙河　　编导：张培宇　郭岭梅

摄像：袁敬宇　　资料：郭岭梅　崔维志

非线：夏如意　　解说：唐耀文

音乐：杨青青　　监制：吕　芃

山东电视台新闻部

2002年12月

五、日军在华北的细菌战

侵华日军驻北平及华北各地细菌部队研究概论

徐　勇*

一、有关资料与研究状况评析

侵华日军甲一八五五部队是一支秘密特种部队，由于采取严格的保密措施，战败投降时又全力销毁其证据，疏散人员，致使其原始材料长期得不到披露，严重妨碍对其深入研究。目前有关资料来源主要是中国与日本两个方向。出现于日本的主要有：原日军官兵的回忆、反省材料，再是包括该部队业务日志在内的各种档案资料的逐渐披露；出自中国方面的，则有战后对于战犯的审判材料（口供、笔供等），幸存的受害人、见证人的证词，以及甲一八五五部队的遗留文字、物证等其他各类资料。

总体而言，战后关于甲一八五五部队的各类资料的披露、积累与研究进程，有两个明显的高峰时期。第一个高峰时期50年代。当时在日本方面，由于战争灾难的沉痛教训，一些旧日军官兵有了深刻反省，根据亲身经历写出回忆文章，揭露了该部队的真实情况；在受害的中国方面，内战结束，社会各业恢复和平建设，陆续发现一批重要证据。该时期重要的成

* 徐勇，北京大学历史学系教授。

果是，原甲一八五五部队第三课卫生二等兵松井宽治首先挺身而出，揭露该部队的细菌战罪恶，文章刊登于1950年1月10日日本《赤旗》报。中国《人民日报》于同年2月21日于第一版转载，同时报道了著名病毒学家、中央防疫处汤非凡教授等人发现甲一八五五部队遗留的、用于细菌战实验的6管病毒菌种，3只曾用于消毒的重达十余吨的大铁锅，以及大批铝质细菌培养箱的消息，该报还刊登了6支病毒试管和日军曾培养的印度跳蚤的图片。[①] 这是刚刚成立的共和国发行量最大的报纸面向国内、外的公开报道，影响十分巨大。

借此新闻报道的舆论推动，3月1日，由原静生生物研究所人员（职务不详）夏绰琨写出有关的回忆介绍；3月7日，中央卫生部集曾在该部队工作过的工人16人座谈回忆，收集整理各方面素材；同年（无具体月份）还有卫生部陆世火良写出了较为详细的调查纪要，2月23日河北省军区卫生部整理日军细菌战罪行材料。这些可以说是战后对于甲一八五五部队的最初揭露。

中国方面50年代最重要的一项工作，是对日军战犯进行审判，从而发掘出一批有价值的日军细菌战资料。其中关于甲一八五五部队北京本部[②]的，有原日军军医中尉竹内丰1983年2月2日的笔供，原卫生兵长田友吉1954年8月4日、11月1日的笔供，中村三郎1954年8月21日的供词等。关于甲一八五五部队及其分部在各地的活动，则有1983年至1955年原日军军医中尉竹内丰关于济南支部的笔供与口供共7份，对济南分部的编制、人员活动，使用中国人做人体实验，以及进行细菌战等罪行，均有详细的交代和揭露；济南市人民检查署在对于战犯的审理与充分调查基础上写出了调查报告。此外还有原卫生曹长林茂美1954年7月17日证言、10月7日的口供，军医汤浅谦1954年11月20日的笔供，原甲一八五五部队护士中岛京子1954年11月23日关于太原支部的笔供等。

关于甲一八五五部队和各分部在各地的细菌战行动和罪行，主要有原

① 《人民日报》1950年2月21日第一版。

② 日军称当时的北平市为北京市，本文凡涉日军机关名，均以原始史料为准。

第一一七师团长、陆军中将铃木启久1955年5月6日的口供，陆军大尉中田卯三郎1956年5月5日对于铃木启久罪行的证词，原第五十九师团长、陆军中将藤田茂1954年8月31日关于筹划霍乱细菌战构想的口供，原第五十九师团小队长小岛隆男1954年11月关于在山东地区进行“霍乱作战”的口供，生曹长林茂美1954年的口供及检举材料，中岛京子1954年9月3日和1955年关于在山西潞安细菌作战的笔供，原独混第四旅团少尉小队长住冈义一1956年5月31日关于在山西进行细菌战的笔供，以及著名战犯河本大作1953年4月10日关于在山西的细菌作战以及石井四郎在山西活动的情况供述等。

再一批有价值的资料，是抗战时期中国国共两党领导人、军政机关、卫生机关、前线各抗战部队关于日军细菌战的通电、报告、记录等文献及人证、物证资料，数量极多，集中反映了日军细菌战与中国受难概况，史料价值甚大。①

50年代对于甲一八五五部队本部及其分部的上述揭露，留下了许多有价值的原始资料，构成了战后第一次分析与研究的高潮。可惜由于诸多历史原因，该项工作中断，无论资料发掘还是分析研究，都出现了长达30余年的空白时期。

第二轮揭露与研究高潮的出现是90年代的事情。最为重大的成果是一些核心史料被发现。其中尤以日本历史学家吉见义明等人从防卫厅图书馆发现日军参谋本部作战课课员井本熊男的《业务日志》，以及甲一八五五部队的机密军事资料《业务详报第一一号》（自昭和19年4月1日至昭和19年9月30日）②等，具有重大史料价值，为深入研究该课题、揭开甲一八五五部队谜团提供了有力佐证。再是又一批旧日军官兵打破沉默挺身揭露真相，主要有甲一八五五部队第一课担负病理解剖的大尉那须毅及其夫人那须阳子，北京第一陆军医院军医小川武满，甲一八五五部队

① 上述材料均收入中央档案馆等:《细菌战与毒气战》，中华书局1989年版。

② 该份档案只是部分开放，据日本正义人士分析，不开放部分疑为“人体解剖”及“细菌作战”等要害内容。

天坛本部堤美耶子、儿玉和子，甲一八五五部队第一课犬丸良子等。他们的口述记录或回忆文章，见诸日本的杂志报纸，或汇编成书[①]，成为又一批重要史料。其中以甲一八五五部队第三课卫生兵伊藤影明的揭发影响最大。伊藤自1943年6月进入甲一八五五部队，直至战败投降，任职时间长，了解内情多，在80年代末打破沉默，先后多次揭露真相，记录成文《ネズミを集め、ノミを饲育》，内容详尽[②]，还有其他多篇记述材料，是继50年代松井宽治之后的很有影响的个人口述资料。

在研究论著方面，借助抗战胜利50周年纪念活动，1995年在哈尔滨召开了以研究日军侵华细菌作战为主题的"反对侵略维护和平座谈会"，甲一八五五部队正式成为学术会议讨论研究的议题之一。会后，以会议论文为基础由日本明石书店出版《日本军の细菌战.毒ガス战》，其中有日本自由作家、记者西野留美子的文章《北京甲一八五五部队》，中国药品生物制品检定所钟品仁教授与钟虎的《日本侵略军甲一八五五部队の部分的罪行と遗迹の认定》。[③]西野留美子及钟品仁等人的论文均引用了上述业务日志等原始资料。由西野留美子等组成的日本七三一研究会，还编辑出版《细菌战部队》(晚声社)，其中将甲一八五五部队作为一支重要的细菌战部队辑为专章介绍。2001年9月北京九一八事变70周年国际学术讨论会上，谢忠厚依据中方部分档案材料，提交《华北甲一八五五细菌战部队之研究》。中、日两国专家这些研究活动，共同推出了关于甲一八五五部队的首批学术性论文。北京地区的书籍、报刊也先后刊出过一些介绍性文章。[④]

① 上资料分别见日本"日本の战争责任资料センター刊行"《战争责任研究》(季刊)，1993年、1995年各期；以及北京中国人民抗日战争纪念馆馆藏日军一八五五部队资料等。

② 伊藤影明:《ずネズミを集め、ノミを饲育》，[日]七三一研究会编:《细菌战部队》，[日]晚声社1997年版，第164–179页。

③ 二文均见日本七三一部队国际シンジウム实行委员会:《日本军の细菌战.毒ガス战——日本の中国侵略と战争犯罪》，[日]明石书店1996年版，第162页。

④ 见中共北京市委党史研究室编:《在北京地区的暴行》，知识出版社1993年版；《北京日报》，1995年8月25日。

在资料整理方面，1989年由中央档案馆、中国第二历史档案馆、吉林省社会科学院等联合编辑出版《细菌战与毒气战》（中华书局），将前述松井宽治文章及部分重要的档案资料公之于世。此书是有关侵华日军最重要的原始资料，也是对于甲一八五五部队最早的、最为详尽的资料汇编（已在日本翻译发行）。1997年郭成周、廖应昌《侵华日军细菌战纪实》第5章则进一步综合记录了中日双方有关的资料，并做了分析评述，为读者提供了方便。

上述研究尽管还存在许多空白或不足之处，但50年代与90年代的两轮揭露与研究的高潮，确实可以说取得了阶段性的成果。甲一八五五部队的设置及其活动状况得到较为完整的揭露，特别是其作为细菌战特种部队性质及其罪行已经被学术与社会各界确认。

从甲一八五五部队的资料发掘以及研究进程来看，继中方50年代的高潮之后，日本方面由于专家与社会各界的努力，使甲一八五五部队的核心档案资料的发掘以及研究成果具有长足发展，格外引人注目。但战后中国学界在50年代的成绩之后，却因多种历史原因，未能充分、有效地继续展开调查取证，致使有关文字、物证材料大量散失，人证消亡，学术研究更是长期落后。

形成这种局势，有其客观的特殊原因。日军甲一八五五部队组织严密，其细菌武器的研制、生产与使用都是在极其保密的状态下进行的。在人事方面，甲一八五五部队只使用了很少的中国员工，且只让担任杂务，中国员工很难了解其机密材料与活动，因此直接的核心材料应该来自日方。

中国方面的后进状态还有其特殊因素。抗战胜利后中国很快转入内战状态，中国军事力量未能及时、有效控制北平地区，致使该地区呈现一种力量与管理的过渡或“真空”状态，这种特殊历史环境使日军侵华罪行未能得到及时清算。

自8月15日日本天皇宣布投降，到10月10日华北方面军司令官根本博中将在太和殿献军刀投降，在长达两个月时间内，日军甲一八五五部队的人员得以彻底疏散，并充分销毁其罪恶证据。据日本《赤旗报》，该部队卫生二等兵松井宽治揭发，甲一八五五部队第三课所在的静生生物调查所销毁罪证工作曾连续进行3天3夜，重要书籍资料和培养器具都被烧毁了，培养跳蚤的汽油桶1万个被卡车运走，墙壁也“喷洗”干净。“然后下令解散部队，把北支那防疫供水部”的名称从华北派遣军的名册上涂去，所属官兵都转属到各陆军医院去”。[①] 伊藤影明在90年代的证言：“8月15日那天，我正在站岗。战败这件事，一时间实在没有预料到。战败后，我们花了一星期焚烧那些老鼠和跳蚤，味道难闻极了。”[②]

总之，由于战后中国特殊的内战形势，致使名义属于国民政府接收与管理的北平，接收甚晚，工作混乱，未能及时保护和征集有关文字、物证，日军有充足的时间疏散人员、销毁证据，以至于我们今天所面对的有关甲一八五五部队研究的重大课题，存在着史料散失，人证消亡诸多严重障碍。充分认识这一历史背景，有针对性地采取弥补措施，对于发展今后的调查、取证与研究是十分有益的。

二、编成时间、头目及其序列诸问题

甲一八五五部队作为侵华日军驻北平地区特种兵部队之一，关于其编成时间及其头目资料，学术界目前的考证不多，认识也不统一。笔者初步发现有如下看法：

长期关注该问题研究的西野留美子的结论是：“1938年（昭和13年）2月，甲一八五五部队在北京市天坛设置本部。部队直辖于北支那派遣军（后为北支那方面军）司令部，陆军军医大佐西村英二任部队长。”[③]

日本专家在调查中曾咨询防卫研修所战史部参考调查负责官员，1999

① 《人民日报》1950年2月21日。

② 引自李繁荣译、北京市中国人民抗日战争纪念馆馆藏日军细菌战资料“The Sum-mer of Beijing”（日本版非卖品）。

③ 西野留美子:《解说——北京甲一八五五部队》，前揭《细菌战部队》，第180页。

年8月17日其答复是:“现通告给您调查结果。第一八五五部队(北支那方面军防疫给水部)的开设日期并不确定。厚生省出具的部队略历中，并没有第一八五五部队(北支那方面军防疫给水部)的记录。因为该部队是北支那方面军的直属部队，可以认为方面军司令部于昭和13年1月18日迁驻北京时，该部队也同时迁入北京。”①

中国方面专家郭成周、廖应昌等认为:“它是1939年和华中(南京)、华南(广州)同期建立的三大防疫给水—细菌战部队之一。”②

面对以上不同说法，笔者曾查阅日军战史及其序列资料，未发现足够的材料。按日本防卫厅战史部专家编辑、具有权威代表意义的《帝国陆军编制总览》记载，1937年日本侵入华北之后，曾设置有“第一防疫给水部”、“第十五防疫给水部”以及“北支那防疫部”，同为“北支那方面军直辖部队”。在“北支那防疫部”项下记有“(部长)昭15.3.23西村英三(医中佐)”(笔者：疑为西村英二之误)。③

该书“第7章 大东亚战争期”又出现“北支那防疫给水部”一称，并记有“(部长)昭15.3.23西村英二(医大佐)”。④日本战败投降时该部队的编制仍然存在，但无部队长姓名记录。⑤

笔者从上述材料所得出的疑问是：第一，“北支那防疫部”是否就是后来的“北支那防疫给水部”的初期名称？第二，该书对其部队长的多处记录均为西村英二，其就职时间也全为“昭15.3.23”即1940年3月23日，这是否就是部队长西村英二的就职时间？那么此前的头目是谁？

要完全求证于日方资料无疑是困难的，日方资料本身的缺损，源自其战时的保密政策。例如其业务详报曾记载：1944年《北防给作第二六八

---

① 引自李繁荣译、北京市中国人民抗日战争纪念馆馆藏日军细菌战资料“The Sum-mer of Beijing”(日本版非卖品)。

② 郭成周、廖应昌:《侵华日军细菌战纪实》，北京燕山出版社1997年版，第219页。

③ [日]外山操、森松俊夫编:《帝国陆军编制总览》，(东京)芙蓉书房昭和2年版，第518页。

④ [日]外山操、森松俊夫编:《帝国陆军编制总览》，第662页。

⑤ [日]外山操、森松俊夫编:《帝国陆军编制总览》，第1254页。

号命》及《北防给作第二七八号命》的两份指示，均在第一条首句强调："要格外注意防谍"，要求"使用演习等字句"隐蔽地表示特定的行动和目的。①

笔者的考查从中方材料中发现了一些有价值的史料。据伪北平市卫生局档案记载，自"1938年1月开始至同年12月"，进行全市水质等卫生事项调查。担负此项工作的是稽查班郭日升等"随同菊池部队采取各区界内井水水样"。关于调查情况现存多份文件。其中1938年8月25日有第一卫生区事务所稽查长刘九如具名呈送报告说："协助天坛菊池部队检查本区井水一案，遵由职等每日陪同前往各井查验办理。至八月二十五日，已将本区三十五井逐次查验完毕。"有关调查结果同年10月27日由"稽查班稽查长朱鼎钧"具名呈送报告："截止十月二十二日止停止工作等情前来，查本市共计饮水井三百九十七处，综计采取水井一百七十四处。"②

由此笔者可以确认，1938年初"菊池部队"已经展开活动，其总部位于天坛，具体开设日期当在1938年1月之前。

关于甲一八五五部队的头目，也亟待新的确认。1950年3月，中央卫生部召集曾在该部队工作过的中方人员16人座谈，他们回忆"第一八五五部队队长初为黑江，继为菊池，后为西村英二"。③中方的论点大多与此相同。

这里提出的黑江有无其人，目前尚无所考。其次的菊池在日方专家论著中没有记述。最后的西村英二，虽然得到双方确认，但按日方专家西野留美子等论证，西村英二1938年（昭和13年）2月即为部队长，抑或初期头目？此点与各方人员的结论是矛盾的。

笔者经过综合考察后，判断1938年的头目应为菊池，西村在任时间当在菊池之后。主要依据有上述伪北平市卫生局档案中的朱鼎钧等人的文

① 见防卫研修所战史室藏"原本史料"：《北支那防疫给水部业务详报》（昭和十九.四.一日——十九.九.三十）附录别页。

② 北京市档案馆藏，全宗号J5，目录号1（1），案卷号344。

③ 中央档案馆等：《细菌战与毒气战》，第200页。

字报告；此外，还发现有似为该报告所附的两张名片，一张为“医学博士郭文宗”，未标注住址、电话等事项；一张为“药剂师东野久住”，左下角标注了电话号码，住址为“神户市林田区若松町二丁目”，右上角有手写的字迹潦草的二小四大共六字“天坛菊池部队”。报告还记载：“该部郭文宗允将查验于全市完成后检送一分送供参考。”可知这二人完全代表甲一八五五部队，权力很大，日方绝对控制着调查活动及其数据成果。[①]

这两张名片与报告文书相结合，很能发人思考。按照当时对于日军队惯用的以头目姓氏代称部队的习惯，该部队被称为“天坛菊池部队”或“菊池部队”，而不是“天坛西村部队”或“西村部队”。可知至迟在1938年夏、秋间，菊池确有其人，且是能够代表驻在天坛的甲一八五五部队的主要头目（是否部队长待考）。所以，上述员工座谈揭发的情况属实，可以弥补日方资料、论著的缺损与不足。

甲一八五五部队作为华北派遣军直属单位，权力很大，业务范围广阔。出自其研制、生产与使用细菌武器作战需要，该部队大量攫夺北京地区的医疗技术资源，其中一项重大行动是接管协和医院。关于其接管时间目前尚无定论，但其决策的大体情况可从多种资料得到证实，如前述井本记录了日军在1939年时已制订好接管方案。笔者在调查中，曾得到赵庭范先生的一点证实。赵庭范先生是日军接管协和后的第一任由中国人担任的协和图书馆馆长，他说，接管协和的是甲一八五五部队，接管之前经常去协和了解情况的日本军官叫松桥堡。赵老先生说，松桥曾多次去图书馆索要各种资料书籍，和他认识。赵庭范肯定地说，松桥是甲一八五五部队的人。[②]

再一重要课题是甲一八五五部队各分部的组织及其活动的情况。1944年的《业务详报第一一号》中“部队行动概要”记载：当时共“设置支部及派出所12个，本部直辖5个，第十二军指挥所属4个，第一军指挥所属2个，驻蒙军所属1个。由北京本部统制指导业务，担负北支那全部广

① 北京市档案馆藏，全宗号J5，目录号1（1），案卷号344。

② 1996年11月5日笔者采访赵庭范先生及其外孙女李红艳女士谈话记录。

泛地区的防疫及防疫给水业务，还有同防疫给水相关的教育、调查研究各种预防剂治疗剂的制造和补充……”①

作为甲一八五五部队的又一类下属部队，又在华北各地配属“防疫给水班”。这种非常设的特种部队，不仅可以遂行特殊的非法的细菌作战，更可以发挥隐蔽行动的谋略作用。按日军建制序列，各军、师团均配置“野战病院”等常规战地卫生机构。甲一八五五部队本部为各军、师团所配属“防疫给水班”，其性质与任务有别于常设卫生机构，需要担负细菌作战。例如，原五十九师团长、中将藤田茂1954年8月31日口供，他曾在1945年初领受军司令官的关于筹划细菌战的任务后，命令师团所属“防疫给水班”做出霍乱细菌战的准备。②

甲一八五五部队各支部、派出所人员、各师团“防疫给水班”的作战行动受驻在地的军、师团司令官节制，但其编成人事权力属甲一八五五部队本部。如1944年7月郑州支部的编成，由部队长西村英二签发命令：“一、本部根据方面军作命丙第七二二号，编成北支那防疫给水部郑州支部……七、郑州支部编成完结之时即归第十二军司令官指挥……”③

关于本部机构与各分部大概情况，已为现有研究者注意并有相当介绍，本文不再赘述。唯甲一八五五部队所属临时性野战分队（部队）及其活动的情况，尚未被各方述及。特据其业务详报的记录加以指出：

1944年4月6日17时由部队长西村英二签发命令：“本部根据方面军作命第五二一号编成野战防疫给水部一个……四月十日十七时编成完结。”其人员以军医中佐吉见亨为首计有将校16人，士官28人，兵103人，雇佣人员31人，共计178人。编组为“本部”、“防疫班”、“补修”、“防疫给水班”4大部分。其规模之大可以从比较中看出：同期一八五五部队北

① 日本防卫研修所战史室藏“原本史料”:《北支那防疫给水部业务详报》(昭和十九.四.一日——十九.九.三十)，第1页。

② 中央档案馆:《细菌战与毒气战》，第308–309页。

③ 《北支那防疫给水部命令》(七月二十九日十四时北京)；见日本防卫研修所战史室藏“原本史料”:《北支那防疫给水部业务详报》(昭和十九.四.一日——十九.九.三十)，附件。

京本部人员369人，其余分部人员太原支部100人，郑州支部93人，运城派出所56人。其业务详报还记录了该野战防疫部队的解散情况。西村英二于6月21日12时签发命令：“一、方面军直辖野战防疫给水部队完遂其任务，据コ作命丙第二五一号归还北京本部；二、本部六月二十一日前解散该部队编成。”①

对于甲一八五五部队该类临时性的下属单位的存在和作用，战败后石井四郎曾向美军招供：“1938年7月成立了18个师团的防疫给水部队（即细菌战部队）在战场上的各师团中进行活动。随着日本军队活动范围的扩大，又补设了机动性部队。”②结合上述业务详报记录可见，甲一八五五部队根据战场任务，确实曾经大量编组临时性机动野战分队（部队）。对于该类临时性机动野战分队（部队），无论其组织规模还是作用，都十分需要加以注意并深入研究。

三、部队性质、活动及其主要罪行

自20世纪初开始，国际社会逐步建立起了较为完整的成文法与习惯法，反对使用细菌武器和其他有毒武器。如1907年的海牙国际公约，1919年凡尔赛对德和约，1925年日内瓦议定书《禁止在战争中使用窒息性、毒气或其他气体及细菌作战方法》等。

正如日本法律界专家控诉战前日本政府罪行时指出：“细菌战由此而成为全体人类应该加以憎恶的战争犯罪。被告完全了解细菌战是被国际法禁止的，却在此认识基础上进行了本案的细菌作战。”③甲一八五五部队就是这一罪恶行径的产物。

---

① 日本防卫研修所战史室藏“原本史料”：《北支那防疫给水部业务详报》（昭和十九．四．一日——十九．九．三十），别纸第一，人数见附表。

② 转见郭成周、廖应昌：《侵华日军细菌战纪实》，北京燕山出版社1997年版，第42页。

③ 日本军による细菌战の历史事实を明らかにする会：《裁かれる细菌战》第一集·诉状（日本版非卖品），1998年，第44页。

甲一八五五部队的建立与发展同七三一部队关系十分密切，日本细菌战元凶石井四郎一直在该地区频繁活动，并直接参与或指导其行动。井本熊男已经公开出版的一本书中记载，1937年9月日军在华北展开大规模进攻之际，有“防疫给水本部部长”石井四郎到津浦铁路沿线视察并参与战事。[①] 众所周知，石井为日军最重要的细菌战犯，他自20世纪20年代开始其细菌武器研制，1933年在中国东北地区建立大规模的试验基地。他在此时出现在华北地区，同该地区细菌作战不无关系，北平的甲一八五五部队设置绝不是偶然的。石井四郎1941年升任少将，1942年调任山西第一陆军军医部部长，长达两年，直接指挥该地区细菌作战。著名战犯河本大作的证词：“他来到太原之后，似乎仍然全面负责有关细菌方面的工作，经常出差，很少在太原。”[②] 1945年石井四郎调回哈尔滨的七三一部队，官升中将。

甲一八五五部队是一支违反国际法的、反人道的、担负细菌战任务的侵略部队，这一性质目前已经得到各方公认，而新发现资料可以进一步强化这一定论。甲一八五五部队是进行细菌武器的研究、生产与使用的作战部队，实在是确凿无疑。根据日本学者吉见义明、西野留美子等人发现，井本在其业务日志中记载：甲一八五五部队“昭和14年（1939）秋，花费21万日元、完成了细菌研制设施的90%。”还记载已经完成了对协和医学院的接管计划，“制定了接收洛克菲勒的计划和‘ホ’号 ×× 建立联系”。[③]

其《业务详报第一一号》关于“北京本部之一般行动”记载：由北京本部统制指导业务，担负北支那全部广泛地区的防疫及防疫给水业务，还有同防疫给水相关的教育、调查研究各种预防剂治疗剂的制造和补充……尤规定“收治特殊传染病患者，调查研究、集防疫情报，进行卫生调查

---

① ［日］井本熊男:《从作战日志看中国事变》，芙蓉书房1977年版，第139页。

② 河本大作口供（1953年4月10日），《细菌战与毒气战》，第46页。

③ 洛克菲勒即协和医学院，见［日］七三一部队国际シンジウム实行委员会:《日本军の细菌战．毒ガス战》，［日］明石书店1996年版，第162页。

并理化试验，饲养、研究医用昆虫类等，完遂防疫给水部本然之任务”。[1]这里的诸项活动均与细菌作战有密切关系。

其业务详报关于“特殊业务”一项，记录了对于新调入官兵的细菌战业务培训：“对初任将校和新配属的将校，要实施有关部队业务之特性、以及防疫和防疫给水教育。”而当年5月安排的课程则有尾崎技师之“霍乱和蝇之种类”。[2]

一批有正义感的日本人士编辑发行的回忆资料证实：“北京也有防疫给水部，称为甲一八五五部队，最近证实，这里也进行了细菌武器的研究。1938年（昭和十三年），该部队本部在北京的天坛编成，是继七三一部队之后的、进行生物武器研究开发的部队。设在北京协和医学院的第一课，和设在北海公园内的北京图书馆的第三课，在首都北京市中心这一最为重要的地方，进行了细菌研究和人体实验。”据进入一八五五部队的日军护士堤美耶子、儿玉和子等人回忆：“在天坛的主要工作：1. 试验用小动物（兔、老鼠、豚鼠等）的饲养。并且大量饲养传染病媒体的跳蚤、虱子。还有给血粉（粉末状的血液，跳蚤的食料）。我还想起了因为被跳蚤咬了而为难的同事。2. 其他班将从马的血清中提取出来的急性传染病（肠伤寒、斑疹伤寒、痢疾等）的预防疫苗装入安瓿……”[3]

据1943年6月进入甲一八五五部队的伊藤影明回忆：“所以刚才听说女学生们也曾经帮助饲养跳蚤，真是有点儿不相信。”（注：一部分北二高女4期生曾经在天坛帮助饲养跳蚤。）[4]研制与生产的规模很大，“这是为了万一在细菌战中要使用鼠疫跳蚤时，要保证一定的数量。老鼠本身就

---

① 日本防卫研修所战史室藏“原本史料”:《北支那防疫给水部业务详报》(昭和十九.四.一日——十九.九.三十)，第6、7页。

② 日本防卫研修所战史室藏“原本史料”:《北支那防疫给水部业务详报》(昭和十九.四.一日——十九.九.三十)，第40页。

③ 引自李繁荣译，北京市中国人民抗日战争纪念馆馆藏日军细菌战资料“The Sum-mer of Beijing”（日本版非卖品）。

④ 引自李繁荣译，北京市中国人民抗日战争纪念馆馆藏日军细菌战资料“The Sum-mer of Beijing”（日本版非卖品）。

带有伤寒病菌，所以我们都进行了预防接种，可是有一回我还是终于发病而住进了医院。19 年 2 月份，增加了十二三名新兵，8 月份又来了十来名下士和 4 个军官，人数达到了 50 人。我这才认识到这是一件很重要的工作。大家都是裸体进行工作的。并且设了研究室、实验室、细菌室、灭菌室”。①

在中国方面，也发现了直接证明甲一八五五部队研制细菌武器的证据。前天坛防疫处处长汤非凡的揭露：“我在 1945 年日寇投降后接管北支甲一八五五部队所占据的天坛防疫处时，曾询问有没有毒性菌种，日本人说只有斑疹伤寒的菌种，因此只交出斑疹伤寒的菌种。但本处在今年成立菌种室后，收集全处各部门的菌种时，发现六管只写有日本女人名字的菌种……六管菌种经过培养实验以后，发现其中五管是毒性鼠疫杆菌，第八号的毒性可能已经消失。这是证明日寇曾在该处制造细菌武器的最有力的证据之一。”② 北京生物制品检定所钟品仁教授等有关研究专家分析，试管是保存在地下室的，由于地下室温度低，无光线，这是鼠疫病毒存活几年而终被发现的原因。日本虽然销毁了绝大多数证据，但仍会有疏漏材料可以被发现。

日军侵华细菌作战的最无人道的罪行，是对战俘等各类活人进行活体实验。尽管存在诸多困难，有关各种资料特别是新近发现的一些反映日军高层决策的文献与档案资料，仍能使我们对日军甲一八五五部队的罪行作出肯定的结论。

据已经发表的松井宽治等多位日本老兵的回忆揭发材料，他们从不同角度证明了日军甲一八五五部队进行活体实验等多方面罪行。由于他们在战时的亲身经历，这些材料具有很强的说服力。伊藤影明指出，1945 年即“（昭和）20 年 2 月份，突然来了一辆陆军的挂篷卡车。并且把 3 层一侧当成拘留室，把十来名可能是俘虏的中国人押了进去。军队是不允许来

① 引自李繁荣译，北京市中国人民抗日战争纪念馆馆藏日军细菌战资料“The Sum-mer of Beijing”（日本版非卖品）。

② 《人民日报》1950 年 2 月 21 日。

这里的。第二天我看到了很恐怖的事情，我悄悄地来到那里，从门上的小窗户往里窥视。窗玻璃涂着黑色涂料，里面一片漆黑，里面一个大概和我同年的青年，可能已经意识到难逃一死，正用一种无法言状的昏暗的眼神回望着我。猛然间，我感到：啊，幸好我是日本人。幸好我在门的这边。那些人之后怎么样了我不得而知，但是复员以后，那一刻的情形也一直在我的眼前浮现，甚至经常梦到。”①

1995 年 8 月，来自原爆地区日本广岛的“中国新闻社”派出资深记者北村浩司采访当年的日军老兵，又到保定、北京、哈尔滨等地实地调研日军的细菌战、劳工等诸问题（笔者曾陪同他对北京地区情况作了一些调查）。北村浩司又一次记录了伊藤影明的证言：“长官说过：要准备使用，假如美军在冲绳登陆的话就让美军全部灭绝。我就担负了繁殖跳蚤的任务。”伊藤影明还证明，他所看见用卡车运来的中国俘虏，“一定是被送上了实验台”。②

日军甲一八五五部队在华北地区使用细菌武器多年，范围广泛，次数繁多，危害严重。其业务详报记载了 1944 年 7、8、9 月间先后派往曲阳、元氏、石门、保定等地支持各地细菌作战。为在山东济南实施“霍乱防治”、“急派平田曹长等九人到济南支部以强化该支部”。③

从其业务详报记载中可以发现日军细菌战对中国抗日根据地造成的恶果：“河北省北方约 50 公里曲阳附近，敌方地区华人之间发现霍乱患者，并有死亡发生。又南方约 35 公里到元氏及铁道沿线东方地区一带各村落间，发现霍乱患者且有蔓延征兆。”④

---

① 引自李繁荣译，北京市中国人民抗日战争纪念馆馆藏日军细菌战资料“The Sum–mer of Beijing”（日本版非卖品）；另见伊藤影明:《ずネズミを集め、ノミを饲育》，［日］七三一研究会编:《细菌战部队》，［日］晚声社 1997 年版，第 176 页。

② 《中国新闻》（日本广岛），1995 年 10 月 31 日第 5 版特集。

③ 防卫研修所战史室藏“原本史料”:《北支那防疫给水部业务详报》（昭和十九．四．一日——十九．九．三十），第 8 页。

④ 见 8 月 14 日 14 时《北支那防疫给水部命令》，防卫研修所战史室藏“原本史料”:《北支那防疫给水部业务详报》（昭和十九．四．一日——十九．九．三十）别页。

甲一八五五部队在华北地区的罪行已有陆续的揭露，笔者认为其中1943年霍乱在华北地区（包括北平城内）的流行，是其较大罪行之一，可以立案为专项的调查研究课题。目前已发现多方面的相关资料。1943年4月，日军参谋本部召开“保号碰头会”，筹备在中国发动一次全面的细菌攻击行动。要求关东军防疫给水部队生产跳蚤月产10公斤，华北防疫给水部队月产跳蚤5公斤等。[①] 其后，就有了日军在北平、山东等地的一系列细菌作战行动。伊藤影明说：“那一年的8月开始，北京突然爆发了霍乱。后来我听说这是一八五五部队试验性释放造成的，不知是真是假。”[②] 长田友吉揭发：“一九四三年八月，北京发生的霍乱，可以肯定为日军的谋略所致。”[③]

除了日本老兵所揭发，中国许多地方档案亦有记载和证据，有的医学专家提出了很有说服力的佐证。协和医院病历档案中心主任王显星先生与该中心马家润教授分析过历年病案档案，发现自1931年日本发动九一八事变侵入中国后，北平地区在1932—1933年间首次流行霍乱，其后40年代大量出现霍乱病例，以1943年范围广、受害者多，而此前的20年代却没有这种病案记录。王显星先生和马家润教授认为，这同日军在华北的存在及其细菌战活动有关。马家润教授还指出，甲一八五五部队的松桥堡曾准备销毁医院的病案档案，由于老主任王显星先生的全力交涉才保留下来。[④]

日军的细菌作战行动，造成北平地区长年流行各种疫病，迫使当时的民政机关不得不采取诸如严格检查行人、强制隔离患者等很多应对措施。此点在伪北京市卫生局档案中也有反映。[⑤]

---

① 转见郭成周、廖应昌:《侵华日军细菌战纪实》，第84页。

② 引自李繁荣译，北京市中国人民抗日战争纪念馆馆藏日军细菌战资料“The Sum-mer of Beijing”（日本版非卖品）。

③ 长田友吉笔供（1954年8月4日），前揭《细菌战与毒气战》，第194页。

④ 1996年10月30日笔者采访协和医院病历档案中心马家润教授谈话记录。

⑤ 如《北京地区防疫委员会霍乱预防工作报告》等，见北京市档案馆藏，全宗号J5，目录号1（2），案卷号910。

四、几点结语

总体上说，我们有理由为有关甲一八五五部队的研究进展感到欣慰，应该对于日本学者吉见义明、西野留美子等人卓有成效的工作表示敬意。但与七三一部队研究的丰富成果相比较，甲一八五五部队研究实在比较单薄。特别是学术性研究论著太少，这并非该问题不重要更非没有值得研究的内容。相反，比起七三一部队，甲一八五五部队是相同的研制、生产与使用细菌武器的侵略部队，同时又在更为广泛复杂的战场上担负更多的作战任务，因而具有更为特殊的研究内容。

日本在华北地区驻军甚早，20世纪初即已通过《辛丑条约》向京津等地派驻侵略部队。甲一八五五部队的活动，添写了日军更多的罪恶记录。被称为“北平的七三一部队”[①]的日军甲一八五五部队与日本全面侵华战争共始终，活动范围遍及整个华北地区，犯有深重的生产制造细菌武器、对战俘或平民进行活体解剖，以及1943年在北平地区扩散疫病等破坏和平及反人道罪行。而前述史料整理差，研究成果少，研究人员寥寥无几的局面，同日军与甲一八五五部队的活动历史是极不相称的。这对于认真调查日军侵华罪行，深入研究中国抗日战争，发展中日两大民族的和平友好关系也是不利的。

如果说日本关东军司令官山田乙三、七三一部队生产部长川岛清等一批日军官兵被苏军俘虏，还有相当的文字与物证的发现，是深入研究七三一部队并取得重大成果的必要条件；而特殊历史环境却使甲一八五五部队罪行未能得到及时清算。现在，中日双方的调查取证与研究工作均需大力跟进，甲一八五五部队研究的突破性的进展，需要中日双方和谐有力的合作研究。展开国际合作，是打开研究局面的重要途径。

在既有研究基础上展望未来发展，我们需要抓紧发掘中方大量的受

① 前揭陈景彦:《北平的七三一部队》，见《在北京地区的暴行》，知识出版社1993年版。

害、见证材料并推进研究的深、广度。中方的资料价值及其潜力不可低估，有些分析角度和方法可以说蕴涵重要的科学价值，如王显星先生和马家润教授对历年病案档案的分析，值得提倡。类似的调查研究还有学术问题需要多方面协同合作，需要整个社会的支持与关注。

甲一八五五部队的资料发掘与分析研究僵局的打破，就此项工作的特殊性而言，需要继续寻求日本方面工作的持续开展，需要日本专家的努力，要注意继续发掘第一手核心档案资料，需要抢救已属高龄的原日军老兵的口述史料。

阅读原日军老兵的揭发不仅可以找回证据，更可以让更多的人感受正义与良知的力量。伊藤影明说："我一直想对我曾在北海公园图书馆旁边的一八五五部队的事保持沉默。而我在1988年的春天，参加了一个北京观光团，时隔43年访问了北京，受到了中国人的热烈欢迎，我的想法产生了改变。和他们谈话的同时，我开始想，不能把那段回忆带进坟墓。不说出来的话就是犯罪。我岁数也大了，正在考虑自己可以做些什么的时候，知道了有一个叫作战争经历讲述会的组织。于是1992年3月会合之后，我想为了将来不再犯同样的错误，我的话如果可以起一些作用的话，我就用真名参加了这个组织。我也希望别人也可以把自己的经历说出来，为了不再有愚蠢的战争……"①

伊藤的另一篇文章诉说了打破沉默前后的情绪感受："7年前（1988年），感到不能做背叛同伴的行为，我闭口不语；虽说还有些困惑，但有了勇气作出证言，这一回没有错，是心底现在的实感。"②

笔者需要强调，发现新资料、甚至可以说是抢救即将湮灭的人证与物证，是当前十分紧急的任务。当事人健在者已为数不多，例如前述日军接

① 引自李繁荣译，北京市中国人民抗日战争纪念馆馆藏日军细菌战资料"The Sum-mer of Beijing"（日本版非卖品），另见伊藤影明:《ずネズミを集め、ノミを饲育》，[日]七三一研究会编:《细菌战部队》，[日]晚声社1997年版，第178-179页。

② 伊藤影明:《ずネズミを集め、ノミを饲育》，[日]七三一研究会编:《细菌战部队》，[日]晚声社1997年版，第179页。

管协和后第一位中国人图书馆长赵庭范先生，笔者采访时已经95岁。长期关注此问题的北京生物制品检定所钟品仁教授和其余知情、研究者，日本方面的当年服役人员，如今均在70、80岁上下。因此，如不“抢救”，许多信息材料将随同老人们的离去而永远湮没无闻。

（**后记：**本文的调研及资料收集过程中，得到日本学者江田宪治、江田泉，中国细菌战受害赴日诉讼代表团团长王选，中国人民抗日战争纪念馆编研部李宗远主任的帮助；采访过程中又得到北美口述史学会，北京协和医学院图书馆赵庭范先生，生物制品检定所钟品仁教授等的支持协助。特此鸣谢！）

日军一八五五等细菌部队战俘的供述

日军在中国的第二支细菌部队

崔亨振揭露[①]

（1989年）

1989年7月21日，韩国《中央日报》报道了曾为侵华日军当中文翻译的韩国人崔亨振对日军在济南用中国人作细菌武器实验罪行的揭露，题为“日军在中国的第二支细菌部队”。

第二次世界大战时驻在中国山东省首府济南的日本北支那派遣军济南地区防疫给水班，是用人体实验疫苗的部队。它把鼠疫等各种病菌注射到中国俘虏身上，然后观察整个发病过程。该给水班是同第二次世界大战以实验细菌臭名昭著的七三一部队完全一样的另一支部队。

有1000多名中国俘虏和韩国流浪民被当成人体实验对象。悲惨地死在这支部队。这一情况是当时在这支部队担任中文翻译官的韩国人崔亨振，在第二次世界大战结束后44年的今年第一次透露的。

崔亨振说，军医给俘虏们注射了鼠疫菌。被注射过鼠疫菌的俘虏，其

① 崔亨振，韩国人，时任侵华日军华北舫发给水部济南支部翻译官。

中有十几个人经过一场恶寒和高烧的痛苦后死去。

这支部队的部队长是渡边一夫中佐，还有20多名军医分细菌研究组、培养组和人体实验组等。因为他们穿白大褂，所以这支部队也被人们称为“白大褂部部队”。

部队驻地用双重铁丝网围着。崔亨振作为翻译目睹了各种临床过程和非人道的暴行。

崔亨振回忆说，实验对象不足时，军医们就到附近村庄随便抓来中国大人和小孩进行实验。

他第一次看到的人体实验，是对10名俘虏注射天花病菌，然后临床观察反应。全身出现天花的人声嘶力竭地喊着“救救我”就悲惨地死去了。然后，尸体被烧成了灰。

研制肠伤寒疫苗时，则强迫俘虏们吃下含有病菌的饭团子。

培养斑疹伤寒病菌时，先收集俘虏身上的虱子，再把虱子带的病菌注射到俘虏身上，因此，俘虏们一到这个地方就注定要被病魔缠身直到死亡。

为了研究中国大陆地方病，军医还从狗粪中找出病菌，经过培养后，把它包在饭团内让俘虏们吃下去。

军医们还对离部队8公里远的一个村子50多户300多名村民，进行了霍乱病菌的人体实验。他们先把沾有霍乱菌的猪肉等狗食撒在村里，经过15天左右因霍乱死了20人后，就宣布这个村子为传染病发生地区，然后便观察防疫和治疗过程。

这支部队平均每3个月进行一次人体实验，每次要死100多名俘虏，因此，一年要杀死400到500名俘虏。崔亨振说，他在这个部队服役期间死亡的俘虏有1000人。崔亨振说：“现在，我感到掩盖日本军国主义的罪行对不起历史，所以，虽然晚了也要揭露这一真相。”

（原载1989年8月2日《参考消息》）

济南防疫给水部基本情况

竹内丰口供[1]

（1953年1月31日）

问：你谈一下济南防疫给水部有什么特殊设备？

答：所说的特殊设备，有细菌战用的培养细菌的设备，有孵卵器（高2米、宽1米）4个，培养器械（包括有试管、玻璃皿、白金棒等）很多，显微镜3架（全是1800倍），病源检索器2具，干热灭菌器（高1米、宽2米）3个，S.K.消毒器1具，野战蒸馏器1具，普通灭菌器中型的2个，其余的就是一些所用的药品等等，及解剖器械一包。

问：济南防疫给水支部属于哪里领导？

答：属于北支方面军司令部，直接领导的是北支防疫给水本部。

问：当时济南防疫给水支部的部队番号是什么？

答：我记不得，一般叫冈田部队给水部、防疫部、济南支部，具体是什么番号记不得了。

问：济南防疫给水部在济南市的什么地方？

答：在济南城外，我想是纬三路有银行的附近地方，不很准确。现在问问中国人或日本人都知道防疫给水部在什么地方。

问：在城外什么方向？

答：在城外的东南方向。

问：当时济南支部长是谁？

答：支部长是冈田，齐藤是副支部长。

问：北支防疫给水部本部设在何地？

答：在北京天坛。

问：部长是谁？

---

① 竹内丰，1942年12月第二次来华，任日军济南陆军医院内科军医中尉。1943年8月，在日军第十二军防疫给水支部帮助工作，进行活体解剖、制造毒菌的活动。

答：是西村大佐。

问：他现在什么地方？

答：他回国了。

问：北支防疫给水部下设多少支部？

答：支部有：济南、天津、青岛、徐州、开封、保定、石家庄、太原、张家口、大同、包头（我想也有），临汾、运城、新乡也许有。

中档（一）119-2，411，第12号

济南防疫给水部组织系统

竹内丰笔供

（1953年2月2日）

济南防疫给水部支部

- 庶务班（负责支部之统辖、经营、联络等业务）
- 卫生材料班（负责配备、供应各班所需器械、药品及消耗等）
- 计划班（负责根据军作战要求，制定支部计划等业务）
- 卫生研究班（负责理化学实验以及当地卫生学方面的各项研究和有关毒气的业务）
- 给水凿井班（负责野战及驻地之检水、饮用水灭菌、用水消毒及给水等业务，以及开凿野战用井及战斗部队给水业务）
- 防疫班（负责细菌检索、消毒、预防接种以及其他预防瘟疫等业务）
- 生菌制造班（负责研究制造细菌战用的各种瘟疫生菌）
- 经理班（筹集支部所需物资，并负责工资、给养等业务）
- 支部长　医学博士冈田军医大尉
  - 副支部长　齐藤军医大尉
  - 生菌制造班主任　医学博士木村稔军医大尉
  - 幼菌班主任　熙岩军医中尉
  - 卫生研究班主任（兼）冈田军医大尉
  - 计划
- 庶务经理班　班主任（兼）齐藤军医大尉

备注：1. 此表按推断记载，有的业务分工及负责人不详。

2. 有的负责人难以推断者，未做记载。

中档（一）119-2，411，2，第16号

济南防疫给水部编制表

竹内丰笔供

（1954年12月8日）

<table>
<tr><th rowspan="2">部队名称</th><th rowspan="2">部队长</th><th rowspan="2">部内分工</th><th colspan="2">高等官</th><th rowspan="2">判任官</th><th rowspan="2">士兵</th><th rowspan="2">雇佣人</th></tr>
<tr><th>职务</th><th>军阶、姓名</th></tr>
<tr><td rowspan="11">华北防疫给水部济南支部冈田部队</td><td rowspan="11">支部长医学博士冈田军医大尉</td><td>庶务室</td><td>主任</td><td>齐藤军医大尉</td><td>卫生下士官1名</td><td>卫生兵1名</td><td>抄写员1名
勤务员1名
勤杂员1名</td></tr>
<tr><td>计划室</td><td>主任（兼）</td><td>齐藤军医大尉</td><td>卫生下士官1名</td><td>卫生兵1名</td><td>抄写员1名</td></tr>
<tr><td>生菌室</td><td>主任</td><td>医学博士木村军医大尉</td><td>卫生下士官（安藤卫生军曹）</td><td>卫生兵3名（古屋卫生上等兵）</td><td></td></tr>
<tr><td>病理试验室</td><td>主任（兼）</td><td>医学博士木村军医大尉</td><td>卫生下士官1名</td><td>卫生兵3名</td><td></td></tr>
<tr><td>理化学试验室</td><td>主任（兼）
主任助理</td><td>医学博士冈田军医大尉、黑川军医大尉</td><td>卫生下士官1名</td><td>卫生兵3名</td><td></td></tr>
<tr><td>卫生材料室</td><td>主任（兼）
室附（兼）</td><td>齐藤军医大尉
黑川军医大尉</td><td>卫生下士官1名</td><td>卫生兵1名</td><td>抄写员1名</td></tr>
<tr><td>经理室</td><td>主任（兼）</td><td>齐藤军医大尉</td><td>卫生下士官1名</td><td>卫生兵1名</td><td>抄写员1名
厨夫1</td></tr>
<tr><td>凿井室</td><td></td><td>军医1名</td><td>卫生下士官1名</td><td>卫生兵若干名</td><td></td></tr>
<tr><td>防疫给水班</td><td></td><td>军医1名</td><td>卫生下士官1名</td><td>卫生兵若干名</td><td></td></tr>
<tr><td>动物室</td><td></td><td>由病理试验室管辖</td><td></td><td></td><td></td></tr>
<tr><td>解剖室</td><td></td><td>由病理试验室管辖</td><td></td><td></td><td></td></tr>
<tr><td>备注</td><td colspan="7">（一）凿井班和防疫给水班因被派往前方，不在，故情况不明。
（二）高等官、判任官及雇佣人的姓名，只记入现在尚能记忆者。
（三）不详之处，只凭推断记载。
（四）兼表示兼职。
（五）本支部内不经常使用中国人及其他外国人。
（六）本表为1943年8月一个月期间，本人被派至该支部执行勤务时的情况。以后估计无大变化。</td></tr>
</table>

济南陆军医院编制表

竹内丰笔供

<table>
<tr><th rowspan="2">部队名称</th><th rowspan="2">医院院长</th><th rowspan="2">院内组织</th><th colspan="2">高等官</th><th rowspan="2">判任官</th><th rowspan="2">雇员</th><th rowspan="2">卫生兵
护士</th><th rowspan="2">佣人</th></tr>
<tr><th>职务</th><th>军阶、姓名</th></tr>
<tr><td rowspan="13">华北方面军济南陆军医院青木部队</td><td rowspan="13">院长松井军医大佐（1943.12.1调出）
院长青木军医大佐（1943.12.1至投降）</td><td rowspan="3">庶务科</td><td>科长（兼）</td><td>菊地军医少佐（1943.12.1调出）</td><td rowspan="3">卫生下士官4名（白石卫生曹长）</td><td rowspan="3">事务雇员2</td><td rowspan="3">卫生兵6</td><td rowspan="3">抄写员2
打字员2
勤务员31
勤杂工3</td></tr>
<tr><td>科长（兼）</td><td>佐佐木勤军医少佐（自1943.12.1至投降）</td></tr>
<tr><td>科附</td><td>小林卫生中尉（自1942.12.1至投降）</td></tr>
<tr><td>经理室</td><td>主任</td><td>大内主计中尉（自1943.12.1至投降）</td><td>主计下士官1</td><td>事务雇员2</td><td>卫生兵2</td><td>抄写员2</td></tr>
<tr><td rowspan="3">卫生材料室</td><td>主任</td><td>六田口药剂少佐（1943.12.1调出）</td><td rowspan="3">卫生下士官2
疗工下士官1</td><td rowspan="3">技术雇员2</td><td rowspan="3">卫生兵5
疗工兵2</td><td rowspan="3"></td></tr>
<tr><td>主任</td><td>原药剂少佐（自1943.12.1至投降）</td></tr>
<tr><td>室附</td><td>川口药剂中尉（自1942.12.1至投降）</td></tr>
<tr><td rowspan="6">内科</td><td>科长</td><td>菊地军医少佐（1943.12.1调出）</td><td rowspan="6">卫生下士官2（柳田卫生军曹、齐藤卫生伍长）
护士长1（小泽护士长）</td><td rowspan="6"></td><td rowspan="6">卫生兵15
护士10</td><td rowspan="6">勤杂女工5</td></tr>
<tr><td>科长</td><td>佐佐木勤军医少佐（自1943.12.1至投降）</td></tr>
<tr><td>科附</td><td>伊藤军医大尉（自1942.12.1至投降）</td></tr>
<tr><td>科附</td><td>藤田军医大尉（自1943.12.1至投降）</td></tr>
<tr><td>科附</td><td>岛田军医大尉（自1942.12.1至投降）</td></tr>
<tr><td>科附
科附</td><td>竹内丰军医中尉（自1942.12.1至投降）1945.3.2军医大尉
渡边军医中尉（自1942.12.1至投降）</td></tr>
</table>

续表

部队名称	医院院长	院内组织	高等官		判任官	雇员	卫生兵护士	佣人
			职务	军阶、姓名				
华北方面军济南陆军医院青木部队	院长松井军医大佐（1943.12.1调出） 院长膏木军医大佐（1943.12.1至投降）	外科	科长 科长 科长	安田军医少佐（1943.12.1调出） 大潮军少佐（自1943.12.1至投降） 吉本军医大尉（自1942.12.1至投降）	卫生下士官2 护士长1 （川田护士长）	技术雇员1	卫生兵15 护士10	勤杂女工5
		手术室	科附 科附 科附	花田军医大尉（自1942.12.1至投降） 清水军医中尉（自1942.12.1投降） 原中医中尉（自1942.12.1至投降）	卫生下士官1 护士长1 （川口护士长）		卫生兵4 护士4	勤杂女工2
		传染病科	科长	五吠军医大尉（自1942.12.1至投降）	卫生下士官1 护士长 （松木护士长）		卫生兵10 护士6	勤杂女工3
		病理实验室	主任	高野军医大尉（自1942.12.1至投降）	卫生下士官1		卫生兵4	
		X放射线室（包括理疗室）	主任（兼） 主任（兼）	安田军医少佐（1943.12.1调出） 大潮军医少佐（自1943.12.1至投降）	卫生下士官1	技术雇员1	卫生兵4	
		兵营	教育主任（兼） 同前	安田军医少佐（1943.12.1调出） 大潮军医少佐（自1943.12.1至投降）	卫生下士官2		卫生兵2	
			兵舍附	田岛卫生中尉（自1943.12.1至投降）				
		伙房	主任（兼）	大内主计中尉（自1942.12.1至投降）	卫生下士官1		卫生兵2	厨夫8

备注：（一）本表中的姓名只记入尚能记忆者，名字忘记者，只记入姓氏。

（二）本表中的“兼”字表示兼职。

（三）本表中，凡有不详处，均根据推测记入。

（济南防疫给水部编制表内机构设置与本人1953年2月2日供述不一致，原文如此）

中档（一）119-2，411，2，第16号

华北防疫给水部组织系统

竹内丰笔供

（1953年2月2日）

华北防疫给水部
总部部长 医学博士 西村 军医大佐
地址 北京市天坛

—庶务科（统辖本部各科，负责经营，传达指示及同上下左右的联系）
—经理科（负责制定预算，分配和处理经费，调配物资，发放工资、给养等业务）
—材料科（关于当地资源的药理研究，保证并提供作战、防疫以及研究所需之各种卫生材料等）
—计划科（制定有关华北作战的防疫、给水及细菌制造等业务计划）
—卫生研究科（负责生理化学实验，昆虫类、毒气及其他当地作战所需有关卫生学方面的研究业务
—防疫科（研究并生产预防接种液、疫苗、痘苗、血清类，以及有关各队之菌检索、消毒、预防注射等防疫业务）
—生菌科（研究并生产细菌战所需各种瘟疫菌）
—给水科（负责野战及宿营期间的检水、滤水、饮料水灭菌，用水消毒以及运水等给水业务）
—凿井班（负责开凿野战用水井及战斗部队给水业务）

所属部队

—华北防疫给水部天津支部
—华北防疫给水部济南支部
—华北防疫给水部青岛支部
—华北防疫给水部徐州支部
—华北防疫给水部开封支部
—华北防疫给水部新乡支部
—华北防疫给水部保定支部
—华北防疫给水部石家庄支部
—华北防疫给水郡太原支部
—华北防疫给水部运城/临汾？支部
—华北防疫给水都张家口支部
—华北防疫给水部大同支部
—华北防疫给水部包头支部

中档（一）119-2，411，2，第16号

我在华北防疫给水部四个月

松井宽治证言[①]

（1950年1月9日）

我应召入伍，在满洲受了3个月的步兵训练：于昭和二十年（1945年）4月被调到北京，派入一八五五部队筱田队做卫生二等兵；这就是细菌武器研究所，主要培养鼠疫菌和跳蚤，准备对苏作战。

这个华北派遣军一八五五部队，是属于当时的华北派遣军总司令官前中将下村定指挥的，部队长是前军医大佐西村英二，本部设在北京的名胜——天坛的近旁，表面上做的事情是野战供水和传染病预防。工作部门设有第一课（病理实验）、第二课（菌苗制造）、第三课（细菌武器研究所）。这个部队除在北京设有本部外，并在开封、石家庄、张家口、青岛、太原等地设有支所，部队全体人员在1000名以上。

第三课设在北京国立图书馆西邻的静生生物调查所内，工作是：（一）大量生产跳蚤；（二）大量生产鼠疫菌；（三）结合跳蚤和鼠疫菌；（四）从飞机上撒布的工作等。这个队的队长筱田统，是京都帝国大学的教授、理学博士，是大佐待遇的军佐。在他的下面有军医将校2名、将校待遇军佐3名、卫生下士官6名、卫生兵45名、女子军佐3名、下士官3名、中国苦力5名，此外还有北京高等女子学校的日侨少女10名。

在该所的地下室内，有细菌培养室、动物室、苍蝇培养室、疟疾研究所；二楼全层是跳蚤培养室。

第三课根据工作内容又分第一工作室（跳蚤的生产）、第二工作室（苍蝇的生产、疟疾研究）、第三工作室（鼠疫菌的生产）、小动物（鼠）室等。在工作时间内，总是在门内加锁，时常有人值班看守，工作完毕后回到营房，关于工作内容的话，是一句也不准讲的。上级吩咐过：星期天

① 松井宽治，系原日军华北防疫给水部第三课卫生二等兵。此文是他于1950年1月9日向日本共产党东京代代木党部追述的。

到外边走，即使遇到宪兵问起部队的内容，也不要照实回答。

跳蚤的发育需要黑暗及摄氏28度的气温和90%的湿度，因此，研究所二楼的窗户总是关起来的，玻璃的内侧涂上了黑漆，室内经常黑暗无光。为了保持湿度，在走廊和各房的天花板上都吊着破布，每隔一小时喷雾一次，在地阶上经常贮有二吋的水。附于各房的水蒸气管活瓣，不断输送水蒸气进房。房内整天都弥漫着水蒸气。房内摆着数列木棚，上面放着无数的汽油罐，罐内装满跳蚤，在罐的里面，放有小笼，装有老鼠，做跳蚤的食饵。对于这些被几千个跳蚤吸血的老鼠，每天都给予食物。老鼠经过四天至一星期便死去。因此，每天早上都要将死老鼠拿到地下室去，做养蛇室的食饵。

听说在我被调入该部队工作前约一年，那里曾进行过人体实验，有两个中国人因此牺牲了。实验内容详细情形虽不得而知，但听说那两个中国人是手脚绑起来，口里塞着东西，被装在麻袋里面，在白昼间用卡车从北京市内运到部队驻地，经过一个星期便死了。

还有，据我从尾崎技师那里听到的话，在1942年，有一次曾通宵大量生产跳蚤，运到外面去；同时，据说还进行过对空中实验，得到了圆满的结果。

1945年8月9日苏联参战后，细菌研究所的人员都拿起枪，出动到张家口方面去，工作停顿。

不久，到8月15日，战事便结束了。在那天正午的无线电广播20分钟后，队长筱田便下令破坏细菌研究所。破坏工作继续了三天三晚，通宵达旦。在后园里挖了大坑，先把跳蚤放到里面去，然后洒上汽油焚烧。重要书籍和细菌培养器具也都被烧毁了。培养跳蚤的汽油罐一万个被卡车运走。

战争结束后第七天，我们便做完了破坏工作，到本部集中。同时，又下令解散部队，把“北支那防疫供水部”的名称从华北派遣军的名册上涂去，所属官兵都转属到各陆军医院去。……同年12月，队长筱田统、军医大尉高冈满和军佐技师尾崎繁雄三人脱离了军籍，穿起西装，蓄起头发，扮成日侨，搭登陆艇回到日本；前兵曹长时冈孝也转归了步兵部队，同年11月混入其他部队回国。我在1946年1月因盲肠炎入医院，经施手术后化脓，直到4月4日尚在病榻上过日子。因此后来的事情怎样，我便不得而知。细菌研究所的干部恐怕没有一个成为战犯嫌疑犯，全体都回国了。

（原载《人民日报》1950年2月21日第1版）

中档（一）149，104

我所知道的北京陆军医院

中村三郎供词

（1954年8月21日）

1944年1月，我在太原防疫给水部受过防疫给水训练。同年2月至3月在北京陆军医院东院分院受过细菌、防疫及毒气的训练，并听过北京防疫给水部部长（大佐军医，可能是西村）讲过细菌战问题，以及介绍给水部内设有大规模培养细菌的设备，专设有轮带式的培养器，能培养好多吨的细菌。

同年，我又在北支方面军直属昆虫研究所研究过蚊蝇的种类，当时在标本上看到蝇子有50多种，蚊子有30多种。研究过细菌的培养和鉴别法。细菌有肠伤寒、副伤寒、斑疹伤寒、赤痢、阿米巴、黑热病、回归热、疟疾等，并参加了实地实验和学会鉴别的方法。毒瓦斯分为催泪性、喷嚏性、糜烂性瓦斯及青酸瓦斯、保斯思瓦斯，都是窒息性的瓦斯。

中档（一）119-2，1105，1，第4号

我就是这样一个恶魔

——活体解剖八路军战俘，培殖大量毒菌屠杀中国人民

竹内丰供述

一、1953年1月31日口供

问：你除进行实验解剖外，据你了解在济南防疫给水部因用细菌实验致死的俘虏有多少？

答：不知道。在我未去前有多少我不晓得，我走后再也未去过，因此不知道。仅知道向宪兵队要俘虏来做实验是可能的。

问：根据上述情况，防疫给水部是专门用中国俘虏做解剖与制造细菌的实验机关吗？

答：是研究细菌，并到前线检查饮水供日军饮用及检查细菌，同时也把研究好的细菌进行撒布。撒布细菌是由参谋部用飞机进行。防疫给水部是专门制造细菌和对日军进行防疫工作的。

问：你知道在什么时候向陇海线以南与京汉线一带撒布过细菌？

答：知道，是听济南防疫给水部生菌制造室的主任木村上尉军医（医学博士）说的，在陇海线以南和京汉线一带撒布过细菌（不是肯定说的）。在1943年8月，正是我在支部帮忙工作时，由北支那方面军参谋部来取过我们所制的细菌共三次，后在北支那方面军军医部的防疫报上，我看到在陇海线以南及京汉线沿线地区发生过伤寒疫情的流行。

问：北支方面军参谋部在何时取过细菌？

答：1943年8月上旬一次，同月20日左右一次，同月月底一次，共计三次（具体日子不很准确），但我确实记得来取细菌共三次。

问：拿去的是什么菌，数量是多少？

答：是肠伤寒菌与副伤寒菌，数量不知道，只知用玻璃制的口径约40公分、高50公分的圆桶装运了5桶，三次共15桶，重量不知道，只知容积是这样的。

问：参谋部取过的这三次菌，是怎样具体取运的？当时参谋部在什么地方？

答：我想是北支方面军附属的，是北京西郊机场航空队运到济南机场，后用汽车运到机场，再用飞机装运去的。这是我的判断，至于直接给细菌的不是细菌室主任木村就是支部长冈田，我想是木村给的。详细情况我不了解，谁来取的我亦不知道。北京东四牌楼向北左侧的北新桥有日军司令部，我想参谋部就在这里。

问：除运走15桶外，还余有若干？继续制造了多少？

答：除三次运走15桶，还有正在制造及培养的细菌有口径40公分、高50公分至60公分的玻璃圆桶一桶或一桶半。此后是否每天还制造，因我于1943年8月31日下午即回到原来的工作岗位（济南陆军医院），就不知道了。不过我想，那里是专门制造细菌的机构，可能还会制造，具体数量我就不清楚了。

问：你说用飞机撒布在陇海线南部等地区，知道是怎样撒的？

答：我不知道。

问：你从报纸上看到是撒布在陇海沿线等地的什么县，还记得吗？

答：在防疫报上写着是陇海线以南及京汉线沿线地区流行伤寒，至于何村何地没有写着，所以我不知道。

问：和你同时制造细菌的，你还记得有哪些人，把他们的名字说出来。

答：在济南支部工作的有：支部长冈田上尉，是东京人；生菌室主任木村稔上尉军医，是日本福冈县福冈市人。我去时在一个月的工作中，就有这两人，其余的军医都到开封前线去了，姓名我不知道，据说全在投降后回国了。这是因为不论在哪个部队的防疫给水部的人员，由于所做的坏事多，他们都逃避罪责先回国了。

中档（一）119-2，411，2，第12号

二、1954年8月21日笔供

1942年11月，我又被征入伍，同年12月第二次来中国，被派到山东省济南市陆军医院内科任军医中尉，于1945年提升为大尉。在此期间，

曾对卫生下士官、卫生兵、女护士进行过毒瓦斯伤治疗及防护、细菌战的防护法的教育。由于济南陆军医院同济南防疫给水支部都是受日军北支那方面军军医部的领导及业务指导，因而在1943年8月1日至31日，奉上级的命令，临时调到济南市防疫给水支部帮助工作。

我到该支部前，已从当地宪兵队要来了11名八路军俘虏。当时我与该部军医大尉木村，为了进行医学及细菌方面的研究，就把这些俘虏要来进行实验。先使6名俘虏吃下混入病菌的食物，后对5名俘虏进行皮下注射，使他们感染不同的恶疫病菌（肠伤寒菌、副肠伤寒菌），使其发病后，进行了活体解剖，观察肠的溃疡及结痂期的恶化情况，观察硬食物有没有使肠穿孔、便血等现象。进行了各种不同的手术解剖后，将尸体送交宪兵队处理。

中档（一）119–2，411，1，第5号

三、1954年11月笔供

我在中国山东省济南市北支那方面军济南陆军医院内科病室任军医中尉时，于1943年8月1日至31日，被派到北支那防疫给水部济南支部。在我未去之前，该支部长为了做研究实验，从济南宪兵分队要来了11名八路军俘虏。为了实验细菌战用的伤寒菌感染力，用9名八路军俘虏做了接种实验。我到该支部当天，就在支部长、医学博士冈田军医大尉的命令下，协助细菌室主任、医学博士木村军医大尉做实验工作。木村为了做细菌感染力实验，将八路军俘虏做了活体解剖。

1943年8月6日，我按木村的指示，命令细菌室卫生下士官将解剖室的器械材料准备好，命令三名卫生兵将感染伤寒菌的两名八路军俘虏抬到解剖室。先将一名放置在解剖台上，用绳绑住上下肢固定好后，我命令卫生下士官给他进行全身麻醉，又命令两名卫生兵做拿器械的助手，我做手术助手，木村执刀，从腹壁正中切开，我用大钝钩将创口拉开，木村查看脾、肝、肠的病变后，将肠拉出腹腔外，详细检查肠管的病变。我将肠管病变处切除一部分后，将内脏塞回腹腔。继而进行胆囊穿刺，采出胆汁后，将腹壁缝合，最后静脉注入吗啡液，将其杀害。

接着我又命令卫生下士官将另一名八路军俘虏固定在解剖台上，施以全身酶麻醉，我做手术助手，木村执刀，从腹部正中切开，查看了脾、肝、肠等处的病变。我将肠管病变处切除，取了一部分作为标本之用，用胆囊穿刺取胆汁以备培养，然后将内脏塞入腹腔，进行了腹壁处理。木村将吗啡注入俘虏静脉将其杀害。我将肠管的一部分放入标本瓶中贮藏起来。木村取了另一部分制作了切片标本。以上我们做活体解剖杀害的两名八路军俘虏，由支部长与宪兵队（济南）联系，令宪兵用卡车将尸体运走了。

8月9日，我奉木村的指示，命令细菌室卫生下士官和卫生兵三名，将解剖室的器械材料准备好，抬入一名感染伤寒菌的八路军俘虏，固定在解剖台上，命卫生下士官进行全身麻醉，命令两名卫生兵作为拿器械材料的助手，命令一名卫生兵做杂务，我任手术助手，木村执刀，从腹部中央切开。我和木村一同检查了脾、肝、肠的情况，我将肠拉出腹腔，与木村共同详细地检查肠管病变后，将内脏又塞回腹腔。

木村进行胆囊穿刺，采取胆汁以备培养。我将肠管一部分切除后，进行腹壁缝合，并向静脉注射吗啡，将其杀害。此外，我采取了一部分病变肠管贮存入标本瓶中，另一部分木村制作了切片标本。以上因活体解剖而杀害的八路军俘虏尸体，经支部长与济南宪兵队联系，令宪兵用卡车运走了。

8月12日，我根据木村军医做好解剖准备的命令，让细菌室卫生下士官将解剖室的器板材料准备好，又命同室卫生兵三名抬来一名患伤寒的八路军俘虏送到解剖室，放在解剖台上，将上下肢固定。令卫生下士官进行全身麻醉，又令两名卫生兵做拿器械的助手，我做手术助手，木村执刀，由腹部正中央切开，拉开腹腔，将腹腔内脏的名称、位置、作用向卫生下士官及卫生兵们做了教育。

以后木村又检查了脾、肝、肠的病变，我将肠拿出腹腔与他共同检查后，切除了一段病变显著肠管后，进行胆囊穿刺采取胆汁，以备培养，将肠管送进腹腔内，进行腹壁三层缝合。木村注射吗啡液于静脉之内，将俘虏杀害。我将采取的肠管贮存入标本瓶中，另一部分木村制作了切片标本。因进行活体解剖而被杀害八路军俘虏的尸体，经支部长与济南宪兵队联系，用卡车运走了。

8月15日，我奉木村军医的指示，命令细菌室卫生下士官和三名卫生兵准备好解剖室的器械，将患伤寒病的一名八路军俘虏送到解剖室，放在解剖台上。将上下肢固定后，令卫生下士官施以全身麻醉，命两名卫生兵做器械助手，我做手术助手。见俘虏已进入麻醉期后，由木村作手术.从腹部正中央切开，拉开腹壁，我拿着腹壁大钝钩将手术创口撑大。木村检查了脾、肝等的内脏变化，我将肠拉出腹腔，和木村仔细地检查了肠管病变的情况。

我受木村的指示，割取了一部分肠管病变部分，木村施行胆囊穿刺采取胆汁，进行培养，再将肠塞入腹腔，进行腹壁处理后，注射吗啡液于静脉中将其杀害。我将采取的病变肠管一部分贮藏于标本瓶中，另一部分由木村制成切片标本。因活体解剖而遭杀害的八路军俘虏尸体，经支部长与济南宪兵队联系，由宪兵用卡车运走了。

8月18日，我受木村军医让做好解剖准备的指示，即命细菌室卫生下士官，在解剖室准备好器械，又令三名卫生兵将一名患伤寒病的八路军俘虏抬到解剖台上，将上下肢固定后，命卫生下士官用纯酒精混合麻醉剂进行全身麻醉。俘虏进入麻醉期后，我作为手术助手，木村执刀，两名卫生兵作为助手，开始从腹腔正中央剖开，我和木村一块检查了脾、肝、肠等的变化。

木村又将肠管取出，我俩又做了一番精查，我将肠病变显著的部分切除后，施以胆囊穿刺，采取胆汁加以培养，继将内脏纳入腹腔，进行腹壁缝合，木村注入吗啡液于静脉中将这名俘虏杀害。采取的病变肠管一部分贮藏入标本瓶内，另一部分木村制成切片标本。因活体解剖而被杀害的八路军俘虏尸体，经支部长与济南宪兵队联系，由宪兵用卡车运走了。

8月21日，我根据木村军医的指示，命细菌室卫生下士及卫生兵将解剖室的器械准备好，并将一名患有伤寒病的八路军俘虏抬入解剖室，放在解剖台上固定上下肢后，命卫生下士官施以全身麻醉，令两名卫生兵做助手，我任技术上的助手，木村做手术。俘虏进入麻醉期后，从腹部正中剖开，将腹壁掀开，我以大钝钩将腹壁撑开，木村检查脾、肝的变化，我将肠子拿出腹腔，和木村共同做了详细的肠管病变检查。

木村指示，将病变显著的一部分切除后，将肠子纳入腹腔。木村进行胆囊穿刺，采取胆汁加以培养，我将腹壁缝合，闭锁腹腔后，将吗啡液注入静脉内将其杀害。将采取的病变肠管一部分贮藏于标本瓶中，一部分木村制成切片标本了。这一名因活体解剖而被杀害的八路军俘虏尸体，后经支部长与济南宪兵队联系，由宪兵用卡车运走了。

8月24日，根据木村指示要准备解剖。我命细菌室卫生下士官准备解剖室的器械，又令3名卫生兵将患伤寒的八路军俘虏一名抬到解剖室，放在解剖台上固定上下肢，令卫生下士官注入纯酒精混合麻醉剂进行全身麻醉，令两名卫生兵做助手，我任手术助手，木村执刀，至俘虏进入麻醉期后，从腹部正中央切开，我和木村一同检查脾、肝、肠等的变化。后木村又将肠子拿出腹腔做精检。接着叫我将肠管病变的一部分切除。

木村将肠子又送回腹腔，我做了胆囊穿刺，采取胆汁，准备培养，然后将腹壁缝合，木村注射吗啡液于静脉中将其杀害。将采取的病变肠管一部分贮藏于标本瓶中，一部分由木村制成切片标本。因活体解剖而被杀害的这名八路军俘虏尸体，后经支部长与济南宪兵队联系，叫宪兵用卡车运走了。

8月27日，根据木村军医的指示，令细菌室卫生下士官及卫生兵3名，将解剖室器械材料准备好，抬进一名患伤寒病的八路军俘虏，放到解剖台上将两侧上下肢固定，令卫生下士官用乙醚哥罗芳纯酒精混合麻醉剂进行全身麻醉，令两名卫生兵做器械材料的助手，至俘虏进入麻醉期后，我任手术助手，木村军医做手术，从腹部正中央剖开，我用大钝钩将腹壁手术创口撑大，木村检查了脾、肝、肠的病变，后将肠拿出腹腔外，我和木村又做了详细检查。

按木村指示，将肠子病变显著部分切取了一部分后，我将肠又送回腹腔。木村进行胆囊穿刺，采取胆汁，以备培养。然后我做了腹壁缝合，并将吗啡液注射于静脉，将其杀害。采取的病变肠管的部分，我贮藏于标本瓶中，另一部分由木村制成切片标本。因实行活体解剖而被杀害的八路军俘虏尸体，经支部长与济南宪兵队联系，叫宪兵用卡车运走了。

8月30日，我根据木村军医进行解剖的指示，令细菌室卫生下士官将解剖室器械材料准备好，又命卫生兵三名将患伤寒病的两名八路军俘虏抬入解剖室，先将一名放在解剖台上，将四肢固定后，令卫生下士官用乙醚哥罗芳纯酒精混合麻醉剂进行全身麻醉，至进入麻醉期后，我任手术助手，木村做手术者，令两名卫生兵做助手，由腹部正中切开。

我用大钝钩将腹壁撑大，木村检查脾、肝、肠等的病变后，又将肠拿出腹腔外，我俩又做了详细检查。我按木村的指示将肠管病变最突出明显部位采取了一部分，木村将肠送回腹腔，我做了胆囊穿刺，采取胆汁，以备培养，然后进行腹壁缝合。木村将吗啡液注入静脉中将其杀死。

接着我又命卫生兵将另一名俘虏放置于解剖台上，将上下肢固定，令卫生下士官给以全身麻醉，至俘虏进入麻醉期后，我做手术助手，木村执刀，两名卫生兵充为递送器械的助手，由腹部正中剖开，将腹壁扩张，和木村一起检查了脾、肝、肠的病变状况，我将肠拿出腹腔又与木村做了详细检查。木村指示将肠管病变显著部位切取一部分后将肠送回腹腔，用大钝钩插入手术创口内，将腹壁扩张。

木村进行胆囊穿刺，采取胆汁，以备培养。我将腹壁缝合，并将吗啡注入静脉将其杀害。所采取的病变肠管一部分我贮存于标本瓶中，另一部分由木村制成切片标本。因活体解剖而被杀害的八路军两名俘虏尸体，后经支部长与济南宪兵队联系，叫宪兵用卡车运走。

关于制造细菌战用的生菌一事，我任济南市北支那方面军济南陆军医院内科病室的军医中尉时，自1943年8月1日至31日止，被调到北支那防疫给水部济南支部从事于制造作战用的恶疫生菌工作。开始时很顾虑，怕感染上，曾一度产生恶感。

后来自己想虽然这个工作危险，但能取得卓越成绩，升官快，何况在日本以活体进行细菌研究是不易得到的机会，这正是锻炼自己技术的最好机会；同时，我还想日本虽是连战连胜，然而敌人并非仅是中国而已，还有美国及其他许多国家作为战争的对象，随着战线扩大，兵力将嫌少，用细菌战即可“以寡胜众”，“以少取多”，这是一个最好的方法。因此制造细菌一事是吾等军医应尽之义务，须以认真的态度去做，又基于支部长、医学博士冈田和军医的命令，鼓舞我从事制造细菌战用的生菌的工作。

我根据木村军医的指示，命令细菌室三名卫生兵，在开始培养细菌之前，将培养皿、烧瓶、滴管、试管、不透明玻璃、玻璃棒等细菌制造材料，进行洗涤、干热灭菌、培养等准备工作。在每一次培养作业完了之后，将使用的器材先以蒸气消毒进行杀菌后，精细地洗涤，再加以干热灭菌，准备下一次的培养工作。又命卫生下士官准备好培养基的原料、所需的药品材料等物，同时教育卫生下士官使用关于远藤氏平板培地、增菌培地、鉴别培地、调制培养基及大量培养时细菌的涂植作业法。

另在我到达该支部前，支部长为了做研究实验，从济南宪兵队要来八路军俘虏 11 名，已接种感染（用伤寒菌）者 9 名。在我到达该支部之日，我和木村将他已用鼠疫菌接种感染的两名八路军俘虏，共同进行诊察解剖，根据临床剖检所见，确定了该菌种有相当的感染力。由俘虏患者的静脉抽血，注入增菌培地，又将血液琼脂培剂涂植于摄氏 37 度的孵卵器内，静置培养 18 至 20 小时后，将好的菌落采取，涂植在远藤平板培剂上，于孵卵器中培养约 20 小时。根据白金耳检查，将一部分优秀菌落采取进行了预定的凝集反应检查，一部分移植到平板培剂上，放于孵卵器内，进行分离培养。

然后又用白金耳做菌落检查和预定的凝架反应检查后，采取准确的菌落，再移植到平板培剂上，于孵卵器内静置约 20 小时进行纯培养，后用白金耳对培地面上之菌落进行精细地检查，反复进行凝集反应的检查，涂植标本施以镜检。确认没有杂菌混入后，以生理食盐水溶解，用白金耳涂植在大型平板培剂上，于摄氏 37 度的孵卵器培养约 20 小时后取出，采入于生菌容器内贮藏。又反复进行培养操作，就这样制造了很多作战用之鼠疫生菌。

用伤寒菌接种感染的俘虏患者，进行活体解剖时，进行胆囊穿刺，采取胆汁，先注入于增菌培剂中，后涂植于血液平板培地上，静置于摄氏37度的孵卵箱中。培养约20小时后，将好的菌落采取，涂植在远藤平板培剂上进行培养，后用白金耳进行精细检查平板面，采取了部分好的菌落，进行了预定的凝集反应检查，又将该一菌落的一部分移植到新鲜的平板培剂，置于孵卵器内约20小时给以分离培养。

而后再以白金耳检查，做预定凝集反应检查，采取准确的菌落一部分，移植到新鲜的远藤平板培刺上，置于孵卵器内，予以纯培养约20小时后，再以白金耳做精细的全部平板面上之检查，凝集反应检查，涂抹标本，实施显微镜检查。确认为纯伤寒菌时，加入生理食盐水给以溶解，涂植于许多大型远藤平板培剂上，放于摄氏37度孵卵器内，培养约20小时后，采取放入容器内贮藏。以此反复地进行多量培养操作，贮藏了许多伤寒生菌，以供作战之用。

又取被接种伤寒菌患伤寒病俘虏的粪便，用白金耳倒入胆汁培剂中，搅拌溶解，另一部分涂植在新鲜的远藤平板培剂上，置于摄氏37度孵卵器内，培养约20小时后，用白金耳检查菌落。将好的菌落取出一部分，施以预定的凝集反应检查，另一部分涂植在新鲜的平板培地上，置于孵卵器内约20小时进行培养后，用白金耳精检这个菌落，将好的采出做预定的凝集反应检查。

又将该菌落的一部分移植到平板培剂上，放入孵卵器内培养约20小时，将杂菌和伤寒菌分离开，用白金耳检查此培剂面上的菌落，实施凝集反应检查，将确认的伤寒菌落采出，移植到新鲜的平板培剂上，放于孵卵器内纯培养约20小时后，再用白金耳精细地检查全部菌落，做预定凝集反应检查，及涂抹标本、显微镜检查等。确认没有混入杂菌，纯粹为伤寒菌后，加入生理食盐水溶解，涂植于多数的新鲜大型远藤平板培剂上，放于摄氏37度的孵卵器内培养约20小时后，采入容器内贮藏之。以这样的培养作业反复进行，贮藏了多量的伤寒生菌，以供细菌战用。

以上为了实验感染力，用11名八路军俘虏进行了伤寒菌的培养，制造了16桶半细菌战用的伤寒生菌，其容量为直径40公分、高50公分。制出的伤寒生菌，于1943年8月上旬末、中旬末、下旬末共连续三次由冈田支部长和木村主任交给北支那方面军参谋部的军官用汽车运走。

我回济南陆军医院以后，见到北支那方面军军医部的防疫报记载着："在陇海线以南地区特别是京汉线沿线一带，发生了伤寒病患者，据其蔓延的现象应加注意。"我推想此事即是我制造的伤寒生菌撒布于陇海线以南地区特别是京汉线沿线一带，故我想这些伤寒生菌使很多的中国人因病致死。

中档（一）119-2，411，1，第7号

四、1955年笔述[①]

1943年8月，我作为军医中尉，在华北方面军防疫给水部济南支部从事细菌制造业务。

一天，济南支部支部长冈田军医从济南宪兵队要来11名八路军俘虏，说是要用他们实验细菌的效力。

他们为了祖国解放的正义事业，不屈不挠地进行战斗，不幸为我等侵略者所俘虏。他们戴着手铐和脚镣，在刺刀和手枪的严密监视下，乘坐卡车来到了济南支部。

消瘦苍白的面孔，突出的颧骨，蓬乱的头发和胡须，还有那又脏又破的衣服，所有这一切都说明他们是如何同残酷的拷问和饥饿进行顽强斗争的。

然而他们的目光是镇定而不可侵犯的，只有对明天的胜利拥有坚强信心的人才能具备如此的威严。

而当时已彻底丧失人性的我，认为"这是为济南事件中殉难的日本人复仇"，便将这些英雄当作了豚鼠的代用品。

这11个人被拘留在房子入口处的土地上，地上只铺一条草席和一条

① 此件是竹内丰在战犯管理所期间自动写的。

军用毛毯，给他们注射我们培养的伤寒菌，或将细菌投在食物里让他们吃下。

不久，症状便出现了，持续高烧、呻吟、苦闷，甚至说胡话。我看到他们痛苦的样子，心中暗自庆幸，“这个菌种的感染力相当强，用于细菌战是毫无问题的!”

俘虏们的高烧和疲劳已达到顶点，为了使身体稍微舒服一点，企图转动一下，但是脚上戴着沉重的脚镣，不能自由活动，无法翻身。他们用充血的燃烧着怒火的眼睛瞪着去观察病情的我们。病情一天天加重，被折磨得极度衰弱和憔悴的样子，实在目不忍睹。使人感到，原来所谓临终的痛苦就是这样的。由于大量摄入剧烈的活细菌，病情一直恶化下去。全身瘦得只剩下骨和皮，陷入危重状态。两颊的肉像被刀削的一样，塌陷下去，只有颧骨高高突起，十分显眼。他们已经不能自己翻身了，呼吸微弱，只有鼻翼还在翕动。

这样，我得以确认我所培养的伤寒菌种具有极强的感染力。因此，我企图通过解剖进一步检查由于细菌感染而受到损害的内脏各器官的变化，首先将一个人抬进了解剖室。

濒临死亡的俘虏发现解剖台旁已经准备好解剖所必需的大小手术刀及其他各种器械，他立即在极端的痛苦中发出悲痛的哀鸣：“军医啊！军医啊!”由于高烧而干裂苍白的嘴唇，似乎还想说话，但再也没有气力了，只是由于过度悲痛，引起身体的阵阵轻轻的抽搐。

这时，我让一个懂中国话的卫生下士官大声地向他喊道：“是要给你治病!”说着，便将手脚牢牢地绑在解剖台上，使他一动也不能动。

接着，我又指示负责麻醉的下士官，把麻醉罩放在俘虏的口和鼻子上，滴上纯酒精、乙醚和氯仿的混合麻醉剂，使其逐渐陷入麻醉状态。估计差不多了，我便拿起手术刀，尽量用力，从胸窝直到耻骨，将深深陷下、烧得滚烫的腹部垂直切开，打开了腹腔。鲜血立即沿着刀口的两侧涌出来，俘虏的上半身和解剖台眼看着被鲜血染红。由于不采取任何止血措施，血一直不停地流出来。

木村军医将一个很大的钩形器械插入刀口，从侧面将腹壁拉开，我就从扩开的腹腔里，将内脏拿出，放在一个搪瓷面盆里，然后，同木村军医一同检查病变。细菌的侵蚀力完全像我们预期的那样明显，由于获得了今后用于大批杀人的材料，不禁心中暗喜，互相议论着："这样一来，可能在细菌战中发挥作用了！"暴行仍在继续进行，我把被细菌侵蚀变化明显的部分肠管切断，又将脾脏摘出，装入标本瓶，以便制作切片标本，充作报告材料。

接着，我又无情地把一支大型穿刺针插入胆囊。

当我们的一切目的都达到以后，向他的肘部静脉注射了两毫升吗啡液，他的心脏终于停止了跳动。

就是这样，我和木村军医一个接一个地，把11名俘虏都作为效力实验的培养基而杀害了，将获得的大量细菌交给华北方面军，或附上标本，报告此次暴行的成果，为发动细菌战提供了资料。

如上所述，人为地使献身于人类最美好事业的人们感染传染病，最后切制成标本，培养细菌。

我就是这样一个魔鬼。

中档（一）119-1，174，第88-92页

济南陆军医院活体解剖中国俘虏

长田友吉笔供[①]

一、1954年8月4日笔供

1942年4月中旬至6月上旬，于山东省济南陆军医院卫生新兵教育队，根据院长、军医中佐高木千年的命令，铃木军医大尉、井绩军医少尉、饭冈卫生军曹和我（第四十一大队第五中队卫生一等兵），为350名

① 长田友吉，时任日军第五十九师团第五十三旅团步兵第四十一大队第五中队卫生一等兵。

卫生新兵进行直观教育，将两名由济南俘虏收容所送来的30岁左右的中国农民（男），用解剖刀加以解剖虐杀。解剖是铃木、井绩、饭冈共同进行。我作为受解剖教育者同时也参与了这次虐杀。此外，饭冈又将被虐杀者其中一名的肝脏、脾脏、胰脏、肾脏等取出来当作教育标本。尸体埋于医院的一角。

中档（一）119-2，270，1，第5号

二、1954年11月1日笔供[①]

1942年9月中旬的一天，上午9时，山东省济南陆军医院教育队队长，军医大尉铃木，命令卫生新兵教育队在医院的庭院中集合，受教育的新兵约有350人，当时我是卫生一等兵。济南陆军医院院长、军医少佐高木千年，命令日本军从济南俘虏收容所带来两名中国男子，年龄约35岁左右。

他们由于长期被监禁，身体瘦弱不堪。教育助手饭冈卫生军曹命令10余名卫生新兵，立即将两名中国人的衣服全部脱光，分别用麻绳绑在距离约30米的两个解剖台上。这十几名新兵手持上了刺刀的枪，包围了两个解剖台。两名中国人知道自己即将被杀害，不断地呼喊“快点，快点!”于是铃木军医大尉立即命令饭冈用东西堵上了两名中国人的嘴。

当350名新兵围站在绑于解剖台上的一名中国人身边时，铃木说:“现在开始进行解剖实验，大家要好好回顾课堂上讲过的人体构造，认真观察。这两名俘虏，是用来作学术实验的，你们要怀着送葬的心情，先从切除阑尾开始；一般要进行麻醉，但今天要把他们杀掉，所以不注射麻药。”说着，他拿起锋利的手术刀，“噗哧”一声从中国人的右下腹部切下去。

铃木在井绩军医少尉、饭冈卫生军曹的帮助下，用了20分钟寻找阑尾，而且没有进行麻醉，中国人由于极度的痛苦，发出深深的呻吟，拼命挣扎，麻绳几乎被挣断，粘汗顺着头、颈、胸流下来。铃木让饭冈按住中国人的身体，切除了阑尾。他用手提着送到我们面前，进行讲解。这时中

① 此件是长田友吉在战犯管理所期间自动写的。

国人更加疼痛难忍，铃木说：“好了，你太痛苦了，杀了你吧！”说着，用一个尖刃刀向中国人的颈部划去，把他杀害了。

然后铃木、井绩和饭冈切除了肝、脾、胰、肾等腹部脏器，并将这些脏器逐一切开向我们进行讲解。当将肠子取出时，铃木让两名新兵手持肠子的两端，他说：“肠子的全长大约9米，因为这个俘虏是用来做解剖的，没有给他吃东西，所以肠子是空的。”

通过活体解剖残酷地杀害了一名中国人后，铃木、井绩、饭冈和我们350名新兵，又围到绑着另一名中国人的解剖台周围。这次是由井绩切开中国人的颈部，插上气管切开器。中国人由于疼痛而开始挣扎，井绩用尖刃刀刺入中国人的颈部，将其杀害。

接着，井绩在饭冈的帮助下，用骨钳将肋骨“咔吧、咔吧”地一根根切断，从胸膛取出肺、心脏和气管，又将这些内脏器官逐一切开，对我们讲解。最后，由井绩和饭冈将第一个被惨杀的中国人的肝、脾、胰、肾脏等腹部脏器，装入盛有福尔马林液的容器里作为标本。在两名中国人尸体的胸膛和腹腔里塞上烂棉花，然后草草缝合，装进两个麻袋，由数名新兵埋在医院内的猪圈旁。

通过上述方法，我参与了对两名中国人的集体屠杀。

中档（一）119-1，131

临清野战医院的活体解剖

石田松雄笔供[①]

（1954年8月20日）

1943年7月中旬，我是第五十九师团野战医院临清野战医院患者收容队的一等兵。在山东省临清县执勤时，队长、军医中尉冈野广命令三名

① 石田松雄，时任日军第五十九师团野战医院临清野战医院患者收容队一等兵。

士兵，为进行活体解剖练习，将在临清宪兵队拘留所监禁中的两名抗日爱国者（年龄25至30岁）带到部队内，指使卫兵将其监禁起来。

次日由冈野中尉令四人（见习士官日野甲子夫和卫兵三名）进行了活体解剖并予以杀害。我当时执行卫兵勤务，根据卫兵司令、伍长山之内的命令，于杀害上述被害者的前天，在卫兵所后面的小空房里，用刺刀严密地警戒了一夜；次日，又按冈野中尉的命令，将该两名被害者带到手术室内，并在现场直接进行了约30分钟的警戒，也算参与了杀害上述两名抗日爱国者的活动。事后尸体被埋在兵舍后边的空地里。

中档（一）119-2，490，1，第5号

一一〇大队的一次活体解剖

永滨健勇口供[①]

（1954年10月8日）

问：你将1943年犯的罪行讲一下！

答：1943年8、9月期间，在山东省章丘县某村，参加第五十九师团第五十四旅团第一一〇大队的侵略活动中，在该村宿营之际，奉矢崎大郎中尉命令，我曾将逮捕来的一名和平农民，绑在民房院内，用刺刀扎其心脏，再由大队部军医土屋将其胸部解剖，割下心脏，让医务人员和直辖小队观看，并加以说明。接着把肋膜、肺等也取了出来，做了实验后又把一切内脏塞进去，最后将其掩埋。

中档（一）119-2，826，1，第4号

① 永滨健勇，时在日军第五十九师团第五十四旅团独立步兵第一一〇大队服役。

我三次下令活体实验杀害中国平民

小岛隆男口供

（1954年11月3日）

问：你参加实验杀害和平居民多少次？

答：三次。

问：每次是在什么时候？什么地方？并详细地谈谈经过情形。

答：第一次是1942年6月，我是第十二军预备队机枪小队小队长，在山东省利津县小清河北岸行军休息的时候，为了实验毒药的效力，命令中村军曹侵入村庄逮捕一名男性农民，并亲自指挥部下将毒药砒霜放进盛水的碗里，迫使农民喝下这碗水，因而毒杀了他。

问：你亲眼看见他当场死去的吗？

答：吃药后15分钟，药性发作，他万分难受，痛苦地在地上打滚，渐渐不省人事。显然是实验的药已发生效力。这时队伍要开走，我们随即离开了村庄。但我确认此人一定是死了。

问：第二次是在什么时候？什么地方？

答：1942年7月，我是第十三军预备队机枪小队小队长，在山东章丘县“扫荡”过程中，为了实验打空气针致死，我命令中村军曹侵入村庄逮捕一名男性农民，并命令卫生下士官中村和卫生兵两名进行实验。强行往农民的胳膊静脉注射空气。首先注射5cc的空气，约30分钟后，又注射15cc的空气，就这样将他杀害。

问：实验的时候你是否亲自在场？

答：我没有亲自在场指挥进行实验。实验的经过与结果，是听他们报告的。

问：第三次是在什么时候？什么地方？

答：1944年6月，我是第五十九师团第五十三旅团第四十四大队机枪中队中队长，参加掠夺小麦作战，在山东朝城县附近盘踞的时候，我和军医柿添忍中尉指挥卫生兵七名进行活人解剖教育。即将一名捕来的男性农民带到卫生室，注射麻药将其麻醉后，进行活体解剖。剖开胸膛、肚腹，取出五脏，就是这样实地教育卫生兵。

问：你明确地说，你是怎样参加指挥的？

答：这位被残杀的农民是我命令部下捕来的，而且进行解剖的时候，我也亲自在场。

中档（一）119-2，780，1，第4号

静脉注射解剖俘虏

种村文三口供

（1954年8月21日）

问：你具体交代，在中国犯了哪些危害中国人民的罪行？

答：1944年10月10日，在山东省兖州日军陆军医院，我教给加藤军医中尉用20CC麻药静脉注射解剖法。当时他照此办法，将一名俘虏杀死后进行了解剖。

中档（一）119-2，1106，1，第4号

注射毒药杀死泰安妇女

白井藤代笔供[①]

（1954年8月12日）

1943年2月中旬，我任第五十九师团军医部传令一等兵。师团防疫给水班班长、军医中尉冈田春树率某卫生上等兵及我等三人，为了药杀疑

① 白井藤代，时任日军第五十九师团军医部一等兵。

似天花患者，来到山东省泰安县城外东北的一座房子。

为了确定屋中有没有人，我先进屋，看到有两名50岁左右的中国妇女。我向冈田报告后，他命令我在屋门口警戒，随后冈田和某卫生上等兵一块进屋，用注射毒药方法杀死了这两名妇女。我们将被害者丢弃不管，就那样走了。

中档（一）119-2，209，1，第5号

用芥子气进行杀人试验

片桐济三郎笔供[①]

（1953年3月11日）

时间：1945年7月5日左右。

场所：山东省泰安县城外原日军第五十九师团司令部旧址，师团野战医院尸体室。

当时上层人员：师团长、中将藤田茂，师团军医部部长中西，与团野战医院院长渡边俊雄。

命令实行者：渡边俊雄。

参加者：师团野战医院军曹片桐济三郎、音田。

内容：7月上旬，"衣"师团（第五十九师团代号）为向朝鲜转移，正在准备和打包。在混乱中，院长给一名30岁左右的中国男人做了某种注射后，将其放在尸体室口。该人是医院卫生兵抓来的，还是其他部队逮捕的，对这些情况我全不了解，我只奉命在尸体室前站岗。看上去，那个人与普通的城里人并没有什么两样，凭什么被抓，属于哪一种地位？不得而知。

只见他痛苦不堪，不断呻吟，手脚被缚，一直难忍地翻滚着。看来，

① 片桐济三郎，时任日军第五十九师团野战医院军曹。

该人情况特殊，所以院长才特别让作为同乡的我和音田军曹值班。从半夜1点到天亮由音田值班，我在午夜1点交班后就睡着了。我和音田当时曾嘀咕过：大概注射的不是普通剧毒药，即便是普通剧毒药，注射量大，短时间也会死掉；那么说，也可能注射量小吧！

院长当时曾严格命令我们，绝对不许用手接触患者。估计该人是天亮前死去的，我起来时尸体已运往院外，我想是埋在医院的死亡者墓地了。后来，在朝鲜成兴市郊距兴上町约6公里接近山区的地方，为构筑阵地而进行土方作业的时候，我是设在该地的患者疗养所工作人员，冈野宏是队长，共约16人。这个期间的一天，渡边俊雄院长前来视察，他在同冈野宏的谈话中泄露："芥子气也有量的问题，在泰安……竟经过10小时以上的时间。"这时我才恍然大悟，原来当时他们是进行毒气试验。

中档（一）119-2，206，2，第4号

日军在华北地区的细菌武器使用

王 选 整理

年	月	日	撒布细菌	相关情况	资 料
1938	3		日军飞机飞山西省及陕西延安等地投掷微菌弹轰炸。	八路军总司令朱德通电呼吁全国、全世界人民抗议日军暴行。	1938 年 3 月 29 日《新华日报》
	8		华北各铁道公路沿线敌人，于各重要村镇饮水井内大量散布霍乱、伤寒等菌。故华北月来，疫病流行猖獗，8 月份一个月内，民众染疫者已达四五万人。	敌到处宣传为我方所为。闻驻华北国际红十字会主持人已向敌提出严厉斥责。	1938 年 9 月 22 日《新华日报》
	8—9		在河南商丘瓜地里，将霍乱菌用注射器打入瓜内。	据 1955 年 3—5 月，曹正林等死者亲属控诉：阴历七至八月，商丘城内，王中山等 19 人霍乱死亡。	日军战俘种村文三 1954 年 8 月 31 日供述
	10		日寇在豫北道清路两侧地区滥施霍乱及疟疫病菌，民众中毒者甚众。内黄、博爱等县尤剧，每村均有百数十人死亡。		1938 年 10 月 11 日，八路军武汉办事处向国民政府行政院报告

续表

年	月	日	撒布细菌	相关情况	资　料
1939	4	12	河南省西部内乡马山口，3架敌机投下装有泥、灰色纤维、昆虫的麻袋，其后伤寒流行，死亡80多人。		1950年2月14日《东北日报》：新华社李福民证词
	6		日机3架飞至河南省内乡县马上口镇上空，正逢集日，赶集者众，飞机巡环数周后，突然投下30多鼓鼓囊囊的麻包，将要落地时，有炉渣、鸡毛、碎纸、烂布、玻璃渣、蚂蚁、屎壳郎、水牛（甲壳虫）和发霉的馒头从麻袋里倒出来，当即烟灰弥漫，尘土飞扬，鸡毛乱舞，似大雪纷飞，观看的农民，有的被迷住了眼睛，有的被呛得咳嗽。	事隔两天，村里即有人患上吐下泻症，昏迷不醒，遂即死去，开始只有一二人得病，接着迅速扩大蔓延，患者剧增，十多天内死去20多人，附近的阎岗、马堂、江沟、吴湾、樊岗、薛岗等村的人也患同样病症，死者更多。	《宝鸡文史资料第七辑》，王光永，39–41页
	8		敌在河南濮阳城内井中投放了各种病菌，并由井内淘得小瓷瓶甚多，中有红黄笺为赤毛染三节，经查明为伤寒菌。	8月16日，我军收复濮阳后发现。	《沦陷区惨状记》，孙佷工编
1940			河北省新城县大清河畔一个据点，日军撤离时撒布霍乱菌，其后，大清河两岸村庄霍乱流行，并传播到根据地内。 日军还经常派特务在冀中各村庄利用水罐汲水将毒菌放到井里。		佟患恒1950年2月9日控诉材料
1941	2		包头日军收买老鼠，每只1元，预定收买10万只，用作繁殖毒菌或鼠疫菌，预备向我阵地散放。		1941年2月7日国民政府军事委员会办公厅快邮快件
	3		日寇进扰冀西赞皇县竹里村一带，于村郊投放霍乱病菌，立春后，中毒者二三日即死亡。至4月，该村患病者已达60余人，每日死亡均在2—3人以上，附近村庄的传染也极严重。		1941年4月6日《晋察冀日报》
	5		八路军某部于山西省忻州岢岚五区查获一名化装成挑担小贩敌探，他深入各村活动，竹担内装有好几只传播毒菌的老鼠。		1941年5月7日《抗战日报》
	夏		日寇派特务混入冀中军区十分区新兵中，撒布细菌，造成警卫连90%以上人员发生回归热。被派去治疗的两名医生中有一名被传染。		佟患恒1950年2月9日控诉材料

续表

年	月	日	撒布细菌	相关情况	资　料
	12		日军细菌队40人在河西磴口等地撒布鼠疫以来，1942年1月26日—3月12日，鼠疫蔓延至五原、临河、包头、安北、东胜等县22处，鼠疫发现区有五原、临河、包头、安北、伊盟、惠德成南岸、准格尔旗等61处。套内死亡287人，伊盟死亡已达100人以上。	3月中旬《战时防疫联合办事处疫情旬报》第2号：自1941年底日机飞绥远、甘肃、陕西、山西4省后，于1942年1月即发生鼠疫，2月14日—3月2日，绥远、宁夏、陕西、山西4省发现鼠疫，五原死亡205人，河西死亡82人。至3月初，绥境死亡313人，山西河曲死亡26人，陕西榆林也有死亡。查此次鼠疫侵绥，确系敌施细菌攻势。	1942年6月13日卫生署快邮代电三一防字第9846号
1942	1—2		于1—2月间，冀中军区七分区卫生处报告：日军在扫荡后撤退时，在定县油味村及周围村庄，遗有死鼠，大批病鼠四处爬行。当地居民控诉证实病鼠系日军撤离时撒布。军区即派卫生教导队教授等，前往进行检查，发现鼠疫杆菌。	此前已发现日军扫荡一次根据地军民必有一次流行病发生，接近敌区的军民，也经常发生同样的流行病，其中回归热、霍乱最多。	中国人民解放军步兵205卫生部人员石桥1950年揭发材料；1942年2月28日《解放日报》报道
	2		下旬，所在中队奉命掩护大队本部医务室曾根军医大尉以下约10名撒布伤寒菌、霍乱菌。本小队与中队一起，占领榆社、和顺县的龙门村、官池堂、阳乐庄及其他二三个不知名的村庄，由医务室人员在民房中，向碗筷、菜刀、面杖、面板、桌子等器物上涂抹细菌，又向水缸和村中的水井及附近的河中投放细菌。	2月1日起一个月时间，日军独立混成旅第二旅团以破坏山西省太谷、榆社、和顺、昔阳4县城内八路军根据地为目的，进行作战。本人小队配属于独立步兵第十二大队前川集成中队第三小队。本人以少尉小队长身份参加作战。	日军战俘住冈义一1956年5月31日供述

续表

年	月	日	撒布细菌	相关情况	资　料
			扫荡冀中正定、无极地区，曾放带有鼠疫杆菌疫鼠甚多；扫荡太行区时，也曾在晋中武乡地区散发该种疫鼠。		1942年3月28日《解放日报》
			此次敌在冀中各地均散放疫菌，前次在油坊村发现敌人留置疫鼠，今又在韩口地区发现敌投鼠疫菌。		1942年3月15日《解放日报》
	3		3月8日电：敌寇近日于冀中扫荡战中，撒布带病菌之鼠于各地，据实验结果，该病鼠确系带有出血性败血症鼠疫病菌。		国民政府战时防疫联合办事处1942年3月下旬《疫情旬报》第3号
			本月以来，敌扫荡我冀南地区及冀鲁豫地区，也曾施放带有鼠疫杆菌的疫鼠		1942年3月28日《解放日报》
			敌寇迭在我游击区内投放糜烂性毒气、鼠疫菌。3月间，冀中无极、深泽，(接下行)		1942年7月20日《新华日报》
	4		4月间，在清漳河下游武乡一带，据发现敌在扫荡溃败后，投放此毒物（糜烂性毒气、鼠疫菌）。		同上
	春		日军在晋绥地区五寨县城收集大量老鼠，进行鼠疫实验，城内居民死亡1500多人。		1946年晋绥边区救济分会:《敌寇八年来在晋绥地区的暴行》
	7		敌近又在雁北一带，强迫老百姓交纳虱子、老鼠、臭虫，喂养病菌，然后向我军散放。	4月初，敌寇即屡令敌占区老百姓交纳胡须、鸡毛、老鼠。伪广灵县政府下令各村每户交虱子、臭虫各5000；浑源、应县伪县府也同样命令。	同上
			山西省黎城作战撒布伤寒菌，日军内部也发生了强烈的传染病。		日军战俘汤浅谦1954年11月20日供述

续表

年	月	日	撒布细菌	相关情况	资　料
			日军在山西省五台县麻子岗村，施放带有鼠疫菌老鼠。一个多月内，村民感染48人，死亡35人。		1956年5月13日山西省医学院：《日军鼠疫医学鉴定书》；日军战俘菊地修一1954年3月12日供述等
	8		30日中午，敌机3架，在河南省南阳上空盘旋，散播高粱、包谷等甚多，经卫生队化验，系包裹鼠疫菌		国民政府战时防疫联合办事处1942年9月中旬《疫情旬报》第20号
	11		日军扫荡林县撤出时，防疫给水班在河南省林县城、合涧镇、东窑、林县北部等地撒布了霍乱菌，有100名以上居民患霍乱病死亡。		日军战俘中田卯三郎1956年5月5日供述
			河北省易县日军近来在县城四关及附近村庄，对所有的牛、驴、骡、马、猪、羊、鸡进行“防瘟”注射，注射后立即全身肿起，不吃不喝，现大部分死掉。		1942年11月10日《晋察冀日报》
			山西省应县日军封锁食盐输入我根据地，竭力统制应县盐池，并在盐内大放毒药，我根据地军民患霍乱、痢疾、疟疾等，与吃毒盐有关。		1942年11月25日《解放日报》
	不详		日寇曾在晋冀鲁豫边区的新乡、滑县、浚县，晋绥边区的河曲、保德、兴县、岚县等区，撒布鼠疫、伤寒等传染病菌。1942年，日寇扫荡晋绥边区后，当地卫生机关即在河曲、保德一带发现散在性鼠疫患者，死数十人。	八路军卫生机关曾在新乡发现敌人散播伤寒菌的装置，当地人民因伤寒致死数十人。日寇还在井中、食物中置毒。	1950年第二野战军卫生部人员《揭露日军散布病菌的材料》
1943	3—4		日军数次到河北定县南部油味村扫荡，离去后施放病鼠在街上和胡同里，当时统计有70多人染疫死亡。		1950年2月23日河北省军区卫生部《关于日军细菌战罪行材料》

续表

年	月	日	撒布细菌	相关情况	资　料
	春		日寇向我灵寿部队侵袭，4月份战斗结束，上、下石门村先发现有病鼠死在街道上，到处都有老鼠跳蚤，共200多户，最厉害时每天病死40—60人，随后吕生庄也发生，万寺言村70多户，每天10—20人病死。当时万言寺村驻有我八区队团部及卫生队70多人，病死14人。万言寺村北边的寺院，驻有我八区两个连，磁河南的上、下梯子村驻有两个连，也有发生。八区一个团部，4个连共约80人染疫，病死36人。 流行最猖獗为4—5月。		同上
	5		太行作战，因为日军撒布伤寒菌，日军数十名患肠伤寒病。		日军战俘汤浅谦1954年11月20日供述
	10		日军扫荡晋绥边区八分区，在兰屯川一带散播大量伤寒病菌，后蔓延各村，营上一不满百户的村子，近一个月死亡50多人。		1943年11月2日《抗战日报》
1944	2	7	山西冀氏县蓝村有汉奸在井里放毒，都是伤寒病，传染很厉害。		1944年3月3日《太岳日报》
	4		日军在山西省长治县向井中投放伤寒菌，致交城北、北石槽村、寨子村、针漳村、宋家庄、马坊头村、北营村等地伤寒流行，至6月，共病死147人。		1953年山西省长治县各受害村调查证明书
	4—5		山西省屯留县姬村因日军撒布伤寒菌，97人染病，13人病死；北渔泽村189人染病，38人死亡。		1953年山西省屯留县受害村联名控诉书
	10—11		10月2日左右，日军第十二军一一七师团长电报命令步兵八十七旅团长：指挥作战部队由河南林县撤退彰德，撤退时，由第十二军配属的军防疫给水班撒布霍乱菌。本人将旅团长据此命令再下的命令转达军防疫给水班长，分派于旅团司令部和各步兵大队的军防疫给水班分别在林县城、合涧镇、东窑、林县北部等地区的井内和泥坑地撒布了霍乱菌。据日军情报：林县有100名以上居民病死。		日军战俘中田卯三郎1955年5月5日证词；日军战俘铃木启九1955年5月6日供述

续表

年	月	日	撒布细菌	相关情况	资　料
	秋		日军扫荡时，在界河东放了不少带菌病鼠。		1945年4月5日《抗战日报》
	不详		河南作战时，以对新乡一带救济为名，将伤寒菌掺入大米和白面，杀害了很多中国人。		日军战俘中岛京子1954年11月23日供述
1945	1	13	伪大同省勒令各村限期交纳定量跳蚤、虱子、老鼠，朔、代等县，每闾交老鼠5—10个；平鲁南丈于每村要老鼠2000个，蚤虱2两。据闻敌寇准备大量制造鼠疫。		1945年4月2日《解放日报》
			1—5月，日绥远巴盟公署训令绥远各地，分张家口、集宁、大同、厚和、包头等五处，限期交纳活老鼠。1—3月为第一期，3—9月为第二期。		1945年1—6月《抗战日报》

注：以上表格，根据《细菌战与毒气战》（谢玉叶、刘美玲，1989年）、《日本侵略华北罪行史稿》（谢忠厚，2005年）、《日本侵华细菌战》（陈致远，2014年）中相关章节引用资料整理，主要出处为中央档案馆所藏资料。[①] 内容未包括本丛书涉及的1943年夏山东“霍乱作战”，也称“鲁西十八秋”作战，以及同年8月北平地区的霍乱。

① 中央档案馆、中国第二历史档案馆、吉林省社会科学院编:《日本帝国主义侵华档案资料选编：细菌战与毒气战》，中华书局1989年版；谢忠厚等编:《日本侵略华北罪行史稿》，社会科学文献出版社2005年版；陈致远:《日本侵华细菌战》，社会科学文献出版社2014年版。

六、其　他

冀鲁豫边区党政军群组织概况

（1941 年 7 月至 1945 年 10 月）

冀鲁豫边区，是在抗日战争时期由鲁西、冀鲁豫、湖西等几块抗日根据地先后合并而成的。其组织沿革几经变化，但基本区比较稳定。本文所记述的，就是冀鲁豫边区所辖基本区，即从鲁西和冀鲁豫边两区合并到抗日战争胜利这个时期党政军群组织沿革的概况。按中共党的组织名称记述，可分为冀鲁豫区党委和冀鲁豫（亦称平原）分局两个时期。

一

1941 年 7 月，鲁西与冀鲁豫边两区合并之前，边区处于日伪、顽、反动会道门、土匪的夹击中，加上自然灾害，形势十分严重。

为了统一领导，集中力量，坚持敌后平原游击战争，经中共中央北方局和八路军总部批准，山东分局领导的鲁西区党委（除湖西地委）与北方局直属的冀鲁豫区党委，于 1941 年 7 月 1 日在观城县红庙合并为新的冀鲁豫区党委，隶属北方局领导。张霖之任区党委书记，张玺任副书记兼组织部长，张承先任宣传部长，刘晏春任民运部长，信锡华任社会部长，曾宪辉任武装部长，刘晏春兼任妇委书记，申云浦任青委书记，韩宁夫任秘书长。新的冀鲁豫区党委共辖 9 个地（工）委 160 个县（工）委，有党员

36687名。

第一（泰西）地委，辖肥城、长清等8个县（工委），袁振任书记；第二（运西）地委，辖范县、鄄城等8个县（工）委，万里任书记；第三（鲁西北）地委，辖莘县、冠县等8个县（工）委，许梦侠任书记；第四（运东）地委，辖茌平、禹城等8个县（工）委，彭天琦任地委书记；第五（直南）地委，辖清丰、南乐等6个县委，郭超任书记；第六（豫北）地委，辖滑县、东明等6个县（工）委，赵紫阳任书记；第七（鲁西南）地委，辖曹县、菏泽等6个县（工）委，戴晓东任书记；第八（昆张）地委，辖昆山、张秋等5个县（工）委，唐克威任书记；巨南工委，辖巨野、成武等5个县委，颜竹林任书记。

鲁西区党委与冀鲁豫区党委合并后，新的冀鲁豫军区于7月7日成立。原鲁西军区和冀鲁豫军区所属部队，统编为八路军第二纵队兼冀鲁豫军区，隶属八路军总部领导，同时受第一一五师指挥。杨得志任纵队司令员，崔田民任军区司令员，苏振华任纵队兼军区政治委员，杨勇任纵队副司令员，卢绍武任纵队兼军区参谋长，唐亮任纵队兼军区政治部主任。

第二纵队兼冀鲁豫军区下辖教导第三旅、第七旅、南进支队和8个军分区（辖县与地委同）。教三旅代旅长为王秉璋，政委为曾思玉；教七旅代旅长余克勤，政委赵基梅；南进支队司令员赵承金，政委谭冠三；第一军分区司令员刘贤权，政委李冠元；第二军分区司令员周桂生，政委关盛志；第三军分区司令员刘汉，政委张希才；第四军分区司令员刘致远，政委石新安；第五军分区司令员朱程，政委王风梧；第六军分区司令员唐哲明，政委裴志耕；第七军分区司令员张耀汉，政委张应魁；第八军分区司令员吴机章，政委韩明。全区武装部队共27339人（其中地方武装8339人）。

与鲁西、冀鲁豫两区党委、两军区合并的同时，鲁西行政主任公署与冀鲁豫行政主任公署于1941年7月初合并。两行署合并以后，根据中共中央关于抗日民主政府实行“三三制”的原则，于9月初召开冀鲁豫边区各界代表会议，选举产生了新的冀鲁豫边区行政主任公署。晁哲甫当选为行署主任，董君毅（即段君毅）、贾心斋当选为副主任，隶属晋冀鲁豫边区政府领导。

从此，冀鲁豫边区行署所辖8个专员公署的名称，按晋冀鲁豫边区政府的统一序号，改第一至第八专署为第十六至第二十三专署，辖县与地委同。第一专署改称第十六（泰西）专署，张耀南任专员；第二专署改称第十七（运西）专署，邹鲁风任专员；第三专署改称第十八（鲁西北）专署，周持衡任专员；第四专署改称第十九（运东）专署，夏振秋任专员；第五专署改称第二十（直南）专署，安法干任专员；第六专署改称第二十一（豫北）专署，杨锐任专员；第七专署改称第二十二（鲁西南）专署，刘齐滨任专员；第八专署改称第二十三（昆张）专署，王笑一任专员。

鲁西和冀鲁豫两区合并以后，冀鲁豫边区工人、农民、青年、妇女、文化教育等各群众团体相继成立，王震宇、高元贵、杨泽江、郭军、巩固分别任工人、农民、青年、妇女、文化教育界抗日救国总会（联合会）主任。各专区均建有分会。

1942年，冀鲁豫边区的抗战形势进一步恶化。9月，中共中央政治局委员刘少奇由山东返延安途经冀鲁豫边区时作了重要指示。10月20日，中共中央北方局发出《对冀鲁豫区党委、军区工作的指示》，其中决定将山东分局领导的湖西专区划归冀鲁豫边区，调原冀中区党委书记黄敬任冀鲁豫区党委书记。在冀鲁豫边区两次精兵简政和开始整风的基础上，11月至12月召开了全区高级干部会议。会议结束时，根据中共中央《关于统一抗日根据地领导及调整各组织间关系的决定》和精兵简政指示，实现了冀鲁豫边区党的一元化领导和第三次精兵简政。

撤销了冀鲁豫边区军政党委员会和八路军第二纵队及旅的番号，实行正规部队地方化，区党委、地委、县委书记兼任同级部队的政委，各级武装部队统由军区指挥；决定区党委部分领导干部到各地委工作；将边区工人、农民、青年、妇女、文化教育等各抗日救国总会合并为边区抗日救国联合会，简称抗联；全区各项工作，统于冀鲁豫区党委领导。

军区将8个军分区和3个旅、2个支队调整为6个军分区，原第一（泰西）军分区和第四（运东）军分区合并为第一（泰运）军分区；原第二（运西）、第八（昆张）军分区和教导第三旅合并为第二（运西）军分区；原第三（鲁西北）军分区和回民支队合并为第三（鲁西北）军分区；原第五（直南）、第六（豫北）军分区和南进支队合并为第四（直南、豫北）军分区；原第七（鲁西南）军分区和教导第七旅合并为第五（鲁西南）军分区；原湖西军分区和教导第四旅合并为第六（湖西）军分区。

地委和专署同时作了相应调整。冀鲁豫区党委、军区、行署和各地区的领导成员也作了调整。黄敬、张霖之、张玺、苏振华、崔田民、信锡华6人任区党委常委；董君毅、张举先、刘晏春、杨得志、阎揆要5人任区党委执行委员；黄敬任区党委书记，张霖之任副书记兼组织部长，张承先任宣传部长，刘晏春任民运部长；杨得志任军区司令员，黄敬兼任政委，杨勇任副司令员，苏振华任副政委，阎揆要任参谋长，崔田民任政治部主任；晁哲甫任行署主任，徐达本、贾心斋任副主任。

调整后所辖6个地区的领导成员是：第一地委书记兼军分区政委石新安，司令员刘致远，专员张耀南；第二地委书记兼军分区政委董君毅，司令员曾思玉，专员邹鲁风；第三地委书记兼军分区政委刘星，司令员马本斋，专员周持衡；第四地委书记兼军分区政委张玺，司令员赵承金，专员罗士高；第五地委书记兼军分区政委张承先，司令员吕炳桂（后朱程接任），专员袁复荣；第六地委书记兼军分区政委唐亮（后潘复生接任），司令员邓克明（后王秉璋接任），专员郭影秋。

1943年1月，中共中央决定将水东地区划归冀鲁豫边区，唐克威（唐牺牲后，李中一接任）任地委书记兼独立团政委，独立团长为林耀斌，专员为崔挺。7月1日，根据上级指示，第三（鲁西北）地委划归冀南区党委领导；11月26日，冀鲁豫区党委决定，将第六地委改称第三地委，水东地委改称第六地委。到1943年底统计，冀鲁豫全区共辖6个地区、60个县，有共产党员29517名。

二

冀鲁豫边区，经过1942年前后的艰苦奋斗，不仅坚持了平原抗战，保留了大片根据地，而且积蓄了力量，为即将到来的战略进攻阶段创造了条件。

为适应新的抗战形势，加强对冀鲁豫和冀南两区的统一领导，中共中央决定，1943年11月成立冀鲁豫中央分局（亦称平原分局），黄敬任书记，宋任穷任组织部长，李菁玉任宣传部长，张霖之任民运部长兼组织部副部长，张玺任秘书长，领导冀鲁豫和冀南两个区党委的工作。

经过半年的实践，为进一步加强冀鲁豫和冀南两区各方面工作的统一合作，两个区党委一致建议，并经中共中央北方局批准，两区于1944年5月11日合并，撤销两个区党委的建制，由冀鲁豫中央分局统一领导。为便于协助分局研究、监督、检查两区的工作，分局机关设冀鲁豫和冀南两个工作委员会。冀鲁豫工委，由张霖之、杨勇、黄敬、徐达本组成，张霖之任书记；冀南工委由张策、宋任穷、朱光、王宏坤组成，张策任书记。

两军区亦同时合并为新的冀鲁豫军区，宋任穷任司令员，黄敬兼任政委，王宏坤、杨勇任副司令员，苏振华任副政委，曹里怀任参谋长，朱光任政治部主任，傅家选任后勤部长，刘德海任后勤部政委。因冀鲁豫和冀南两行署都有较长的历史，为照顾群众影响，从6月15日开始，两个行署合署办公，保留两个行署的名义，联合下达文件，称晋冀鲁豫边区政府冀鲁豫行署、冀南行署。因冀鲁豫行署主任晁哲甫去延安学习，冀鲁豫行署由徐达本、贾心斋负责，冀南行署由孟夫唐负责。两区合并以后的各群众团体分别保持原名称不变。

1945年春，为进一步加强政权建设，晋冀鲁豫边区参议会分别在太行、太岳、冀鲁豫3区举行。冀鲁豫区参议会3月14日在濮阳县东干城召开。4月2日至9日在讨论大会提案时，决定将冀鲁豫、冀南两个行署合并，定名为冀鲁豫行署，归晋冀鲁豫边区政府领导。4月12日，大会选举孟夫唐为冀鲁豫行署主任，徐达本、贾心斋为副主任。5月4日，冀鲁豫行署和冀南行署正式合并，组建了政委委员会。

原冀鲁豫行署所辖第十六、十七、十九、二十、二十一专署改称第一、八、九、十、十一专署，水东专署改称第十二专署；原冀南行署所辖各专署改称第二、三、四、五、六、七专署。这时，全区共辖12个专署、116个县政府、542个区公所，共3993个村庄，2000万人。

两区合并后所辖13个地区的领导成员是：

第一（泰运）地委书记兼军分区政委邓存伦，司令员刘致远，专员张耀南。

第二（邢台）地委书记兼军分区政委、司令员杜义德，专员石惠轩。

第三（邯郸）地委书记兼军分区政委王幼平（后李福祥接任），司令员张维翰，专员温光中。

第四（南宫）地委书记兼军分区政委乔晓光，司令员雷绍康，专员萧一舟（后王光华接任）。

第五（衡水）地委书记兼军分区政委李尔重（后陈登坤接任），司令员牟海秀（后孙仁道接任），专员任仲夷（后张海峰接任）。

第六（卫东）地委书记兼军分区政委赵一民司令员周发田，专员郭鲁。

第七（鲁西北）地委书记兼军分区政委许梦侠，司令员赵健民，专员周持衡。

第八（运西）地委书记兼军分区政委董君毅（后万里接任），司令员曾思玉，专员成润。

第九（直南、豫北）地委书记兼军分区政委张国华，司令员赵东寰，专员罗士高（后杨锐接任）。

第十（鲁西南）地委书记兼军分区政委刘星（后张承先、戴晓东接任），司令员赵基梅（后刘星、吴大明接任），专员管大同（后张耀汉接任）。

第十一（湖西）地委书记兼军分区政委潘复生，司令员王秉璋（后尹光炳、匡斌接任），专员郭影秋。

第十二（水东）地委书记兼军分区政委袁振，司令员徐克勤，专员薛朴若（后崔挺接任）。

第十三（水西）地委书记王其梅（未到职），专员管大同主持地委工作，军分区司令员汪家道，政委李仕才。

资料来源：

中央档案馆、中国第二历史档案馆、吉林省社科院编:《细菌战与毒气战》，中华书局1989年版。

八路军七年来在华北抗战的概况（节录）①

彭德怀

（1944 年 8 月 6、8、9 日）

百团大战使敌人大为震动，惊呼“对华北应有再认识”，多田骏因其“囚笼政策”之破产而滚蛋，继任者为冈村宁次，提出“治安强化运动”的方针，取消战争初期“剿共灭党”的口号，而为致力于“剿共”。所谓“治安强化运动”，实系“治安肃正”之演进，意即强化其对华北的进攻、统制、奴役和掠夺，把华北变为日本法西斯的殖民地。在太平洋战争爆发后，敌人更提出“完成大东亚战争兵站基地，建立华北参战体制”的方针，企图将华北作为日本法西斯侵略太平洋的兵站补给基地。

此时期内，敌人抽走了第二十一、四十一师团去参加太平洋战争，第三十三师团也曾一度抽走，但不久即被调回，此外又新增了第十七师团，并将第十、十六混成旅团扩编为第五十九、六十九师团，经常保持着 15 至 17 个师团的兵力在华北。

在“治安强化运动”之下，敌人以“囚笼”为依托，将华北划分为 3 种地区：“治安区”（即敌占区），“准治安区”（即敌我争夺的游击区）与“非治安区”（即我抗日根据地），而施行不同的政策。对“治安区”以

① 1944 年 7、8 月，美军观察组分两批抵达延安，并对我敌后战场进行了考察访问。此件系八路军副总司令彭德怀于 1944 年 8 月 6、8、9 日在延安对美军观察组谈话的摘录。——编者注

“清乡”为主，强调“乡村自卫力之强化”，县筑县界沟，乡筑乡界沟，强化保甲制度，实行“连坐法”，用圈村办法编制大编乡，肃清内部的“不稳分子”（抗日分子或动摇分子），掠夺粮食物资，以一切方法巩固其占领区，强化其奴役的统治。对“准治安区”以“蚕食”为主，恐怖与怀柔兼施，强迫居民“接头”、“维持”，或制造“无人区”；并在这些地区广修封锁沟墙与碉楼，防止我军深入游击区、敌占区活动。对“非治安区”则以“扫荡”为主，实行杀光、烧光、抢光的“三光”政策，严重的摧毁和破坏，企图在人民中制造失败与悲观的情绪。在“扫荡”作战的战术上，则有所谓“铁壁合围”、“捕捉奇袭”、“纵横扫荡”、“反转电击”、“辗转抉剔”等。而“清乡”、“蚕食”、“扫荡”三者又是密切配合的。“清乡”以巩固其占领地的“治安”，限制我军活动；“蚕食”以伸张扩大其占领地，缩小与割裂我根据地，以便于进行大的“扫荡”；而“扫荡”的目的则是摧毁我抗日根据地，消灭我八路军主力，以便“确掌华北”，这便是敌人政策的中心目的。

在敌人的千奇百怪的阴谋进攻之下，华北战场的敌我斗争，愈演愈烈，至为复杂，至为残酷，非目睹者所能想象。以“扫荡”而言，抗战第4、5两周年，敌人对我根据地实行的1000人以上的“扫荡”达174次，较前两年增加2/3，使用兵力达83.89万人，较前增加1倍。其中1万人以上的“大扫荡”达15次，亦较前增加1倍。“扫荡”的性质也愈演愈为毒辣，有所谓“毁灭扫荡”、“抢粮扫荡”等，时间有延长到两三个月的，企图彻底破坏我抗日根据地内人民的生产、收割，消灭我之“生存条件”，情形是十分严重的。

同时，“囚笼政策”仍然是继续强化，1941至1942年新筑与修复之铁路752公里，公路发展至37351公里，封锁沟墙增加至11230公里，新增据点碉楼共7801个，尤以平原地区为繁密。1942年10月，敌华北派遣军参谋长安达十三谈话：“华北碉堡已新筑成7700余个，遮断壕也修成11860公里之长，实为起自山海关经张家口至宁夏的外长城线的6倍，地球外围的1/4。”其工程之巨，扰民之苦，是骇人听闻的。这些堡垒、沟坝，都是拆老百姓房屋的木料，毁老百姓的田地，强迫老百姓的劳力而修筑起来的。被抓去的老百姓，二三十人一起做工，稍有怠慢，敌兵即用皮鞭抽打，并有以水泡石灰，使之滚热，将怠工者抛入，而被脱皮烧死的。

由于前一时期敌我“交通斗争”与我百团大战对敌之沉重打击，敌人对于交通线、据点的建筑和保护，也采取了许多新的办法。比如，填高铁路之路基。路轨不用螺旋钉钉在夹板上，而改以死钉钉死，使不易拔取以破坏，又在重要地段附近预置铁轨器材以便遭我破坏后迅速修复。公路两旁挖护路沟，深2.7米，宽4米，许多重要公路且筑有平行路，此条遭破击，另一条仍可通行。电线杆用钢筋水泥加固，上悬路灯，每隔三五里置一电话机，不断地联络通报。碉楼筑外壕，架铁丝网，最重要的且通以电流。最毒辣的是利用编乡保甲，强迫敌占区人民分段保护交通，要他们晚间放哨当“肉电杆”，哪一地段遭到破坏，即由该地段附近村庄负责修筑，赔偿损失，甚至屠杀人民，以为报复。这些，就使我们在破坏敌人交通上增加了很多困难。

由于交通线与据点之增加，需要更多兵力配备，同时敌人企图抽调兵力增援太平洋，乃更加大大地扩充与整顿伪军，虽有我军之争取与瓦解，华北伪军在1942年仍达34万之众，尤以山东为多，占15.7万人，多半是由国民党地方武装哗变投敌的。国民党在敌后为敌人培植了不少爪牙，增加我抗战军民的许多困难与负担。

但这一时期，敌人也发生了许多新的困难和矛盾。主要的是：（1）“治安强化运动”之推行，奴役与掠夺分外加紧，民族矛盾空前增长，敌占区人民，无论哪一阶层都感到无法照旧生活下去，均增加了同仇敌忾之心，便利于我对敌占区工作的开展；（2）交通线与据点之增殖，敌人兵力不足的弱点愈益暴露，不能不更多地依靠伪军，并分散配备，只得将旧据点的兵力抽到新据点去；使其后方更加空虚，为我造下更多的活动余地，至于伪军的“不可靠”，更是敌人不可挽救的悲哀；（3）日军厌战情绪比以前严重，士气比以前低落，特别是太平洋战争爆发后，不少敌兵感到返国无望，悲观沮丧与不满情绪日益增加。

我要在这里代表华北亿万同胞，控诉日本法西斯的罪行。这一时期，日寇在绝望之中的疯狂暴行达到登峰造极的程度，绝非世人所能想象。这种暴行并非个别日本士兵的行为，而是日本军部有计划造成的，反之，有许多日本士兵倒是不愿意而被强迫干的。敌人这个政策的名字，就是一提到都令人热血上涌的所谓“三光”政策。在“扫荡”中，凡敌人军行所至，人、畜、财、物、田产一扫而光，无一幸免，许许多多的村庄都成了废墟。杀人之惨，较之吃人生番的希特勒，有过之而无不及。许多平白无辜的老百姓都被杀掉。八路军兵士或抗日干部被俘虏了只有死路一条，有用以训练新兵射击或刺杀作活靶的，有用以训练战犬作猎物的，有被活埋的。杀人的方法更是多种多样，有滚水剥皮的，有挖眼睛的，有抽舌头的，有摘心肝的，有“五牛分尸”的，有将人挂在树枝上割为两半的。小孩子也被杀掉，并有剖开孕妇之腹以取出胎儿杀戮的。对于妇女的侮辱，更为古今中外所仅有，日寇对中国妇女任意强奸，甚至强迫父淫其女，子淫其母，以为作乐取笑，颠乱我中华民族的人伦和道德。虽疯狂的野兽，也赶不上日本军阀的残暴。敌人梦想其残暴兽行，可以收震慑人心，动摇我军民抗战意志的“功效”；但结果适得其反，我全体军民对日本法西斯的仇恨是更加深重，抗战意志是更加坚定，只有消灭日本法西斯才能获得解放，这笔“血债是要用血来偿还的”。

（一）《八路军·回忆史料》（1）

附录：1941年6月底至1943年12月底边区各时期敌伪点线及敌伪顽分布概况

甲、1941年6月底（冀鲁豫、鲁西两军区未合并前）

（一）冀鲁豫区：

1．敌据点31个，兵力约2500人。其分布：独立第一混成旅团七四大队（田边）住安阳，分布汤阴、安阳、临漳等地；七五大队（松本）住清丰，分布于南乐、清丰、元城等地；第三十五师团二一九联队第一大队（寿岛）住汾阳，分布于淮、阳、滑、浚等地；二二〇联队1个大队住长垣，分布东明、考城、封丘、民权等地。

2．伪军据点108个，兵力约10000人左右。其主要的，如："剿共"第一路军李英住内黄境；伪廿三师路朝元住滑北杨文城一带；滑县反共自卫团孙岁月住滑北善堂一带。

3．公路29条，长1700里。

4．封锁沟1道，长40里。

（二）鲁西区：

1．敌据点共计197个，兵力约3000人。其分布：卅二师团住兖州；二一〇联队（伊集院）石川大队住聊城，分布于堂邑、冠县、阳谷、莘县、寿张等地；二一二联队（惠滕）住郓城，分布于菏泽、巨野、鄄城、定陶、曹县等地；第七混成旅团分布于济南至泰安沿线，有2个大队兵力分布于泰西。

2．伪军共约5000人，主要伪军为堂邑反共自卫团吴连杰，住堂邑北后哨营一带；淮县反共自卫团王文，现住鄄城附近。

3．顽军约30000人左右。卅九集团军（石友山、高树勋）全部盘踞淮范观朝地区；山东六区专员兼保安司令齐子修，分布于聊庄博地区。

4．公路共计39条，长2000里。

5．封锁沟1道，长2000里。

乙、1941年12月底（冀鲁豫与鲁西合并后）

1．全区敌据点207个，兵力约5400人，与6月前无出入，其分布同6月前。

2．全区伪据点395个，兵力约35000人，较6月前增加2倍。

3．全区顽据点78个，兵力与6月前无出入，仍为30000人左右。

4．公路108条，长5000里，较6月前只能增加两条，长150里。

丙、1942年6月底

1．全区敌据点计146个。

一分区 33 个，

二分区 6 个，

三分区 11 个，

四分区 24 个，

五分区 22 个，

六分区 14 个，

七分区 16 个，

八分区 14 个。

较年前减少 61 个，大部系由敌据点变成伪〈据点〉的。

敌兵力约 5000 人，较年前稍为减少，敌变动：卅二师团住聊城一带，二一〇联队及惠滕积队（二一二队）主力调浙赣线作战。住泰安之第十混成旅团，扩编为五十九师团，接替卅二师团聊临等地一部分防务，其他无大变动。

2．全区伪据点共 639 个，兵力约 68000 人。

一分区 101 个，

二分区 45 个，

三分区 120 个，

四分区 109 个，

五分区 89 个，

六分区 45 个，

七分区 65 个，

八分区 65 个。

较年前增加 244 个，兵力增加 20000 人，除由顽军（孙良诚）投敌者 8000 人，余为本身发展。

3．顽军 20000 人左右，较年前减少 1/3，孙良诚投敌，高树勋被敌扫荡损折数千，由淮县境南移单曹边。

4．公路 159 条，长 7000 里，较年前增 53 条，长 2000 里。

5．封锁沟 13 条，长 300 里，较年前增 9 条。

丁、1942年底（湖西军区并归冀鲁豫军区后）

1．全区共计敌据点199个。

一分区（原一四分区）78个，

二分区（原二八分区）20个，

三分区（原三分区）12个，

四分区（原五六分区）40个，

五分区（原七分区）17个，

六分区（原湖西区）22个。

较6月前增加53个（内有原湖西区据点32个），兵力约6300人。敌分布情形：卅二师团（石井）住兖州，其二一二联队（惠滕）住郓城，分布于郓、鄄、寿、巨、菏、定、曹、单等地。

卅五师团（重田）住开封，其二一九联队（利西）第一大队（寿岛）住淮阳，分布于淮、滑、浚等地，其二二〇联队（汤口）1个大队住长垣，分布于考城、民权等地。[此处可能有误漏，原文如此]

五十九师团（柳川梯）住泰安，其五四旅团一〇一大队住泰安、大汶口、肥城一带。川大队（坂本）住东阿，分布于东阿、平阴、东平等地，其五六旅团四二大队（五十君）住临清，分布于临、丘、馆等地。四四大队（国井英一）住聊城，分布于聊城、阳谷、朝城、莘县等地。

十七师团（平林盛人）住徐州，其五三联队1个大队（佐佐木）住丰县，分布于丰、沛、砀等地。

独立第一混成独立旅团（小松崎）住邯郸，其七四大队（田边）住安阳，分布于安阳、汤阴、临漳等地；其七五大队（松本）住清丰，分布于清丰、南乐、元城等地。

2．全区伪据点899个，兵力约80000人。

一分区183个，

二分区136个，

三分区139个，

四分区135个，

五分区 102 个，

六分区 204 个。

较 6 月前增加 260 个（内湖区原有据点 204 个），伪军兵力较 6 月前增加万余，当时伪军分布情形：

伪二方面军（孙良诚）第四军 6000 人，分布于曹县南一带；第五军 5000 人，分布于曹县及定陶以东地区；独立第卅八师（孙玉田）3000 人，分布于定陶东北一带。

华北治安“剿共”第一路军（李英）5000 人，分布于内黄、东庄、楚旺等地。

东亚同盟自治军第一军（王天祥）第四旅（杨法贤）1000 人，住千佛（南乐西北）一带。

伪苏豫边绥靖第一军长张岚峰住商丘，其十七师住太康东南地区。

伪中央暂编第廿三师路朝元住汤阴，分布于汤阴以西以南地区。

伪中央暂编第卅一师文大可 3000 人，分布于朝城境。

除上述大股伪军外，余有地方伪团队。

3．顽军约 38000 人（较 6 月前无增加，多出之数系为原湖西区原有伪军）分布：

①苏鲁豫皖挺进第一路军（李仙洲）所属九二军之廿一师六二团 1000 人，活动于单砀边；

第八纵队张盛太 500 人，活动于曹〈县〉西南；

第十二纵队马逢乐 400 人，活动于考城〈县〉东北；

第廿五纵队孙性斋 3800 人，活动于曹县地区；

城武保安旅智永德 700 人，活动于城武；

独立第一支队石振声 200 人，活动于曹考地区；

山东二区专员孙秉现 2100 人，活动于鄄东南最西北一带；

山东十一区专员曹班亭 2600 人，活动于单砀以北地区，常振山（保安旅）2100 人，活动于单曹砀地区。

山东保安十四旅周同 1600 人，活动于鱼台、沛县一带。

定陶县长姚崇礼200人，活动于定陶。

丰县保安旅董玉钰2800人，活动于丰县。

砀山保安旅窦雷岩2400人，活动于砀县。

第五旅游击总指挥冯子固3000人，活动于沛县。

十八纵队蒋嘉宾700人，活动于单南地区。

②河北第十区督察专员郎鸿基1300人，活动于东明西南。

③豫北挺进总指挥杜淑所属部队，李旭东1个支队及阎希孟支队共计3000人，活动于延津、封丘以东地区。

④山东六区专员兼保安司令齐子修（已伪化）8000人，活动于聊茌堂地区。

⑤山东保安第九团李连祥（已伪化）2000人，活动于齐禹地区。

4．公路173条，长8800里，较6月前增24条，长1000里。

5．封锁沟2道，长210里（黑虎——肖垓〈鄄东〉大堤及津浦路济南——大汶口）。

戊、1943年6月底

（一）全区敌据点172个（较年前减30个），兵力6000人。

一分区50个（减10个），

二分区20个，

三分区10个（减2个），

四分区40个（减4个），

五分区15个（增2个），

六分区37个（增5个）。

（二）全区伪据点990个（较年底前增50个），兵力10万人。

一分区167个，

二分区137个，

三分区140个，

四分区160个，

五分区95个，

六分区 310 个。

（三）公路 186 条，长 9500 里，较年底前长 500 里。封锁沟 82 条，长 2400 里，较年底前增加 1 倍。封锁墙仍系 2 道，长 210 里（单大汶口至济南是 159 里）。

[下略]

（十八）10.5

出处：

中央档案馆、中国第二历史档案馆、吉林省社会科学院编:《日本帝国主义侵华档案资料选编：华北治安强化运动》，中华书局 1989 年版，第 49–59 页。